Beiträge zur Numerischen Mathematik 8

# Beiträge zur Numerischen Mathematik 8

Herausgegeben von

Frieder Kuhnert und Jochen W. Schmidt

R. Oldenbourg Verlag München Wien 1980

CIP-Kurztitelaufnahme der Deutschen Bibliothek

**Beiträge zur Numerischen Mathematik** / hrsg.
von Frieder Kuhnert u. Jochen W.
Schmidt. — München, Wien : Oldenbourg.

NE: Kuhnert, Frieder [Hrsg.]

8. — 1980.
ISBN 3-486-22941-9


Printed in the German Democratic Republic
Gesamtherstellung: VEB Druckhaus „Maxim Gorki", Altenburg
ISBN: 3-486-22941-9

# Inhalt

Beiträge zur Numerischen Mathematik
8 (1980), 7–13

# Über die Lösungen der Gleichung $\varrho^{(P)} = \|P\|_z$

HANS-JÜRGEN ALBRAND

## 1. Einleitung

Es bezeichne $P = (p_{ij})$ eine reelle quadratische $n \times n$ Matrix, $\varrho(P)$ den Spektralradius von $P$ und $\|P\|_z$ die Zeilensummennorm von $P$, d. h.

$$\|P\|_z := \max_{1 \leq i \leq n} \sum_{j=1}^{n} |p_{ij}| .$$

Für jede Matrixnorm gilt bekanntlich die Ungleichung

$$\varrho(P) \leqq \|P\| . \tag{1}$$

Für symmetrisches und positiv definites $P$ gilt in Verbindung mit der Spektralnorm in (1) das Gleichheitszeichen.

Das Anliegen der Arbeit ist, eine notwendige und hinreichende Bedingung für die Lösungen $P$ der Gleichung

$$\varrho(P) = \|P\|_z \tag{2}$$

zu geben. Es bezeichne $L$ die Lösungsmenge von (2), d. h.

$$L := \left(P : \varrho(P) = \|P\|_z\right).$$

Die notwendige und hinreichende Bedingung wird in Form einer Streichungsregel gegeben. Sie entscheidet darüber, ob eine vorgegebene Matrix $P$ der Menge $L$ angehört oder nicht. Die Streichungsregel ist insofern von einfacher Struktur, als sie nur mit den Vorzeichen der Elemente von $P$ operiert. Die gefundene Charakterisierung beantwortet damit auch vollständig die Frage nach der (theoretischen) Konvergenz der Iterationsvorschrift

$$x^{s+1} := Px^s + v , \qquad s = 0, 1, 2, \ldots,$$

bei beliebig vorgegebenem Startvektor $x^0$ und $\|P\|_z = 1$ oder $\|P^{\mathsf{T}}\|_z = 1$. Insbesondere enthält die zu gebende notwendige und hinreichende Bedingung eine weitere Abschwächung der bekannten schwachen Zeilen- und Spaltensummenkriterien, und zwar so, daß eine weitere Abschwächung nicht mehr möglich ist.

## 2. Eine notwendige und hinreichende Charakterisierung der Lösungen

In diesem Abschnitt wird die zu gebende notwendige und hinreichende Bedingung hergeleitet, die sämtliche Matrizen $P$ aus $L$ charakterisiert. O. B. d. A. sei $\|P\|_z = 1$ vorausgesetzt. Es bezeichnen $z_1^{(k)}, \ldots, z_n^{(k)}$ die Zeilenvektoren von $P^k$ $(:= PP^{k-1})$, $k = 1, 2, \ldots$ $N^{(m)}$, $m = 0, 1, 2, \ldots$ seien Indexmengen. $V_0(0) := V_0(P)$ sei die Vorzeichenmatrix von $P$, d. h., beispielsweise mit $P = \begin{pmatrix} -2 & 3 \\ 0 & 4 \end{pmatrix}$ wird $V_0(0) = \begin{pmatrix} - & + \\ 0 & + \end{pmatrix}$. $V_{m+1}(k) := \left(v_{ij}^{(m+1)}(k)\right)$ sei die $2^k$-te Potenz der Matrix, die aus $V_m(k_m)$ durch Streichung der $i$-ten Zeilen und Spalten, $i$ aus $N^{(m)}$, hervorgeht, wobei die $k_m$ natürliche Zahlen sind, $k_0 = 0$ gesetzt wird und $m, k = 0, 1, 2, \ldots$ ist. Die Indizierung der Zeilen und Spalten soll erhalten bleiben. Es sei bemerkt, daß die Potenzen der Vorzeichenmatrizen nur dann gebildet werden, wenn die entsprechende Multiplikation zweier Matrizen in folgender Weise einen Sinn hat: Die Skalarprodukte, die in der üblichen Weise gebildet werden und die die Elemente der Produktmatrix ergeben, lassen sich eindeutig mit $-$, $+$ oder 0 identifizieren. Bei $V_0(0)$ im obigen Beispiel wäre dieser Sachverhalt nicht gegeben. Aber z. B. bei

$$V := \begin{pmatrix} 0 & - & + \\ - & 0 & + \\ + & + & - \end{pmatrix}.$$

Hier ergibt sich $V^2$ zu $V^2 = \begin{pmatrix} + & + & - \\ + & + & - \\ - & - & + \end{pmatrix}$. Mit $V_0(0) := \begin{pmatrix} - & + & 0 \\ 0 & - & 0 \\ - & 0 & - \end{pmatrix}$ und $N^{(0)} = (3)$ wird $V_1(k) = \begin{pmatrix} + & - \\ 0 & + \end{pmatrix}$ für $k = 1, 2, 3, \ldots$ Nach diesen Vorbereitungen kommen wir zur Formulierung der Streichungsregel. Diese Regel arbeitet bis auf die Bestimmung von $N_0^{(0)}$, was trivial ist, ausschließlich mit den Vorzeichen der Elemente von $P$.

Streichungsregel

I. $$N_0^{(0)} := \left(i : \sum_{j=1}^{n} |p_{ij}| < \|P\|_z\right),$$

$$N_{g+1}^{(0)} := \left(i : i \notin \bigcup_{j=0}^{g} N_j^{(0)}, \quad s \in \bigcup_{j=0}^{g} N_j^{(0)}, \quad v_{is}^{(0)}(0) \neq 0\right),$$

$$g = 0, 1, \ldots, g_0 + 1, \quad \text{wobei} \quad N_{g_0+1}^{(0)} = \emptyset, \quad N_g^{(0)} \neq \emptyset \text{ für } g \leqq g_0.$$

$$N^{(0)} := \bigcup_{j=0}^{g_0} N_j^{(0)}, \quad \text{falls} \quad g_0 \geqq 0; \quad N^{(0)} = \emptyset, \quad \text{falls } N_0^{(0)} = \emptyset.$$

II. Falls $N^{(0)} \neq (1, 2, \ldots, n)$ ist, werden für $m = 1, 2, \ldots, m_0$, $m_0 \leqq n$, Indexmengen $N^{(m)}$ auf folgende Weise konstruiert: $k_m$ sei die kleinste natürliche

Zahl mit

$$N_0^{(m)}(k_m) := \Big(i : i \notin \bigcup_{j=0}^{m-1} N^{(j)}, \quad \exists\, r(i), s(i), h(i) :$$
$$v_{i,r(i)}^{(m)}(k_m)\, v_{r(i),h(i)}^{(m)}(k_m) = +\,,$$
$$v_{i,s(i)}^{(m)}(k_m)\, v_{s(i),h(i)}^{(m)}(k_m) = -\Big) \neq \emptyset\,.$$

Wir setzen $\overline{N}_g{}^{(m)} := \left(\bigcup_{j=0}^{m-1} N^{(j)}\right) \cup \left(\bigcup_{j=0}^{g} N_j{}^{(m)}\right)$,

$$N_{g+1}^{(m)} := \left(i : i \notin \overline{N}_g{}^{(m)},\ s \in \overline{N}_g{}^{(m)},\ v_{is}^{(m)}(k_m) \neq 0\right),$$

$$g = 0, 1, \ldots, g_m + 1, \text{ wobei } N_{g_m+1}^{(m)} = \emptyset \text{ und } N_g{}^{(0)} \neq \emptyset \text{ für } g \leqq g_m;$$

$$N^{(m)} := \bigcup_{j=0}^{g_m} N_j{}^{(m)}, \text{ falls } g_m \geqq 0;\ N^{(m)} := \emptyset \text{ sonst}.$$

Bemerkung 1. Nach dieser Regel werden nacheinander die $i$-ten Zeilen und Spalten von $V_0(P)$ mit $i$ aus $N^{(0)}, N^{(1)}, \ldots, N^{(m_0)}$ gestrichen. Das Verfahren bricht bei einem gewissen $m_0 \leqq n$ ab, wenn alle Zeilen und Spalten gestrichen sind oder $N^{(m_0)} = \emptyset$ ist für ein $m_0 \geqq 1$.

Bemerkung 2. Der Fall $N^{(m_0)} = \emptyset$ tritt genau dann ein, wenn $N_0{}^{(m_0)}(k) = \emptyset$ ist für $k = 1, 2, \ldots$ Da es nur endlich viele verschiedene Vorzeichenmatrizen $V_{m_0}(k) := V_{m_0}^{2^k}(0)$ gibt, existieren natürliche Zahlen $t(m_0)$, $\bar{t}(m_0)$ mit $t(m_0) < \bar{t}(m_0)$ und

$$v_{ij}^{(m_0)}\big(t(m_0)\big) = v_{ij}^{(m_0)}\big(\bar{t}(m_0)\big) \tag{3}$$

für $i, j$ aus $(1, 2, \ldots, n) \setminus \bigcup_{j=0}^{m_0-1} N^{(j)}$, so daß aus (3) und $N_0{}^{(m_0)}(k) = \emptyset$, $k = 1, 2, \ldots, \bar{t}(m_0)$, die Beziehung $N_0{}^{(m_0)}(k) = \emptyset$ für $k > \bar{t}(m_0)$ folgt. Denn für $0 \leqq k \leqq \bar{t}(m_0) - t(m_0)$ gilt wegen

$$V_{m_0}^{2^{\bar{t}(m_0)+k}}(0) = V_{m_0}^{2^{t(m_0)+k}}(0)$$

die Beziehung $N_0{}^{(m_0)}\big(\bar{t}(m_0) + k\big) = \emptyset$, woraus in analoger Weise $N_0{}^{(m_0)}\big(2\bar{t}(m_0) + k\big) = \emptyset$ folgt für $0 \leqq k \leqq \bar{t}(m_0) - t(m_0)$, usw.

In Verbindung mit diesen Bemerkungen ergibt sich die

Folgerung 1. *Die Streichungsregel bricht nach endlich vielen Schritten ab. Für $P \geqq 0$ bzw. $P \leqq 0$ bricht sie bereits mit ihrem Teil I ab.*

$S(P)$ bezeichne die Menge der Indizes der nicht gestrichenen Zeilen, d. h.

$$S(P) := (1, 2, \ldots, n) \setminus \bigcup_{j=0}^{m_0} N^{(j)}.$$

Satz 1. *Eine reelle $n \times n$-Matrix $P$ ist genau dann eine Lösung der Gleichung* (2), *wenn $S(P) \neq \emptyset$ ist.*

Beweis. Die Gleichung (2) ist äquivalent mit $\varrho(cP) = \|cP\|_z$, falls die Zahl $c \neq 0$ ist. Deshalb können wir o. B. d. A. $\|P\|_z = 1$ voraussetzen.

1. Es sei $\varrho(P) = \|P\|_z = 1$. Dann ist $S(P) \neq \emptyset$.

Für natürliche Zahlen $k$ und $l$ ist

$$\|z_i^{(k+l)}\|_1 := \sum_{j=1}^{n} |p_{ij}^{(k+l)}| \leqq \sum_{j=1}^{n} |p_{ij}^{(l)}| \, \|z_j^{(k)}\|_1 \leqq \|z_i^{(l)}\|_1 \leqq 1,$$

wobei $\sum_{j=1}^{n} |p_{ij}^{(l)}| \, \|z_j^{(k)}\|_1 < \|z_i^{(l)}\|_1$ genau dann gilt, wenn ein $j_0$ existiert mit $\|z_{j_0}^{(k)}\|_1 < 1$ und $p_{ij_0}^{(l)} \neq 0$ ist. Die Ungleichung

$$\|z_i^{(k+l)}\|_1 < \sum_{j=1}^{n} |p_{ij}^{(l)}| \, \|z_j^{(k)}\|_1$$

gilt genau dann, wenn Indizes $r(i)$, $s(i)$, $h(i)$ existieren mit

$$p_{i,r(i)}^{(l)} p_{r(i),h(i)}^{(k)} > 0, \qquad p_{i,s(i)}^{(l)} p_{s(i),h(i)}^{(k)} < 0.$$

Auf Grund dieser Ungleichungen wird $\|z_i^{(k)}\|_1 < 1$ für $k = g_0 + 1$ und $i$ aus $N^{(0)}$, für $k = (2 + g_r)\, 2^{k_1 + \cdots + k_r}$ und $i$ aus $N^{(r)}$, $r = 1, 2, \ldots, m_0$. Für jeden Index $i$ aus $\bigcup_{j=0}^{m_0} N^{(j)}$ existiert also ein $k(i)$ mit $\|z_i^{(k(i))}\|_1 < 1$. Wegen $\varrho(P) = \lim \|P^k\|_z^{1/k} = 1$ (siehe z. B. [1]) muß es mindestens einen Index $i_0$ geben, für den

$$\|z_{i_0}^{(k)}\|_1 = 1, \qquad k = 1, 2, \ldots,$$

gilt, d. h., $i_0$ ist nicht aus $\bigcup_{j=0}^{m_0} N^{(j)}$. Folglich ist $i_0$ aus $S(P)$ und $S(P) \neq \emptyset$.

2. Es sei $S(P) = (i_1, \ldots, i_s) \neq \emptyset$. Dann gilt (2).

Wegen $N_0^{(m_0)}(k) = \emptyset, k = 1, 2, \ldots$, folgt $\|z_{i_t}^{(q)}\|_1 = 1$ für $q = 2^{k_1 + \cdots + k_{m_0} + k}, k = 1, 2, \ldots$, $t = 1, 2, \ldots, s$, und mit $\varrho(P) = \lim \|P^k\|_z^{1/k}$ ergibt sich $\varrho(P) = \|P\|_z = 1$. Damit ist der Satz 1 bewiesen.

Satz 2. *Es sei $P$ eine reelle $n \times n$-Matrix, $S(P) = (i_1, \ldots, i_s) \neq \emptyset$ und $s < n$. Dann ist $P$ zerlegbar.*

Beweis. Aus der Streichungsregel folgt $p_{i_r j} = 0$ für $j \neq i_1, \ldots, i_s$; $r = 1, 2, \ldots, s$. Dann gibt es aber eine Permutationsmatrix $E$, so daß

$$EPE^{\mathsf{T}} = \begin{pmatrix} P_{11} & P_{12} \\ 0 & P_{22} \end{pmatrix}$$

wird, wobei $P_{11}$ und $P_{22}$ quadratische Untermatrizen von $P$ sind.

Die Umkehrung dieses Satzes gilt natürlich nicht, wovon man sich leicht anhand von Beispielen überzeugt.

Bemerkung 3. Ist $P$ nicht zerlegbar und ist das schwache Zeilensummenkriterium erfüllt (d. h., $\sum_{j=1}^{n} |p_{ij}| < 1$ für mindestens ein $i$), so folgt $N^{(0)} = (1, 2, \ldots, n)$, d. h., $S(P) = \emptyset$ ergibt sich bereits aus dem Teil I der Streichungsregel.

## 3. Einige Folgerungen

Im folgenden werden weitere Aussagen über Matrizen $P$ gemacht, die Lösung der Gleichung (2) sind. Zunächst wird eine wichtige Klasse von Matrizen $P$ angegeben, für die $S(P) \neq \emptyset$ ist.

Wir betrachten einen Vorzeichenvektor $v := (v_1, \ldots, v_n)^{\mathsf{T}}$ mit $v_r$ gleich $+$ oder $-$. Es bezeichne sgn $s_r$ den Vektor, dessen Komponenten die Vorzeichen der Spalte $s_r$ der zu konstruierenden Matrix $P$ sind. Wir setzen sgn $s_r := v_1 v_r v$ für $r = 1, 2, \ldots, n$. In der so erhaltenen Vorzeichenmatrix, z. B.

$$\begin{pmatrix} + & - & - & + \\ - & + & + & - \\ - & + & + & - \\ + & - & - & + \end{pmatrix}$$

(hier ist $v = (+, -, -, +)^{\mathsf{T}}$), kann man an die Stelle der Plus- und Minuszeichen (bis auf jeweils ein Zeichen in jeder Zeile) auch eine Null setzen, z. B.

$$\begin{pmatrix} 0 & - & - & + \\ - & + & 0 & - \\ 0 & 0 & + & - \\ + & - & - & + \end{pmatrix}.$$

In der so konstruierten Vorzeichenmatrix können nun an die Stellen der Pluszeichen beliebige positive und an die Stellen der Minuszeichen beliebige negative Zahlen eingesetzt werden, so daß $\|z_i\|_1 = \|P\|_z$ wird für $i = 1, 2, \ldots, n$. Für die so konstruierte Matrix $P$ wird dann $N^{(0)} = \emptyset$, $N_0^{(1)}(k) = \emptyset$ für $k = 0, 1, 2, \ldots$ und folglich $S(P) \neq \emptyset$. Der Vektor $v$ heißt erzeugender Vorzeichenvektor von $P$.

Für die folgende, etwas allgemeinere Struktur von $P$, gilt ebenfalls $S(P) \neq \emptyset$. Es sei $\|z_j\|_1 \leqq \|P\|_z$, $\|z_{r_i}\|_1 = \|P\|_z$, $i = 1, 2, \ldots, s$, die Matrix $(p_{r_i r_j})_{i,j=1,2,\ldots,s}$ habe einen erzeugenden Vorzeichenvektor $v$ und $p_{r_i j} = 0$ für $j \neq r_1, \ldots, r_s$; $i = 1, 2, \ldots, s$. Unter diesen Voraussetzungen gilt $(r_1, \ldots, r_s) \subseteqq S(P)$.

Die hier angegebene Struktur von $P$ ist hinreichend für $S(P) \neq \emptyset$, sie ist aber nicht notwendig, wie man an dem folgenden Beispiel sieht:

$$P = \begin{pmatrix} 0 & -1 & 0 \\ 1 & 0 & 0 \\ 1/2 & 1/2 & 0 \end{pmatrix}, \qquad V_0 = \begin{pmatrix} 0 & - & 0 \\ + & 0 & 0 \\ + & + & 0 \end{pmatrix}.$$

Für $V_0$ existiert kein erzeugender Vorzeichenvektor. Es ist aber $N^{(0)} = \emptyset$,

$$V_0^2 = \begin{pmatrix} - & 0 & 0 \\ 0 & - & 0 \\ + & - & 0 \end{pmatrix},$$

woraus $N_0^{(1)}(k) = \emptyset$ für $k = 0, 1, 2, \ldots$ folgt, da $V_0^2$ mit $v = (-, +, +)^{\mathsf{T}}$ einen erzeugenden Vorzeichenvektor besitzt. Damit wird $S(P) = (1, 2, 3)$.

Die nächsten Sätze sind eine Folgerung aus Satz 1.

Mit natürlichen Zahlen $s$ und $r$ sei $P^{s/r}$ eine $r$-te Wurzel der $s$-ten Potenz von $P$ (siehe z. B. [2]).

Satz 3. *Es seien $s$ und $r$ natürliche Zahlen. Dann ist $S(P) \neq \emptyset$ genau dann, wenn*

$$\varrho(P^{s/r}) = \|P\|^{s/r}_z$$

*gilt.*

Beweis. Es sei $S(P) \neq \emptyset$. Dann wird $\varrho(P^{1/r}) = \|P\|_z^{1/r}$ und $\varrho(P^{s/r}) = \|P\|_z^{s/r}$. Gilt umgekehrt $\varrho(P^{s/r}) = \|P\|_z^{s/r}$, so folgt $\varrho(P^s) = \|P\|_z^s$, d. h., $\varrho(P) = \|P\|_z$ und also nach Satz 1 $S(P) \neq \emptyset$, w. z. z. w.

Bemerkung 4. Aus $S(P) \neq \emptyset$ folgt im allgemeinen nicht $S(P^{s/r}) \neq \emptyset$. Man kann aber $\varrho(P^{s/r})$ nach Satz 3 sofort angeben.

Satz 4. *Es seien $S(P) \neq \emptyset$, $S(Q) \neq \emptyset$. Dann gelten die Ungleichungen*

$$\varrho(P + Q) \leqq \varrho(P) + \varrho(Q), \qquad \varrho(PQ) \leqq \varrho(P)\,\varrho(Q).$$

Beweis. $\varrho(P + Q) \leqq \|P + Q\|_z \leqq \|P\|_z + \|Q\|_z = \varrho(P) + \varrho(Q)$, $\varrho(PQ) \leqq \|PQ\|_z \leqq \|P\|_z\,\|Q\|_z = \varrho(P)\,\varrho(Q)$, w. z. z. w.

Satz 5. *Es sei $P$ eine reelle $n \times n$-Matrix. Das Iterationsverfahren*

$$x^{s+1} := Px^s + v, \qquad s = 0, 1, 2, \ldots,$$

*konvergiert bei beliebigem Startvektor $x^{(0)}$ und $\|P\|_z \leqq 1$* (bzw. $\|P^{\mathsf{T}}\|_z \leqq 1$) *genau dann gegen die Lösung des Gleichungssystems $(I - P)\,x = v$, wenn $S(P) = \emptyset$* (bzw. $S(P^{\mathsf{T}}) = \emptyset$) *ist.*

Beweis. Es ist $\varrho(P) = \varrho(P^{\mathsf{T}})$, und aus Satz 1 folgt in Verbindung mit $\varrho(P) \leqq \|P\|_z$ und $S(P) = \emptyset$ (bzw. $S(P^{\mathsf{T}}) = \emptyset$) die Ungleichung $\varrho(P) < 1$. Umgekehrt folgt aus $\varrho(P) < 1$ und $\|P\|_z = 1$ die Relation $S(P) = \emptyset$ (und Entsprechendes für $P^{\mathsf{T}}$), w. z. z. w.

Mit dem Satz 5 ist das Konvergenzverhalten des in Frage stehenden Iterationsverfahrens im Fall des schwachen Zeilen- bzw. des schwachen Spaltensummenkriteriums und im Fall der weiteren Abschwächung (alle Betrags-Zeilen- bzw. alle Betrags-Spaltensummen gleich 1) theoretisch geklärt.

## 4. Einfache Beispiele zur Streichungsregel

a) Es sei $P = (p_{ij})$ eine $7 \times 7$-Matrix mit $p_{31} = p_{32} = p_{41} = p_{42} = p_{62} = 0$, $p_{12} > 0$, $p_{21} < 0$, $p_{22} > 0$; $p_{35}, p_{47}, p_{52}, p_{61}, p_{72} \neq 0$; $\|z_i\|_1 = \|P\|_z$ für $i = 1, 2, \ldots, 7$, d. h. $N_0^{(0)} = \emptyset$. Sonst sei $p_{ij}$ beliebig:

$$\begin{pmatrix} \cdot & + & \cdot & \cdot & \cdot & \cdot & \cdot \\ - & + & \cdot & \cdot & \cdot & \cdot & \cdot \\ 0 & 0 & \cdot & \cdot & \neq 0 & \cdot & \cdot \\ 0 & 0 & \cdot & \cdot & \cdot & \cdot & \neq 0 \\ \cdot & \neq 0 & \cdot & \cdot & \cdot & \cdot & \cdot \\ \neq 0 & 0 & \cdot & \cdot & \cdot & \cdot & \cdot \\ \cdot & \neq 0 & \cdot & \cdot & \cdot & \cdot & \cdot \end{pmatrix}.$$

Dann ist $N_0^{(1)}(0) = (2)$, $N_1^{(1)} = (1, 5, 7)$, $N_2^{(1)} = (6, 3, 4)$. Nach der Streichungsregel werden also alle Zeilen von $P$ gestrichen, d. h. $\varrho(P) < \|P\|_z$.

b) Es sei $\|z_i\|_1 = \|P\|_z$ für $i = 1, 2, \ldots, n$, $P = (p_{ij})$ vom Format $n \times n$ und $p_{ij} > 0$. Dann kann keine Zeile gestrichen werden, d. h. $\varrho(P) = \|P\|_z$. Wählt man dagegen ein $p_{i_0 j_0} < 0$, so wird $N_0^{(1)}(0) = (i_0)$ und $N_1^{(1)} = (1, \ldots, i_0 - 1, i_0 + 1, \ldots, n)$, d. h. $\varrho(P) < \|P\|_z$.

c) Für die Koeffizientenmatrix

$$P := \begin{pmatrix} 0 & -0.25 & 0.5 & -0.25 \\ 0.5 & 0 & -0.425 & 0.075 \\ 0.225 & 0.357 & 0 & -0.4 \\ -0.4 & 0.5 & -0.1 & 0 \end{pmatrix}$$

wird $N_0^{(0)} = \emptyset$, $N_0^{(1)}(0) = (1, 2, 3, 4)$, d. h. $\varrho(P) < 1$.

### Literatur

[1] Yosida, K., Functional analysis, Springer-Verlag, Berlin—Göttingen—Heidelberg 1965.

[2] Gantmacher, F. R., Matrizenrechnung I, VEB Deutscher Verlag der Wissenschaften, Berlin 1970.

Manuskripteingang: 6. 2. 1978

VERFASSER:

Dr. Hans-Jürgen Albrand, Sektion Mathematik der Wilhelm-Pieck-Universität Rostock

Beiträge zur Numerischen Mathematik
8 (1980), 15 – 30

# Monotone Regula-Falsi-ähnliche Verfahren bei nichtkonvexen Operatorgleichungen

GÖTZ ALEFELD

## 1. Einleitung

Bei der numerischen Auflösung von nichtlinearen Gleichungen ist die sogenannte *Globalisierung* heute ein wesentlicher Bestandteil der neueren Entwicklungen. Nach J. W. SCHMIDT [15] versteht man unter Globalisierung das Bestreben, ursprunglich nur lokal konvergente Verfahren so zu erweitern, daß alle oder möglichst viele Vektoren konvergente Folgen liefern, sofern sie als Startvektoren genommen werden.

Neben Abstiegsverfahren und Einbettungsverfahren können verschiedene Verfahren mit Monotonieeigenschaft in gewissem Sinne als globalisierte Verfahren angesehen werden, da es bei ihnen gewöhnlich nicht erforderlich ist, daß die Startvektoren hinreichend nahe an einer Lösung liegen. In der Vergangenheit wurde beispielsweise wiederholt das Problem betrachtet, in halbgeordneten Räumen Aussagen über die Monotonie von Folgen zu gewinnen, welche mit dem Newton-Verfahren oder mit den entsprechenden Übertragungen der Regula falsi berechnet werden. Siehe dazu insbesondere BALUEV [4], COLLATZ [5], HOFMANN [7], ORTEGA-RHEINBOLDT [11], SCHMIDT [14, 16] und VOSS [20]. Zur Erzielung solcher Aussagen muß unter anderem gewohnlich vorausgesetzt werden, daß die zu lösende Operatorgleichung konvex ist, oder es werden Voraussetzungen gemacht, aus denen die Konvexität folgt.

In [1] wurde fur Gleichungssysteme im $R^n$ gezeigt, daß durch intervallmäßige Auswertung der Fréchet-Ableitung das Newton-Verfahren so modifiert werden kann, daß man auch ohne Konvexität quadratisch konvergente monotone Folgen erhält. Diese Verfahren wurden kurzlich von MÖNCH [10] weiter modifiziert und bezüglich ihres Wirkungsgrades untersucht. Weitgehend ohne Konvexität kommt auch J. W. SCHMIDT in [16] aus.

In der hier vorliegenden Arbeit geben wir nun zur Berechnung einer Lösung der Gleichung $F(x) = 0$ durch fortwährende monotone Einschließung ein quadratisch konvergentes Verfahren an, bei welchem in jedem Schritt ausschließlich Steigungen erster Ordnung, d. h. also nur Funktionswerte berechnet werden müssen. Sonst werden zur Durchführung des Iterationsverfahrens nur *feste* Schranken fur die Steigungen zweiter Ordnung verwendet. Die gewöhnlich notwendige Konvexitätsvoraussetzung fur den Operatior $F$ kann dann wieder entfallen.

In Abschnitt 2 werden zunächst die benötigten Hilfsmittel bereitgestellt. Anschließend werden einige Sätze über das betrachtete Verfahren bewiesen. In Abschnitt 4 befinden sich numerische Beispiele. Die in dieser Arbeit durchgeführten Überlegungen ermöglichen eine Verallgemeinerung der von VOSS [20] angegebenen Verfahren.

## 2. Hilfsmittel

Wir setzen im folgenden voraus, daß $B$ ein reeller Banachraum ist, der durch einen regulären Kegel $K$ halbgeordnet ist. $K$ ist dabei eine abgeschlossene Teilmenge von $B$ mit den Eigenschaften: $x, y \in K \Rightarrow x + y \in K$; $x, -x \in K \Rightarrow x = 0$; $\lambda \geqq 0$, $x \in K \Rightarrow \lambda x \in K$. Durch „$x \leqq y \Leftrightarrow y - x \in K$" wird dann eine mit der linearen Struktur von $B$ verträgliche Halbordnung in $B$ erklärt. $K$ heißt regulär, wenn jede monoton wachsende (oder fallende) und in der Halbordnung beschränkte Folge konvergent ist. Ein regulärer Kegel ist normal, d. h., die Norm ist in dem Sinne monoton, daß aus $0 \leqq x \leqq y$ folgt $\|x\| \leqq \alpha \|y\|$ mit einer von $x$ und $y$ unabhängigen Konstanten $\alpha$. Mit $[y, z]$ bezeichnen wir die Menge $\{x \mid y \leqq x \leqq z\} \subset B$. Ein Operator $F$ von $B$ nach $B$ heißt isoton, wenn aus $x \leqq y$ folgt $Fx \leqq Fy$. In der Menge der stetigen linearen Operatoren von $B$ nach $B$ führen wir eine Halbordnung ein durch „$A_1 \leqq A_2 \Leftrightarrow (A_2 - A_1)\, x \geqq 0$ für alle $x \geqq 0$". Ein linearer Operator $G$ von $B$ nach $B$ heißt positiv, falls $G \geqq 0$ gilt. In der Menge der stetigen bilinearen Operatoren von $B \times B$ nach $B$ führen wir eine Halbordnung ein durch „$M \leqq N \Leftrightarrow (N - M)\,(x, y) \geqq 0$ für alle $x, y \geqq 0$". Ein bilinearer Operator $H$ heißt positiv, wenn $H \geqq 0$ gilt. Ein Operator $F$ von $B$ nach $B$ heißt invers isoton, wenn aus $Fx \leqq Fy$ folgt $x \leqq y$. Ein invers isotoner Operator ist injektiv.

Die hier aufgezählten Begriffe und Eigenschaften halbgeordneter linearer Räume findet man im wesentlichen bei Krasnoselski [8]. Ein stetiger linearer Operator $\delta F(u, v)$ von $B$ nach $B$ heißt Steigung erster Ordnung des Operators $F$ von $D \subset B$ nach $B$, wenn

$$F(u) - F(v) = \delta F(u, v)\,(u - v), \qquad u, v \in D, \tag{1}$$

gilt. Siehe Schmidt [13].

Wir fordern darüber hinaus das Bestehen der Gleichungen

$$\begin{aligned} \delta F(u, v) - \delta F(u, w) &= \delta^2 F(u, v, w)\,(v - w), \\ \delta F(u, w) - \delta F(v, w) &= \delta^2 F(u, v, w)^*\,(u - v). \end{aligned} \tag{2}$$

Dabei seien die Steigungen zweiter Ordnung $\delta^2 F(u, v, w)$ und $\delta^2 F(u, v, w)^*$ bei festem $u$, $v$ und $w$ stetige bilineare Operatoren von $B \times B$ nach $B$.

Ein Operator $F$ von $D \subset B$ nach $B$ heißt konvex, wenn mit der Steigung $\delta F(u, v)$ für jedes $x \geqq 0$ auch $\delta F(u, v)\, x$ bezüglich $u$ und $v$ isoton ist. $F$ heißt konkav, wenn $-F$ konvex ist. Siehe Hofmann [7].

Wir benötigen die folgende bekannte Aussage von Kantorowitsch [9].

Lemma. *$B$ sei durch einen regulären Kegel $K$ halbgeordnet. $H$ sei ein stetiger isotoner Operator von $[y, z] \subset B$ nach $B$. Es gelte $y \leqq H(y)$, $z \geqq H(z)$. Dann besitzt $H$ einen Fixpunkt $x \in [y, z]$.* □

## 3. Verfahren und Sätze

Zur Auflösung der Gleichung $F(x) = 0$ betrachten wir die folgende Iterationsvorschrift:

$$\begin{aligned} F(x_k) + \{\delta F(x_k, y_k) + R(y_k - x_k)\} (x_{k+1} - x_k) &= 0, \\ F(y_k) + \{\delta F(x_k, y_k) + R^*(y_k - x_k)\} (y_{k+1} - y_k) &= 0, \end{aligned} \qquad k = 0, 1, \ldots 2, \qquad (\mathrm{V})$$

Dabei seien $R$ und $R^*$ stetige bilineare Operatoren von $B \times B$ nach $B$.

Wir beweisen über das Verfahren (V) zunächst die folgenden Aussagen.

Satz 1. *Der Banachraum $B$ besitze die im zweiten Abschnitt genannten Eigenschaften. $F$ sei eine stetige Abbildung von $D = [x_0, y_0] \subset B$ nach $B$, die in $D$ Steigungen besitzt, welche den Forderungen* (1) *und* (2) *genügen. Es gelte $F(x_0) \leqq 0$ und $F(y_0) \geqq 0$. Weiter seien zwei positive stetige bilineare Operatoren $R$ und $R^*$ von $B \times B$ nach $B$ bekannt mit den Eigenschaften*

$$\begin{aligned} -R &\leqq \delta^2 F(u, v, w), \\ \delta^2 F(u, v, w)^* &\leqq R^* \end{aligned} \qquad (3)$$

*für $u, v, w \in D$. Schließlich gebe es zwei stetige lineare Operatoren $G_1$ und $G_2$, die beide stetige positive Inverse $G_1^{-1}$ und $G_2^{-1}$ besitzen, und es gelte*

$$\begin{aligned} \delta F(u, v) + R(v - u) &\leqq G_1, \\ \delta F(u, v) + R^*(v - u) &\leqq G_2 \end{aligned} \qquad (4)$$

*für $x_0 \leqq u \leqq v \leqq y_0$.*

*Dann gelten die folgenden Aussagen für das Verfahren* (V):

1. (V) *ist durchführbar, d. h., die beiden Gleichungen besitzen für jedes $k \geqq 0$ Lösungen $x_{k+1}$ und $y_{k+1}$.*

2. *Es existieren die Grenzwerte $\lim_{k\to\infty} x_k = x^*$ und $\lim_{k\to\infty} y_k = y^*$. $x^*$ und $y^*$ sind Nullstellen von $F$.*

3. *Es besteht die monotone Einschließung*

$$x_0 \leqq \cdots \leqq x_k \leqq x_{k+1} \leqq \cdots \leqq x^* \leqq z^* \leqq y^* \leqq \cdots \leqq y_{k+1} \leqq y_k \leqq \cdots \leqq y_0$$

*für alle Lösungen $z^*$ von $F(x) = 0$ im Intervall $[x_0, y_0]$.*

Beweis. Wir zeigen zunächst, daß $F$ in $[x_0, y_0]$ eine Nullstelle $z^*$ besitzt. Dazu betrachten wir den Operator $T$ mit

$$T(z) = z - G_1^{-1} F(z)$$

auf dem Intervall $[x_0, y_0]$. $T$ ist stetig. Es gilt

$$\begin{aligned} T(x_0) &= x_0 - G_1^{-1} F(x_0) \geqq x_0, \\ T(y_0) &= y_0 - G_1^{-1} F(y_0) \leqq y_0, \end{aligned}$$

sowie wegen (4) für $v \geqq u$

$$\begin{aligned} T(v) - T(u) &= G_1^{-1}\{F(u) - F(v) - G_1(u - v)\} \\ &= G_1^{-1}\{\delta F(u, v) - G_1\}(u - v) \geqq G_1^{-1}R(v - u)^2 \geqq 0 \end{aligned}$$

d. h., $T$ ist isoton. Auf Grund des Lemmas aus Abschnitt 2 gibt es daher mindestens einen Fixpunkt $z^*$ von $T$, d. h. mindestens eine Lösung $z^*$ von $F(x) = 0$ im Intervall $[x_0, y_0]$.

Durch vollständige Induktion zeigen wir jetzt das Bestehen der Ungleichungen

$$\begin{aligned} &x_0 \leqq \cdots \leqq x_{k-1} \leqq x_k \leqq z^* \leqq y_k \leqq y_{k-1} \leqq \cdots \leqq y_0, \\ &F(x_k) \leqq 0 \leqq F(y_k) \end{aligned}$$

für $k = 0, 1, 2, \ldots$ und jede Lösung $z^*$ von $F(x) = 0$ im Intervall $[x_0, y_0]$. Für $k = 0$ gelten diese Ungleichungen nach Voraussetzung. Wir betrachten nun den Operator

$$H_1(z) = z - G_1^{-1}\big\{F(x_k) + \big(\delta F(x_k, y_k) + R(y_k - x_k)\big)(z - x_k)\big\}$$

auf dem Intervall $[x_k, z^*]$. $H_1$ ist stetig. Wegen

$$H_1(v) - H_1(u) = G_1^{-1}\{G_1 - \delta F(x_k, y_k) - R(y_k - x_k)\}(v - u) \geqq 0$$

für $v \geqq u$ ist $H_1$ isoton. Außerdem ist $H_1(x_k) = x_k - G_1^{-1}F(x_k) \geqq x_k$. Schließlich ergibt sich wegen (3)

$$-\delta^2 F(x_k, z^*, y_k)(y_k - z^*) \leqq R(y_k - z^*) \leqq R(y_k - x_k),$$

also $\delta^2 F(x_k, z^*, y_k)(z^* - y_k) - R(y_k - x_k) \leqq 0$ und damit

$$\begin{aligned} H_1(z^*) &= z^* - G_1^{-1}\big\{F(x_k) - F(z^*) - \big(\delta F(x_k, y_k) + R(y_k - x_k)\big)(x_k - z^*)\big\} \\ &= z^* - G_1^{-1}\{\delta F(x_k, z^*) - \delta F(x_k, y_k) - R(y_k - x_k)\}(x_k - z^*) \\ &= z^* - G_1^{-1}\{\delta^2 F(x_k, z^*, y_k)(z^* - y_k) - R(y_k - x_k)\}(x_k - z^*) \\ &\leqq z^*. \end{aligned}$$

Auf Grund des Lemmas aus Abschnitt 1 besitzt daher $H_1$ einen Fixpunkt $x_{k+1} = H_1(x_{k+1})$ im Intervall $[x_k, z^*]$, d. h., es gilt

$$F(x_k) + \{\delta F(x_k, y_k) + R(y_k - x_k)\}(x_{k+1} - x_k) = 0.$$

Wir zeigen, daß $F(x_{k+1}) \leqq 0$ gilt. Wegen (3) gilt zunächst

$$\begin{aligned} 0 &\leqq \delta^2 F(x_k, y_k, x_{k+1})(y_k - x_{k+1}) + R(y_k - x_{k+1}) \\ &\leqq \delta^2 F(x_k, y_k, x_{k+1})(y_k - x_{k+1}) + R(y_k - x_k). \end{aligned}$$

Damit folgt durch Einsetzen der Iterationsvorschrift in

$$F(x_{k+1}) = F(x_k) - \delta F(x_k, x_{k+1})(x_k - x_{k+1})$$

die Ungleichung

$$\begin{aligned} F(x_{k+1}) &= \{\delta F(x_k, y_k) - \delta F(x_k, x_{k+1}) + R(y_k - x_k)\} (x_k - x_{k+1}) \\ &= \{\delta^2 F(x_k, y_k, x_{k+1}) (y_k - x_{k+1}) + R(y_k - x_k)\} (x_k - x_{k+1}) \leqq 0. \end{aligned}$$

Die Aussagen für die Folge $\{y_k\}$ werden weitgehend analog bewiesen. Dazu betrachtet man den Operator

$$H_2(z) = z - G_2^{-1}\big\{F(y_k) + \big(\delta F(x_k, y_k) + R^*(y_k - x_k)\big) (z - y_k)\big\}$$

auf dem Intervall $[z^*, y_k]$ und zeigt die Existenz eines Fixpunktes $y_{k+1}$ im Intervall $[z^*, y_k]$. $F(y_{k+1}) \geqq 0$ folgt ähnlich wie $F(x_{k+1}) \leqq 0$.

Durch Grenzübergang $k \to \infty$ folgt auf Grund der Voraussetzungen über die Halbordnung

$$\lim_{k\to\infty} x_k = x^* \leqq z^* \leqq y^* = \lim_{k\to\infty} y_k$$

für jede Lösung $z^*$ von $F(x) = 0$ im Intervall $[x_0, y_0]$. Es gilt nach (4)

$$0 \leqq -F(x_k) = \{\delta F(x_k, y_k) + R(y_k - x_k)\} (x_{k+1} - x_k) \leqq G_1(x_{k+1} - x_k)$$

und

$$0 \leqq F(y_k) = \{\delta F(x_k, y_k) + R^*(y_k - x_k)\} (y_k - y_{k+1}) \leqq G_2(y_k - y_{k+1}).$$

Aus der Konvergenz der beiden Folgen $\{x_k\}$ und $\{y_k\}$ folgt mit der Stetigkeit von $F$ und den Voraussetzungen über die Halbordnung für $k \to \infty$ die Gleichheit $F(x^*) = F(y^*) = 0$. Damit sind alle Behauptungen des Satzes nachgewiesen. □

Der nächste Satz gibt eine Bedingung dafür an, daß $x^* = y^*$ gilt.

Satz 2. *Neben den Voraussetzungen von Satz* 1 *sei mit einer linearen Abbildung* $S$, *die invers isoton ist, die Ungleichung*

$$S \leqq \delta F(u, v) \tag{5}$$

*für* $x_0 \leqq u \leqq v \leqq y_0$ *erfüllt. Dann ist* $x^* = y^*$ *die einzige Nullstelle von* $F$ *in* $[x_0, y_0]$.

Beweis. Wegen $x^* \leqq y^*$ gilt

$$0 = F(x^*) - F(y^*) = \delta F(x^*, y^*) (x^* - y^*) \leqq S(x^* - y^*),$$

somit $y^* \leqq x^*$, also $x^* = y^*$. □

Die folgenden Aussagen zeigen, daß unter geeigneten Voraussetzungen die Konvergenz des Verfahrens (V) asymptotisch quadratisch erfolgt.

Satz 3. *Es seien die Voraussetzungen der Sätze* 1 *und* 2 *erfüllt. Darüber hinaus sei* $S^{-1}$ *stetig. Neben den Ungleichungen* (3) *mögen die Abschätzungen*

$$\begin{aligned} \delta^2 F(u, v, w) &\leqq R_1, \\ -R_1^* &\leqq \delta^2 F(u, v, w)^* \end{aligned} \tag{6}$$

*mit stetigen bilinearen Operatoren* $R_1$ *und* $R_1^*$ *für* $u, v, w \in [x_0, y_0]$ *bestehen. Dann konvergieren die beiden Folgen* $\{x_k\}$ *und* $\{y_k\}$ *quadratisch gegen* $x^* = y^*$.

Beweis. Mit (5) folgt aus dem ersten Teil von (V) mit (3)

$$\begin{aligned}
S(x^* - x_{k+1}) &\leqq \{\delta F(x_k, y_k) + R(y_k - x_k)\}\,(x^* - x_{k+1})\\
&= F(x_k) - F(x^*) + \{\delta F(x_k, y_k) + R(y_k - x_k)\}\,(x^* - x_k)\\
&= \delta F(x_k, x^*)\,(x_k - x^*) + \{\delta F(x_k, y_k) + R(y_k - x_k)\}\,(x^* - x_k)\\
&= \{\delta F(x_k, y_k) - \delta F(x_k, x^*) + R(y_k - x_k)\}\,(x^* - x_k)\\
&= \{\delta F(x_k, y_k, x^*)\,(y_k - x^*) + R(y_k - x_k)\}\,(x^* - x_k)\\
&\leqq \{R_1(y_k - x^*) + R(y_k - x^*) + R(x^* - x_k)\}\,(x^* - x_k).
\end{aligned}$$

Setzt man nun

$$r_k := \max\,\{\|x^* - x_k\|, \|x^* - y_k\|\},$$

so folgt mit der Monotonie der Norm

$$\begin{aligned}
\|x^* - x_{k+1}\| &\leqq \alpha\,\|S^{-1}\| \cdot \{\|R_1\| \cdot \|y_k - x^*\| + \|R\| \cdot \|y_k - x^*\| + \|R\| \cdot \|x^* - x_k\|\}\\
&\quad \times \|x^* - x_k\|\\
&\leqq \alpha\,\|S^{-1}\|\,\{\|R_1\| + 2\,\|R\|\}\,r_k^2.
\end{aligned}$$

Vollständig analog folgt $\|y_{k+1} - x^*\| \leqq \alpha\,\|S^{-1}\|\,\{\|R_1^*\| + 2\,\|R^*\|\}\,r_k^2$, insgesamt also

$$r_{k+1} \leqq \gamma r_k^2, \qquad k = 0, 1, 2, \ldots,$$

mit

$$\gamma = \alpha\,\|S^{-1}\| \cdot \max\,\{\|R_1\| + 2\,\|R\|, \|R_1^*\| + 2\,\|R^*\|\}. \ \square$$

Auf Grund der geforderten Regularität des Kegels $K$ wird in Satz 1 z. B. der Banachraum $C[0, 1]$ der stetigen Funktionen mit der natürlichen Halbordnung ausgeschlossen. Verzichtet man auf die Forderung der Regularität des Kegels, so erhält man den folgenden Satz. Die Existenz einer Lösung kann man dabei allerdings mit den hier zur Verfügung stehenden Mitteln nicht beweisen. Sie muß auf anderem Wege nachgewiesen werden.

Satz 1*. *Der Banachraum $B$ sei durch einen Kegel $K$ halbgeordnet. $F$ sei eine Abbildung von $D = [x_0, y_0] \subset B$ nach $B$, die in $D$ Steigungen besitzt, welche den Forderungen* (1) *und* (2) *genügen. Es gelte $F(x_0) \leqq 0$ und $F(y_0) \geqq 0$. Weiter seien zwei positive stetige bilineare Operatoren $R$ und $R^*$ von $B \times B$ nach $B$ bekannt mit den Eigenschaften* (3). *$\delta F(u, v) + R(v - u)$, $\delta F(u, v) + R^*(v - u)$ sowie $\delta F(u, v)$ seien für $x_0 \leqq u \leqq v \leqq y_0$ invers isoton. Außerdem seien $\delta F(u, v) + R(v - u)$ und $\delta F(u, v) + R^*(v - u)$ surjektiv. Dann gilt für die nach* (V) *berechneten Iterierten*

$$x_0 \leqq x_1 \leqq \cdots \leqq x_k \leqq x_{k+1} \leqq y_{k+1} \leqq y_k \leqq \cdots \leqq y_1 \leqq y_0. \ \square$$

Zum Beweis dieses Satzes bemerken wir nur, daß die Ungleichungen $x_k \leqq x_{k+1}$ und $y_{k+1} \leqq y_k$ durch vollständige Induktion unmittelbar aus den Voraussetzungen folgen unter Verwendung von $F(x_k) \leqq 0 \leqq F(y_k)$, was man ebenfalls durch vollständige Induktion zeigt. Die Ungleichung $x_{k+1} \leqq y_{k+1}$ sieht man folgendermaßen ein: Subtraktion der beiden Gleichungen in (V) ergibt unter Verwendung der Definition der Steigung

$$\begin{aligned}&\delta F(x_k, y_k)\,(y_{k+1} - x_{k+1})\\&= R(y_k - x_k)\,(x_{k+1} - x_k) - R^*(y_k - x_k)\,(y_{k+1} - y_k) \geqq 0\end{aligned}$$

und daraus wegen der inversen Isotonie von $\delta F(x_k, y_k)$ die Behauptung $y_{k+1} \geqq x_{k+1}$.

Falls unter den Voraussetzungen von Satz 1* die Existenz einer Lösung $z^* \in D = [x_0, y_0]$ bekannt ist, so schließen die Folgen $\{x_k\}$ und $\{y_k\}$ diese ein. Denn aus

$$0 \leqq F(z^*) - F(x_k) = \delta F(z^*, x_k)\,(z^* - x_k)$$

folgt $x_k \leqq z^*$ und ähnlich $z^* \leqq y_k$. (Siehe dazu auch [1].)
Ein analoges Resultat wie in Satz 3 läßt sich unter den Voraussetzungen von Satz 1* beweisen.

Satz 3*. *Neben den in Satz 1* genannten Voraussetzungen sei B durch einen normalen Kegel K halbgeordnet, und es existiere ein linearer Operator S, der eine stetige positive Inverse besitzt. Es gelte* $S \leqq \delta F(u, v)$ *für* $x_0 \leqq u \leqq v \leqq y_0$. *Darüber hinaus möge (6) gelten. Falls die Folgen* $\{x_k\}$ *und* $\{y_k\}$ *gegen eine gemeinsame Lösung* $x^*$ *konvergieren, so erfolgt die Konvergenz quadratisch.* □

Der Beweis verläuft ähnlich wie in Satz 3.

## 4. Beispiele

1. Es sei $B$ der Banachraum der auf dem Intervall $[0, 1]$ stetigen Funktionen, versehen mit der Maximumnorm und halbgeordnet durch den Kegel der auf $[0, 1]$ nichtnegativen Funktionen. Dieser Kegel ist normal. Es sei $x_0(t) = \frac{1}{4} - \frac{1}{16}t$, $y_0(t) = \frac{1}{4}$. Auf $D = [x_0, y_0]$ wird die nichtlineare Volterasche Integralgleichung

$$(Fx)\,(t) = \frac{t}{8}\,x^2(t) + x(t) - \frac{t^2}{32} + \frac{7}{128} - \frac{1}{4} - \int_0^t (t - s)\,x^2(s)\,ds = 0,$$

$$0 \leqq s \leqq t \leqq 1,$$

betrachtet. Dann ist $F(x_0) \leqq 0 \leqq F(y_0)$. Setzt man

$$\big(\delta F(u, v)\,q\big)\,(t) = \left(\frac{t}{8}\big(u(t) + v(t)\big) + 1\right)q(t) - \int_0^t (t - s)\big(u(s) + v(s)\big)\,q(s)\,ds,$$

so gilt (1) für $\delta F(u, v)$. $\delta F(u, v)$ ist ein linearer stetiger Operator.

Wir zeigen als nächstes, daß $F$ in $D$ weder konvex noch konkav ist (siehe Abschnitt 2). Dazu genügt es, zwei Elemente $v$ und $w$ mit $v \geqq w$, $v, w \in D$, ein Element $u \in D$ sowie ein $q \geqq 0$ anzugeben, so daß weder $\delta F(u, v)\,q \geqq \delta F(u, w)\,q$ noch $\delta F(u, v)\,q \leqq \delta F(u, w)\,q$ gilt.

Wir setzen $v(t) = \frac{1}{4}$, $w(t) = \frac{1}{4} - \frac{1}{16}\,t$, $q(t) = 1$. Dann gilt für beliebiges $u$

$$[\delta F(u, v) - \delta F(u, w)]\, q = \frac{t}{8}\,(v - w)\, q(t) - \int_0^t (t - s)\,(v - w)\, q(s)\, ds$$

$$= \frac{t^2}{16}\left(\frac{1}{8} - \frac{t}{6}\right) = \begin{cases} \frac{1}{6144}, & t = \frac{1}{4}, \\ -\frac{1}{384}, & t = 1. \end{cases}$$

Setzt man

$$\delta^2 F(u, v, w)\,(p, q)\,(t) = \delta^2 F(u, v, w)^*\,(p, q)\,(t) = \frac{t}{8}\,p(t)\,q(t) - \int_0^t (t - s)\;p(s)\;q(s)\,ds,$$

so gilt (2). $\delta^2 F(u, v, w)$ ist ein stetiger bilinearer Operator. Setzt man

$$R(p, q)\,(t) = \int_0^t (t - s)\,p(s)\,q(s)\,ds,$$

$$R^*(p, q)\,(t) = \frac{t}{8}\,p(t)\,q(t),$$

so sind die Ungleichungen (3) erfüllt. Die bilinearen Operatoren $R$ und $R^*$ sind stetig.

Um Satz **1*** anwenden zu können, müssen wir die inverse Isotonie von $\delta F(u, v)$, $\delta F(u, v) + R(v - u)$ und $\delta F(u, v) + R^*(v - u)$ sowie die Invertierbarkeit der letzten beiden Operatoren zeigen.

Wir zeigen zunächst die inverse Isotonie von $\delta F(u, v)$. Es sei

$$(\delta F(u, v)\, q)\,(t) = \left[\frac{t}{8}\,\big(u(t) + v(t)\big) + 1\right] q(t) - \int_0^t (t - s)\,\big(u(s) + v(s)\big)\,q(s)\,ds$$

$$=: h(t) \geqq 0$$

für $u, v \in D$. Dann folgt

$$q(t) = \int_0^t \frac{t - s}{\frac{t}{8}\big(u(t) + v(t)\big) + 1}\,\big(u(s) + v(s)\big)\,q(s)\,ds + \frac{h(t)}{\frac{t}{8}\big(u(t) + v(t)\big) + 1}.$$

Da der Kern und das konstante Glied dieser Integralgleichung nichtnegativ sind, folgt mit dem Startwert $q_0 = 0$ mit Hilfe des Picard-Iterationsverfahrens $q \geqq 0$. (Tatsächlich folgt die inverse Isotonie von $\delta F(u, v)$ zumindest für alle $u, v \geqq 0$. Dies wird unten verwendet.)

Analog folgt für

$$\big(\{\delta F(u, v) + R(v - u)\}\, q\big)\,(t) = \left(\frac{t}{8}\,\big(u(t) + v(t)\big) + 1\right) q(t) - 2 \int_0^t (t - s)\, u(s)\, q(s)\, ds$$

und

$$\big(\{\delta F(u, v) + R^*(v - u)\}\, q\big)\,(t) = \left(\frac{t}{4}\, v(t) + 1\right) q(t) - \int_0^t (t - s)\, \big(u(s) + v(s)\big)\, q(s)\, ds$$

die inverse Isotonie und die Bijektivität. Damit sind alle Voraussetzungen von Satz 1* nachgewiesen. Die Durchführung des ersten Iterationsschrittes ergibt mit einem Reihenansatz im Intervall [0, 1] gleichmäßig konvergente alternierende Reihen $y_1(t)$ und $x_1(t)$ mit

$$y_1(t) \leqq \bar{y}_1(t) = \frac{1}{4} - \frac{1}{16}\, t + \frac{17}{256}\, t^2 - \frac{115}{12288}\, t^3 + \frac{241}{196608}\, t^4$$

$$- \frac{10559}{15728640}\, t^5 + \frac{92669}{754974720}\, t^6,$$

$$x_1(t) \geqq \bar{x}_1(t) = \frac{1}{4} - \frac{1}{16}\, t + \frac{17}{256}\, t^2 - \frac{121}{12288}\, t^3 + \frac{277}{65536}\, t^4$$

$$- \frac{1051}{1048576}\, t^5.$$

Es gilt $\|\bar{y}_1 - \bar{x}_1\| < 0.0004$ gegenüber $\|y_0 - x_0\| = 0.0625$. Um die Einschließung einer Lösung $z^*$ der Gleichung $F(x) = 0$ durch $x_1$ und $y_1$ und damit durch $x_0$ und $y_0$ nachzuweisen, verwenden wir den Satz von Kantorowitsch in der in [12], Theorem 22.4, angegebenen Form.

Mit dem Startwert $y_0(t) = \dfrac{1}{4}$ für das Newton-Verfahren ergibt sich, daß in der Kugel

$$B' = \left\{x \mid \left\| x - \frac{1}{4} \right\| \leqq 0.027\right\}$$

eine Lösung $z^*$ liegt. Setzt man $B'' = \left\{x \mid \left\| x - \dfrac{1}{4} \right\| \leqq \dfrac{1}{16}\right\}$, so gilt

$$B' \subset B'', \qquad x_1, y_1, x_0, y_0 \in B''.$$

Außerdem ist $x \geqq 0$ für $x \in B''$. Da $\delta F(u, v)$ für $u, v \in B''$ invers isoton ist, folgt aus

$$0 \leqq F(z^*) - F(x_1) = \delta F(z^*, x_1)\, (z^* - x_1)$$

die Ungleichung $\bar{x}_1 \leqq x_1 \leqq z^*$ und entsprechend $z^* \leqq y_1 \leqq \bar{y}_1$.

In der Abbildung sind die Ergebnisse graphisch dargestellt.

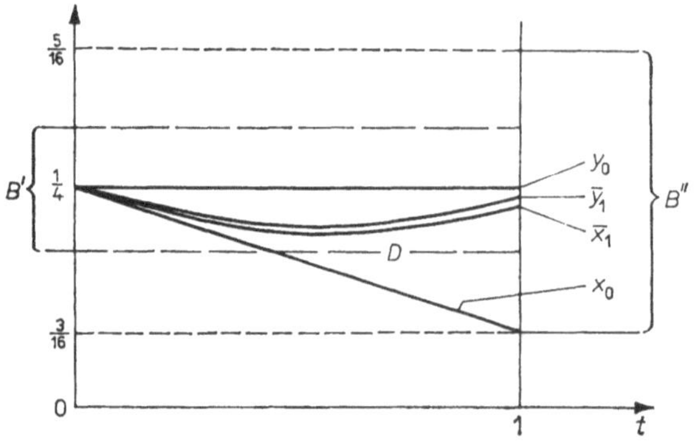


2. Unter den gleichen Voraussetzungen wie im vorangehenden Beispiel betrachten wir die Fredholmsche Integralgleichung

$$(Fx)(t) = \frac{t}{2}x^2(t) + x(t) - \frac{1}{3} - \frac{t}{24} + \frac{251}{2304}t^2 - \frac{1}{288}t^3$$

$$- \frac{1}{4}\int_0^t t(1-s)\,x^2(s)\,ds = 0.$$

Für $y_0(t) = \frac{1}{3}$, $x_0(t) = \frac{1}{3} - \frac{1}{12}t$ gilt

$$F(x_0) \leqq 0 \leqq F(y_0).$$

Setzt man

$$\big(\delta F(u, v)\, q\big)(t) = \left(\frac{t}{2}\big(u(t) + v(t)\big) + 1\right) q(t) - \frac{1}{4}\int_0^1 t(1-s)\big(u(s) + v(s)\big)\, q(s)\, ds,$$

so gilt (1) für den linearen stetigen Operator $\delta F(u, v)$. $F$ ist in $D = [x_0, y_0]$ weder konvex noch konkav. Dazu zeigt man, daß für beliebiges $u \in D$ und $v = y_0$, $w = x_0$, $q = 1$ weder $\{\delta F(u, v) - \delta F(u, w)\}\, q \geqq 0$ noch $\leqq 0$ gilt.

Für die zweiten Steigungen nach (2) erhält man die stetigen bilinearen Operatoren

$$\delta^2 F(u, v, w)(p, q)(t) = \delta^2 F(u, v, w)^*(p, q)(t)$$

$$= \frac{t}{2}p(t)\,q(t) - \frac{1}{4}\int_0^t t(1-s)\,p(s)\,q(s)\,ds.$$

Mit

$$R(p, q)(t) = \frac{1}{4} \int_0^1 t(1 - s)\, p(s)\, q(s)\, ds,$$

$$R^*(p, q)(t) = \frac{t}{2}\, p(t)\, q(t)$$

ist (3) erfüllt.

Um Satz 1* anwenden zu können, muß die inverse Isotonie von $\delta F(u,v) + R(v-u)$, $\delta F(u, v) + R^*(v - u)$ und $\delta F(u, v)$ sowie die Surjektivität der ersten beiden Operatoren nachgewiesen werden. Dies bereitet keine prinzipiellen Schwierigkeiten und soll hier nicht vorgeführt werden.

Die Durchführung des Iterationsverfahrens (V) führt hier auf lineare Fredholmsche Integralgleichungen mit Produktkern, deren Lösung man explizit angeben kann. Man erhält

$$y_1(t) = \frac{1}{3} - \frac{1}{1 + \frac{t}{3}} \left\{ \frac{t^2}{288} \left( t - \frac{251}{8} \right) - 0.001\,176\,439\, t \right\},$$

$$x_1(t) = \frac{1}{3} - \frac{t}{12} + \frac{t}{1 + \frac{t}{3} - \frac{t^2}{24}} \left\{ 0.082\,089\,811 - \frac{187}{2304}\, t \right\}.$$

Es ist $\|y_1 - x_1\| < 0.005$ gegenüber $\|y_0 - x_0\| = \frac{1}{12} < 0.0834$. Mit Hilfe des Satzes von Kantorowitsch zeigt man wieder die Existenz einer Lösung $z^*$ von $F(x) = 0$, die von $y_1$ und $x_1$ eingeschlossen wird. Es bereitet keine prinzipiellen Schwierigkeiten, die Schranken $y_1$ und $x_1$ für $z^*$ mit Verfahren (V) weiter zu verbessern.

3. Es sei $B$ der $n$-dimensionale reelle Vektorraum mit der natürlichen Halbordnung. Der diese Halbordnung definierende Kegel ist regulär. Weiter sei $F: D \subset B \to B$ eine Abbildung mit $F(x) = (f_i(x))$. Nach J. W. Schmidt [13] führen wir eine Steigung $\delta F(u, v) = (\delta F(u, v)_{ik})$ ein durch

$$\delta F(u, v)_{i,k} = \delta f_i(v_1, \ldots, v_{k-1}, u_k v_k, u_{k+1}, \ldots, u_n), \qquad i, k = 1(1)n,$$

mit

$$\delta f_i(v_1, \ldots, v_{k-1}, u_k v_k, u_{k+1}, \ldots, u_n)$$

$$= \begin{cases} \dfrac{1}{u_k - v_k} \{f_i(v_1, \ldots, v_{k-1}, u_k, \ldots, u_n) - f_i(v_1, \ldots, v_k, u_{k+1}, \ldots, u_n)\}, & u_k \neq v_k, \\[2ex] \dfrac{\partial}{\partial x_k} f_i(v_1, \ldots, v_{k-1}, u_k, \ldots, u_n), & u_k = v_k, \end{cases}$$

$i, k = 1(1)n$

(dabei setzen wir voraus, daß die benötigten Ableitungen existieren). Für die so definierte Steigung gilt (2), wenn man $\delta^2 F(u, v, w)$ und $\delta^2 F(u, v, w)^*$ mit Hilfe der zweiten partiellen Differenzenquotienten definiert als

$$\delta^2 F(u, v, w)_{jik} = \delta^2 F(u, v, w)^*_{jki}$$

$$= \begin{cases} 0, & i < k, \\ \delta^2 f_j(w_1, \ldots, w_{i-1}, u_i v_i w_i, u_{i+1}, \ldots, u_n), & i = k, \\ \delta^2 f_j(w_1, \ldots, w_{k-1}, v_k w_k, v_{k+1}, \ldots, v_{i-1}, u_i v_i, u_{i+1}, \ldots, u_n), & i > k. \end{cases}$$

(3) ist erfüllbar, falls die Elemente von $\delta^2 F(u, v, w)$ (und damit auch die von $\delta^2 F(u, v, w)^*$) im Intervall $[x_0, y_0]$ beschränkt sind. Dies ist z. B. der Fall, falls die zweiten partiellen Ableitungen der Komponenten von $F$ auf dem Intervall $[x_0, y_0]$ existieren und beschränkt sind. Es gelte dort

$$\left| \frac{\partial^2}{\partial x_i \, \partial x_k} f_j \right| \leqq f_{jik}, \qquad j, i, k = 1(1)n.$$

Dann ist

$$|\delta^2 f_j(w_1, \ldots, w_{i-1}, u_i v_i w_i, u_{i+1}, \ldots, u_n)| \leqq \frac{1}{2} f_{jii},$$

$$|\delta^2 f_j(w_1, \ldots, w_{k-1}, v_k w_k, v_{k+1}, \ldots, v_{i-1}, u_i v_i, u_{i+1}, \ldots, u_n)| \leqq f_{jik},$$

$$j, i, k = 1(1)n.$$

Somit ist mit $R = (r_{jik})$, $R^* = (r_{jki})$ und

$$r_{jik} = \begin{cases} 0, & i < k, \\ \frac{1}{2} f_{jii}, & i = k, \\ f_{jik}, & i > k \end{cases}$$

die Voraussetzung (3) erfüllt. Die zur Angabe von $R$ und $R^*$ benötigten Schranken für die Werte der zweiten partiellen Ableitungen kann man etwa durch intervallarithmetische Auswertung der zweiten partiellen Ableitungen der $f_j$, $j = 1(1)n$, auf dem Intervall $[x_0, y_0]$ gewinnen. Siehe dazu etwa [2], S. 28ff.

Der Nachweis von (4) und (5) muß im Einzelfall am konkreten System erbracht werden. Wir betrachten wie in [17] ein nichtlineares Gleichungssystem, welches durch Diskretisierung der Randwertaufgabe

$$x'' = g(t, x), \quad x(0) = a, \quad x(1) = b$$

durch ein Differenzenverfahren

$$x_0 = a, \qquad x_{m+1} = b$$

$$-x_{i-1} + 2x_i - x_{i+1} + h^2\{\alpha g(t_{i-1}, x_{i-1}) + \beta g(t_i, x_i) + \gamma g(t_{i+1}, x_{i+1})\} = 0,$$

$$i = 1(1)m,$$

mit $(m+1)h = 1$, $t_i = ih$, $i = 1(1)m$, entsteht. Für $\alpha = \gamma = 0$, $\beta = 1$ erhält man das gewöhnliche Differenzenverfahren, für $\alpha = \gamma = \frac{1}{12}$, $\beta = \frac{10}{12}$ das Mehrstellenverfahren (siehe [21]). Mit

$$x = \begin{pmatrix} x_1 \\ \vdots \\ x_m \end{pmatrix}, \quad g(x) = \begin{pmatrix} g(t_1, x_1) \\ \vdots \\ g(t_m, x_m) \end{pmatrix}, \quad c = \begin{pmatrix} a - \alpha h^2 g(0, a) \\ 0 \\ \vdots \\ 0 \\ b - \gamma h^2 g(1, b) \end{pmatrix}$$

und

$$A = \begin{pmatrix} 2 & -1 & & & 0 \\ -1 & 2 & -1 & & \\ & \ddots & \ddots & \ddots & \\ & & -1 & 2 & -1 \\ 0 & & & -1 & 2 \end{pmatrix}, \quad B = \begin{pmatrix} \beta & \gamma & & & 0 \\ \alpha & \beta & \gamma & & \\ & \ddots & \ddots & \ddots & \\ & & \alpha & \beta & \gamma \\ 0 & & & \alpha & \beta \end{pmatrix}$$

läßt sich dieses System in der Form

$$F(x) \equiv Ax + h^2 B g(x) - c = 0$$

schreiben. Setzen wir $\delta g_i(u, v) = \dfrac{g(t_i, u_i) - g(t_i, v_i)}{u_i - v_i}$, $i = 1(1)m$, und führen wir die $m \times m$-Diagonalmatrix $\delta g(u, v) = \operatorname{diag}\left(g_i(u, v)\right)$ ein, so gilt

$$\delta F(u, v) = A + h^2 B \delta g(u, v).$$

Wir setzen im folgenden voraus, daß $\dfrac{\partial}{\partial x} g(t, x) \geqq 0$ für $t \in [0, 1]$ gilt. Dann ist $\delta g(u, v) \geqq 0$, also

$$S := A \leqq \delta F(u, v) = A + h^2 B \delta g(u, v).$$

Da $A^{-1} \geqq 0$ ist, ist (5) erfüllt. Weiter ist

$$\begin{aligned} \delta F(u, v) - \delta F(u, w) &= h^2 B\{\delta g(u, v) - \delta g(u, w)\} \\ &= h^2 B \delta^2 g(u, v, w)\,(v - w) \end{aligned}$$

und

$$\begin{aligned} \delta F(u, w) - \delta F(v, w) &= h^2 B\{\delta g(u, w) - \delta g(v, w)\} \\ &= h^2 B \delta^2 g(u, v, w)\,(u - v). \end{aligned}$$

Somit gilt $\delta^2 F(u, v, w) = \delta^2 F(u, v, w)^* = h^2 B \delta^2 g(u, v, w)$. Dabei ist $\delta^2 g(u, v, w)$ ein bilinearer Operator, dessen Elemente $\delta^2 g(u, v, w)_{jik}$ festgelegt sind durch

$$\delta^2 g(u, v, w)_{jik} = \begin{cases} \dfrac{\delta g_i(u, v) - \delta g_i(u, w)}{v_i - w_i}, & j = i = k, \\ 0 & \text{sonst.} \end{cases}$$

Die bilinearen Operatoren $R$ und $R^* = R$, welche (3) genügen sollen, sind daher bekannt, falls die zweiten Differenzenquotienten bezüglich $x_i$ von $g(t_i, x_i)$ abgeschätzt werden können. Diese Größen seien etwa dem Betrag nach alle durch $\varkappa$ beschränkt. Dann können wir sehen

$$Rx = R^*x = \varkappa h^2 B \begin{pmatrix} x^T E_1 \\ \vdots \\ x^T E_m \end{pmatrix} = \varkappa h^2 B \operatorname{diag}(x_i).$$

Dabei hat $E_j = (e_{jik})$ die Elemente

$$e_{jik} = \begin{cases} 1, & j = i = k, \\ 0 & \text{sonst}. \end{cases}$$

Es gilt dann

$$\begin{aligned} \delta F(u, v) + R(v - u) &= \delta F(u, v) + R^*(v - u) \\ &= A + h^2 B \delta g(u, v) + \varkappa h^2 B \operatorname{diag}(v_i - u_i) \\ &= A + h^2 B\{\delta g(u, v) + \varkappa \operatorname{diag}(v_i - u_i)\} \\ &\leqq A + h^2 BD \quad \text{mit} \quad 0 \leqq D \leqq \sup_{x_0 \leqq u \leqq v \leqq y_0} \{\delta g(u, v) + \varkappa \operatorname{diag}(v_i - u_i)\}. \end{aligned}$$

Da $A$ eine $M$-Matrix ist, ist beim Mehrstellenverfahren für genügend kleines $h$ auch $G_1^{-1} := G_2^{-1} := (A + h^2 BD)^{-1} \geqq 0$ (siehe etwa [11, S. 54, Satz 2.4.10]). Beim gewöhnlichen Differenzenverfahren ist $B = I$. Damit ist nach [11, S. 55, Satz 2.4.11] unabhängig von $h$ die Bedingung $G_1^{-1} = G_2^{-1} \geqq 0$ immer erfüllt.

Als konkretes Beispiel betrachten wir die Randwertaufgabe

$$y'' = \sin y + y, \qquad y(0) = 1, \qquad y(1) = 1.$$

Die beiden folgenden Tabellen enthalten jeweils für $m = 5, 25, 51$ die Iterierten der Näherung für $y\left(\frac{1}{2}\right)$ nach (V), und zwar in der ersten Tabelle nach dem gewöhnlichen Differenzenverfahren und in der zweiten Tabelle nach dem Mehrstellenverfahren. Die Anfangsvektoren $x_0$ und $y_0$ wurden dabei nach 13.4.6(c) in [11, S. 460] bestimmt. Die Beispiele wurden auf der Rechenanlage UNIVAC 1108 am Rechenzentrum der Universität Karlsruhe in doppelter Genauigkeit (18 Dezimalstellen) gerechnet. Für das Rechnen der Beispiele danke ich den Herren WOLFGANG FÄNGER und KURT SPECK.

$y\left(\frac{1}{2}\right)$ *Gewöhnliches Differenzenverfahren*

| $k$ | $m = 5$ | |
|---|---|---|
| 0 | −0.5 | 0.5 |
| 1 | 0.360 645 283 538 | 0.402 923 765 672 |
| 2 | 0.398 885 884 747 | 0.398 942 240 829 |
| 3 | 0.398 934 465 910 | 0.398 934 466 000 |

| $k$ | $m = 25$ | |
|---|---|---|
| 0 | −0.5 | 0.5 |
| 1 | 0.355 399 899 875 | 0.402 973 993 568 |
| 2 | 0.398 620 471 733 | 0.398 697 839 309 |
| 3 | 0.398 688 025 395 | 0.398 688 025 577 |

| $k$ | $m = 51$ | |
|---|---|---|
| 0 | −0.5 | 0.5 |
| 1 | 0.354 789 021 192 | 0.403 007 614 407 |
| 2 | 0.398 607 339 318 | 0.398 687 800 234 |
| 3 | 0.398 677 672 328 | 0.398 677 672 527 |

$y\left(\frac{1}{2}\right)$ *Mehrstellenverfahren*

| $k$ | $m = 5$ | |
|---|---|---|
| 0 | −0.497 868 667 841 | 0.497 868 667 841 |
| 1 | 0.361 126 440 271 | 0.402 480 615 387 |
| 2 | 0.398 631 359 739 | 0.398 683 324 424 |
| 3 | 0.398 676 314 342 | 0.398 676 314 416 |

| $k$ | $m = 25$ | |
|---|---|---|
| 0 | −0.499 886 497 103 | 0.499 886 497 103 |
| 1 | 0.355 428 602 839 | 0.402 949 294 801 |
| 2 | 0.398 606 945 394 | 0.398 683 988 327 |
| 3 | 0.398 674 228 163 | 0.398 674 228 343 |

| $k$ | $m = 51$ | |
|---|---|---|
| 0 | −0.499 971 624 275 | 0.499 971 624 275 |
| 1 | 0.354 796 291 218 | 0.403 001 410 127 |
| 2 | 0.398 603 959 884 | 0.398 684 336 537 |
| 3 | 0.398 674 222 506 | 0.398 674 222 705 |

## Literatur

[1] ALEFELD, G., Quadratisch konvergente Einschließung von Lösungen nichtkonvexer Gleichungssysteme, ZAMM **54** (1974), 335–342.
[2] ALEFELD, G., und J. HERZBERGER, Einführung in die Intervallrechnung, Bibliographisches Institut, Mannheim 1974.
[3] ALEFELD, G., Zur Konvergenz des Verfahrens der Tangierenden Hyperbeln und des Tschebyscheff-Verfahrens bei konvexen Abbildungen, Computing **11** (1973), 379–390.
[4] БАЛУЕВ, А. Н., К абстрактной теории метода С. А. Чаплыгина, Докл. АН СССР **83** (1952), 781–784.
[5] COLLATZ, L., Funktionalanalysis und numerische Mathematik, Springer-Verlag, Berlin–Göttingen–Heidelberg 1964.
[6] FÄNGER, W., Diplomarbeit, Inst. f. Angew. Math., Univ. Karlsruhe 1977.
[7] HOFMANN, W., Regula-falsi-Verfahren in Banach-Räumen, Dissertation, Univ. Hamburg 1970.
[8] KRASNOSELSKI, M. A., Positive Solutions of Operator Equations, Noordhoff, Groningen 1964.
[9] KANTOROWITSCH, L. W., The method of successive approximation for functional equations, Acta Math. **71** (1939), 63–97.
[10] MÖNCH, W., Monotone Einschließung von Lösungen nichtlinearer Gleichungssysteme durch überlinear konvergente Mehrschrittverfahren, ZAMM **54** (1974), 807–812.
[11] ORTEGA, J. M., and W. C. RHEINBOLDT, Iterative Solution of Nonlinear Equations in Several Variables, Academic Press, New York 1970.
[12] RALL, L. B., Computational Solution of Nonlinear Operator Equations, J. Wiley, New York 1969.
[13] SCHMIDT, J. W., Eine Übertragung der Regula falsi auf Gleichungen im Banachraum. ZAMM **43** (1963), 1–8, 97–100.
[14] SCHMIDT, J. W., Eingrenzung von Lösungen nichtlinearer Gleichungen durch Verfahren mit höherer Konvergenzgeschwindigkeit, Computing **8** (1971), 208–215.
[15] SCHMIDT, J. W., Finitisierung und Globalisierung bei Iterationsverfahren zur Lösung nichtlinearer Gleichungssysteme, Informationen, Technische Universität Dresden 1975.
[16] SCHMIDT, J. W., Einschließung von Nullstellen bei Operatoren mit monoton zerlegbarer Steigung durch überlinear konvergente Iterationsverfahren, Ann. Acad. Sci. Fennicae A. I. 502 (1972), 1–15.
[17] SCHMIDT, J. W., und H. LEONHARDT, Eingrenzung von Lösungen mit Hilfe der Regula falsi, Computing **6** (1970), 318–329.
[18] SPECK, K., Diplomarbeit, Inst. f. Angew. Math. Univ. Karlsruhe 1977.
[19] VANDERGRAFT, J. S., Newton's method for convex operators in partially ordered spaces, SIAM J. Num. Anal. **4** (1967), 406–432.
[20] VOSS, H., Ein neues Verfahren zur Einschließung der Lösungen von Operatorgleichungen, ZAMM **56** (1976), 218–219.
[21] ZURMÜHL, R., Praktische Mathematik, 4. Auflage, Springer-Verlag, Berlin–Göttingen–Heidelberg 1962.

Manuskripteingang: 30. 6. 1977

VERFASSER:

Prof. Dr. GÖTZ ALEFELD, Fachbereich 3/Mathematik der Technischen Universität Berlin (West)

Beiträge zur Numerischen Mathematik
8 (1980), 31–38

# Regularization of instable boundary value problems for linear difference equations

Lothar Berg

Let us consider the linear difference equation of order $p + q$

$$a_{i,i-q}y_{i-q} + \cdots + a_{ii}y_i + \cdots + a_{i,i+p}y_{i+p} = f_i \tag{1}$$

for $i = 1, \ldots, N$ with $p \geqq 1$, $q \geqq 1$,

$$a_{i,i-q} \neq 0, \qquad a_{i,i+q} \neq 0$$

and given boundary values

$$y_{1-q}, \ldots, y_0; \quad y_{N+1}, \ldots, y_{N+p}. \tag{2}$$

Similarly [2] we call this boundary value problem *stable*, if bounded components $f_i$ as well as bounded boundary values (2) imply bounded components $y_i$ for $N \to \infty$. The boundary value problem (1), (2) is equivalent to the system $Ay = f$ of $N$ linear equations with a band matrix $A$ and the vectors $y = (y_1, \ldots, y_N)^{\mathsf{T}}$, $f = (g_1, \ldots, g_N)^{\mathsf{T}}$, where $g_i$ equals $f_i$ plus certain linear combinations of the boundary values (2) if $i \leqq q$ or $i > N - p$. In the stable case we have considered such systems in [2] and [3].

The unstable case was considered in [4], where we have constructed a regularized solution (cf. A. N. Tihonov [8]) by means of outer inverses and projectors. Here we want to do the same, however, without such means, i.e., we want to state another regularization method for instable systems. It is convenient to split the method into two parts. Firstly, we deal with the evaluation of $y_i$ under the hypothesis that a suitable number $r$ is already chosen (and that the appearing systems are always soluble). Secondly, we deal with the determination of $r$ from the instability behaviour of the system. Three simple examples show different typs of instability.

Moreover, we generalize the well-known Theorem of Poincaré (cf. [7]) to the case that the coefficients $a_{i,i+m}$ from (1) may have $k$ limit points for $i \to \infty$ (the original theorem concerns the case $k = 1$). This theorem can be useful for the determination of the just mentioned number $r$. It is based on the case that the coefficients are periodic ones, which is also treated.

## 1. The evaluation method

*Let $r$ be an integer with $-q \leqq r \leqq p$. In the case $r > 0$ we solve equation* (1) *for $i = 1, \ldots, N - r$ under additional given boundary values*

$$y_1, \ldots, y_r, \tag{3}$$

*whereas the values $y_{N+p-r+1}, \ldots, y_{N+p}$ remain disregarded. In the case $r < 0$ we solve equation* (1) *for $i = 1 - r, \ldots, N$ under additional given boundary values*

$$y_{N+r+1}, \ldots, y_N, \tag{4}$$

*whereas the values $y_{1-q}, \ldots, y_{-r-q}$ remain disregarded.* In the case $r = 0$ we solve the boundary value problem in the original form.

In [4] we have explicitly constructed a matrix $D$ by the help of which we are able to solve the just mentioned problems (in the case $r = 0$ cf. already [3]). However, the solution method used there can be replaced by an arbitrary direct or iterative method which is converging.

After having solved the changed boundary value problem, we can calculate the defect vector $d = (d_{N-r+1}, \ldots, d_N)$ and $d = (d_1, \ldots, d_{-r})$, respectively, with

$$d_i = f_i - \sum_{j=i-q}^{i+p} a_{ij} y_j \tag{5}$$

from the remaining $|r|$ equations taking in account the disregarded boundary values. If $d$ is small, we can be satisfied. If $d$ is too large, we can calculate this vector with indetermined values (3) and (4), respectively, and *minimize* $\|d\|^2 + \alpha \|y\|^2$ in dependence on these values, where the double bars denote, let us say, the Euclidean norm and $\alpha > 0$ is the regularization parameter (cf. [8]). Of course, $\|d\|$ may be replaced by the norm of the difference vector between the given boundary values and the corresponding values of the calculated solution $y_i$, using also (1) for the values $i$ appearing in (5).

## 2. Determination of $r$

If $N$ is large and we want to calculate numerically a solution which is not large, the optimal choice of $r$ depends on the behaviour of the solutions of the homogeneous equation

$$a_{i,i-q} y_{i-q} + \cdots + a_{ii} y_i + \cdots + a_{i,i+p} y_{i+p} = 0 \tag{6}$$

belonging to (1). Roughly speaking, *$p - r$ must be the number of the linearly independent bounded solutions and $q + r$ the number of the linearly independent unbounded solutions.* However, it is also possible, to gather up some or all of the bounded solutions, which are at the same time bounded away from zero, with the unbounded ones. A discussion in detail was done in [2] and [3] (cf. also [1, 4, 5]).

An additional consideration is necessary if the chosen linearly independent solutions of (6) have disturbing zeros. More precisely, in the stable case *the decreasing solutions are not allowed to vanish all at an initial point, and the unbounded solutions are not allowed to vanish all at a final point* of the boundary. If such zeros appear, we recommend to *cancel a suitable number of first and last equations, respectively,* (cf. [2], remark 2) and to proceed as above to obtain a regularized solution.

Another difficulty arises if *the absolute values of the unbounded solutions are not divergent to infinity for increasing and not converging to zero for decreasing arguments,* respectively. These cases we shall discuss later on.

## 3. First example

We consider once more the boundary value problem

$$(6-7\cdot 2^{-i})\,y_{i-1}-(15-63\cdot 2^{-1-i})\,y_i+(6-7\cdot 2^{1-i})\,y_{i+1}=0,$$

$$y_0=y_{N+1}=-1,$$

of [2]. The general solution of the difference equation reads

$$y_i=c_1(2^{-i}-2^{-2i})+c_2 2^i.$$

For large $N$ the second boundary value condition is practically fulfilled if $c_1$ is bounded and $c_2=-2^{-N-1}$. According to (5) neglecting the terms with $2^{-N}$ we have for $i=1$ the defect

$$d_1=\frac{5}{2}-\frac{3}{4}\,y_1+y_2=\frac{5}{2}.$$

Obviously, $\|y\|$ becomes a minimum for $c_1\approx 0$, hence we obtain the regularized solution $y_i=-2^{i-N-1}$. The same result arises if we minimize $|1+y_0|^2+\varkappa\,\|y\|^2$ by fixed $c_2=-2^{-N-1}$ in dependence on $c_1$.

## 4. Equations with periodic coefficients (cf. [6])

Now we write the homogeneous equation (6) in the form

$$\sum_{j=0}^{n} a_j^{(i)} y_{i+j}=0 \tag{7}$$

with $n=p+q$ and consider the $k$-periodic case $a_j^{(i+k)}=a_j^{(i)}$. Such equations appear if the coefficients are matrices independent of $i$. We search solutions of the form

$$y_i=x_i\lambda^i \tag{8}$$

with $x_{i+k} = x_i$ and $\lambda \neq 0$. Substituting these expressions into (7) we obtain for $j = ks + m$

$$0 = \sum_{j=0}^{n} a_j^{(i)} x_{i+j} \lambda^j = \sum_{m \geq 0} x_{i+m} \sum_{s \geq 0} a_{ks+m}^{(i)} \lambda^{ks+m}. \tag{9}$$

Hence there exists a nontrivial solution (8) iff

$$\begin{vmatrix} \sum\limits_{s \geq 0} a_{ks}^{(1)} \lambda^{ks} & \sum\limits_{s \geq 0} a_{ks+1}^{(1)} \lambda^{ks+1} & \cdots & \sum\limits_{s \geq 1} a_{ks-1}^{(1)} \lambda^{ks-1} \\ \sum\limits_{s \geq 1} a_{ks-1}^{(2)} \lambda^{ks-1} & \sum\limits_{s \geq 0} a_{ks}^{(2)} \lambda^{ks} & \cdots & \sum\limits_{s \geq 1} a_{ks-2}^{(2)} \lambda^{ks-2} \\ \vdots & \vdots & & \vdots \\ \sum\limits_{s \geq 0} a_{ks+1}^{(1)} \lambda^{ks+1} & \sum\limits_{s \geq 0} a_{ks+2}^{(k)} \lambda^{ks+2} & \cdots & \sum\limits_{s \geq 0} a_{ks}^{(k)} \lambda^{ks} \end{vmatrix} = 0. \tag{10}$$

This determinant is a polynomial in $\varrho = \lambda^k$ of degree at most $n$, let us say

$$\sum_{j=0}^{n} b_j \varrho^j = 0. \tag{11}$$

We assume that it has *n mutually distinct zeros* $\varrho_s$. Then the general solution of (7) is a linear combination of the $n$ solutions (8) with $\lambda = \sqrt[k]{\varrho_s}$, $s = 1, \ldots, n$, where the branches of the roots can be fixed in an arbitrary way. The coefficients $x_i$ are to be determined from the system (9) for $i = 1, \ldots, k$ with the corresponding values of $\lambda$. From this we easily find the number of the decreasing, bounded and unbounded solutions, respectively, i.e., we can *determine the number* $r$ of part 2.

Let us remark that from (8), (11) and $x_{i+k} = x_i$, $\varrho = \lambda^k$ it follows that *the solutions of* (7) *satisfy for any fixed m the equation*

$$\sum_{j=0}^{n} b_j y_{k(l+j)+m} = 0 \tag{12}$$

with constant coefficients and $b_0 = a_0^{(1)} \cdots a_0^{(k)} \neq 0$, $b_n = (-1)^{(k-1)n} a_n^{(1)} \cdots a_n^{(k)} \neq 0$.

## 5. The generalized Theorem of Poincaré (cf. [7])

*The coefficients of the difference equation*

$$\sum_{j=0}^{n} A_j^{(i)} y_{i+j} = 0 \tag{13}$$

*with* $A_0^{(i)} \neq 0$, $A_n^{(i)} \neq 0$ *for all i are assumed to have the limits*

$$\lim_{l \to \infty} A_j^{(kl+m)} = a_j^{(m)} \tag{14}$$

*for* $m = 0, 1, \ldots, k-1$ *and a certain integer* $k \geq 2$. *The corresponding equation* (11) *shall have n zeros* $\varrho_s$ *with mutually distinct absolute values. The determinants* $D_m^{(l)}$, *which shall be explained afterwards, and the corresponding limits for* $l \to \infty$ *shall be different from zero. Then for every solution* $y_i$ *of* (13) *and every m there exists a zero*

$\varrho_s$ *with*

$$\lim_{l\to\infty} \frac{y_{kl+m}}{y_{kl-k+m}} = \varrho_s \tag{15}$$

*if the denominator does not vanish identically.*

Proof. Considering (13) for $i = kl + m, \ldots, kl + m + (k - 1)\,n$, we have $(k - 1)\,n + 1$ equations from which we can eliminate the $(k - 1)\,n$ elements $y_i$ with $i \neq k(l + j) + m$ for $j = 0, \ldots, n$. The result is an equation of the form

$$\sum_{j=0}^{n} B_{jm}^{(l)} y_{k(l+j)+m} = 0. \tag{16}$$

The coefficients are depending on the coefficients of (13), in particular we find

$$B_{0m}^{(l)} = A_0^{(kl+m} \ldots A_0^{(kl+m+k-1)} D_m^{(l+1)},$$

$$B_{nm}^{(l)} = (-1)^{(k-1)n} D_m^{(l)} A_n^{(kl+m+kn-n-k+1)} \ldots A_n^{(kl+m+kn-n)}$$

with

$$D_m^{(l)} = \begin{vmatrix} A_1^{(kl+m)} & \cdots & 0 \\ A_0^{(kl+m+1)} & & \vdots \\ 0 & & 0 \\ \vdots & & A_n^{(kl+m+kn-n-k+1)} \\ 0 & \cdots & A_{n-1}^{(kl \cdot m \cdot kn-n-k)} \end{vmatrix}.$$

More precisely, the upper indices of the non-vanishing elements are running from $kl + m$ until $kl + m + (k - 1)\,(n - 1) - 1$, and the lower indices are beginning and ending, respectively, in the following way:

$1, 2, \ldots, k - 1, k + 1, k + 2, \ldots, 2k - 1, 2k + 1, \ldots$
$0, 1, \ldots, k - 2, k, \quad k + 1, \ldots, 2k - 2, 2k, \quad \ldots$
$0, \ldots, k - 3, k - 1, k, \quad \ldots, 2k - 3, 2k - 1, \ldots$

$0, 2, 3, \ldots, k, \quad k + 2, \ldots$
$1, 2, \ldots, k - 1, k + 1, \ldots$
$0, 1, \ldots, k - 2, k, \quad \ldots$
$0, \ldots, k - 3, k - 1, \ldots$

$\ldots, n$
$\ldots, n - 1$
$\ldots, n - 2, n$

$0, 2, \ldots$
$1, \ldots$
$0, \ldots$

$\ldots, n - k + 1, n - k + 3, \ldots, n$
$\ldots, n - k, \quad n - k + 2, \ldots, n - 1, n$
$\ldots, n - k - 1, n - k + 1, \ldots, n - 2, n - 1$

According to (14), the limits $\lim_{l\to\infty} D_m^{(l)}$ as well as the limits

$$\lim_{l\to\infty} \frac{B_{jm}^{(l)}}{D_m^{(l)}} = b_{jm} \tag{17}$$

exist. In view of $b_{0m} = b_0$, $b_{nm} = b_n$ it follows that $b_{jm} = b_j$ for all $j$, since we must obtain the same result if we first go to the limit (14) and then construct the equation (12), or if we first construct the equation (16) and then go to the limit (17). Hence applying the original Theorem of POINCARÉ (cf. [7]) to the difference equation (16) it follows (15).

As in the foregoing case of periodic coefficients the just proved theorem is useful for the *determination of the number* $r$ of part 2.

## 6. Second example

Let us consider the equation

$$(4t^{i+2} - t^{-i-1})\, y_i + (t^i - 16t^{i+2})\, y_{i+1} + (16t^{-i-1} - 4t^i)\, y_{i+2} = 0 \tag{18}$$

with $t = 2^{(-1)^i}$ and the general solution $y_i = c_1 t^i + c_2 4^{-i}$. Multiplying (18) by $2^{-i}$, the limit equation of (18) reads for even $i$

$$16y_i - 63y_{i+1} - 4y_{i+2} = 0$$

and for odd $i$

$$-2y_i + 32y_{i+2} = 0.$$

These equations have the general solution $y_i = c_1\big((-1)^i + 1\big)\, 2^{i-1} + c_2 4^{-i}$. Equation (10) reads in the present case

$$\begin{vmatrix} 16 - 4\lambda^2 & -63\lambda \\ 0 & -2 + 32\lambda^2 \end{vmatrix} = 0,$$

hence we obtain $\lambda_1^2 = 4$, $\lambda_2^2 = 1/16$, and from this e.g. $\lambda_1 = 2$, $\lambda_2 = 1/4$. If $i$ is odd, there exists obviously no solution of (18) with (15) for $\varrho_s = 4$. The reason for this fact may be that for $i = 2l + m$ we have

$$D_m^{(l)} = A_1^{(i)} = 2^{-i}(t^i - 16t^{i+2})$$

and therefore $D_1^{(l)} = -3 \cdot 2^{-4l} \to 0$ for $l \to \infty$.

Now we want to discuss the boundary value problem belonging to (18) with prescribed values $y_0$, $y_{N+1}$. This means $p = q = 1$ and consequently $r = 0$. A bounded solution of (18) has the form $y_i = c_2 4^{-i} + c_3 2^{-N} t^i$ with bounded $c_2$, $c_3$. In the case that $N$ is odd this solution is able to satisfy arbitrarily prescribed boundary values. However, in the case that $N$ is even, there exists no bounded solution, generally speaking, but $y_i = y_0 4^{-i}$ is the regularized solution (cf. [8]). We find this regularized solution if we solve *the boundary value problem with the given value* $y_0$ *and an indeterm-*

*ined value* $y_N$ *instead of* $y_{N+1}$, and if we minimize $|d_N|^2 + \alpha \|y\|^2$, where $d_N$ with (5) is the only non-vanishing component of the defect vector. In the general case we recommend to proceed analogously.

## 7. Third example

In part 2 we have spoken about $q + r$ unbounded solutions $y_i$, the absolute values of which are divergent to infinity for increasing $i$. If these solutions are of exponential type, their absolute values are also *tending to zero for decreasing* $i$. Properly speaking, what we need for stability is the last behaviour of the unbounded solutions (cf. [3]). However, in the case that the solutions $y_i$ are polynomials in $i$, their absolute values are unbounded both for increasing and decreasing $i$. Hence once more an additional consideration is necessary.

Let us consider the example

$$y_i - 3y_{i+1} + 3y_{i+2} - y_{i+3} = 0 \tag{19}$$

with the general solution $y_i = c_1 + c_2 i + c_3 i^2$. We choose $q = 1$, $p = 2$ (and $r = 0$), i.e., we prescibe the boundary values $y_0$, $y_{N+1}$, $y_{N+2}$ such that the corresponding solution reads

$$y_i = y_0 \frac{(i - N - 1)\,(i - N - 2)}{(N + 1)\,(N + 2)} - y_{N+1} \frac{i(i - N - 2)}{N + 1} + y_{N+2} \frac{i(i - N - 1)}{N + 2}. \tag{20}$$

Only in the very special case $y_{N+2} - y_{N+1} = O(N^{-1})$ the solution (20) is bounded for bounded boundary values. If we deal with a discretization method for differential equations, this condition is always fulfilled (cf. [5]). Otherwise, one can construct a regularized solution without using the explicit solution (20) in the following way: *Evaluate a solution* $x_i$ *of* (19) *with* $x_0 = y_0$ *and undetermined values* $x_M$, $x_{N+2}$ *with, let us say,* $M = [N/2]$, *and minimize* $(y_{N+1} - x_{N+1})^2 + (y_{N+2} - x_{N+2})^2 + \alpha \|x\|^2$ *in dependence on* $x_M$, $x_{N+2}$.

Of course, similar considerations are possible in more general cases if we have some information about the asymptotic behaviour of the solutions of the homogeneous equation.

## References


[1] Berg, L., Über große Gleichungssysteme mit einer Bandmatrix, ZAMM **52** (1972), 252 bis 253.

[2] Berg, L., Zur numerischen Stabilität des Gaußschen Algorithmus, Beitr. Num. Math. **5** (1976), 19–25.

[3] Berg, L., Auflösung von Gleichungssystemen mit einer Bandmatrix, ZAMM **57** (1977), 373–380.

[4] BERG, L., Stable solution of instable systems of linear equations with a band matrix, Computing **20** (1978), 127—137.
[5] BERG, L., Necessary stability conditions for discretization methods concerning boundary value problems of ordinary differential equations, ZAMM **57** (1977), 342—344.
[6] FORT, T., Finite differences and difference equations in the real domain, Clarendon Press, Oxford 1948.
[7] GELFOND, A. O., Differenzenrechnung, VEB Deutscher Verlag der Wissenschaften, Berlin 1958 (Übers. a. d. Russ.).
[8] Тихонов, А. Н., Об устойчивости алгоритмов для решения вырожденных систем линейных алгебраических уравнений, Ж. вычисл. Мат. и Мат. физ. **5** (1965), 718—22.

Manuskripteingang: 2. 3. 1977

VERFASSER:
Prof. Dr. LOTHAR BERG, Sektion Mathematik der Wilhelm-Pieck-Universität Rostock

Beiträge zur Numerischen Mathematik
8 (1980), 39 - 41

# Eine Bemerkung zum Ritzschen Verfahren für die Stokesschen Gleichungen

KLAUS BEYER

1. In dieser Note betrachten wir das quadratische Variationsproblem

$$\frac{1}{2} \|u\|_V^2 - \langle f, u\rangle \to \text{Min.} \tag{1}$$

unter der linearen Nebenbedingung $Du = 0$

und seine „Ritzsche" Approximation

$$\frac{1}{2} \|u\|_V^2 - \langle f, u\rangle \to \text{Min.}, \qquad Du \in H_k^{\perp},\ u \in V_h. \tag{2}$$

$V$, $H$ bezeichnen hierbei reelle Hilberträume und $V_h$, $H_k$ endlichdimensionale Teilräume von $V$ bzw. $H$, $f \in V'$. Der Raum $H$ wird mit seinem Dual identifiziert. $D: V \to H$ sei eine beschränkte lineare Abbildung mit dem Wertevorrat $R(D) = H$.

Ist $\Omega$ ein beschränktes Gebiet des $R^n$ mit Rand $\Gamma$, $V = H_0^1(\Omega)^n$, $H = L_2(\Omega) - 1$, $D = \operatorname{div}$, dann führen die Euler-Lagrangeschen Differentialgleichungen des Variationsproblems (1) gerade auf die Stokesschen Gleichungen

$$-\Delta u + \operatorname{grad} p = f, \qquad \operatorname{div} u = 0 \text{ in } \Omega, \qquad u = 0 \text{ längs } \Gamma.$$

Approximationen des obigen Typs unter dem Blickwinkel finiter-Elemente-Verfahren wurden für diese Gleichungen von einer Reihe von Autoren (vgl. [1, 2]) untersucht. Wenn ich hier nochmals auf diese Thematik zurückkomme, so um auf ihren Zusammenhang mit der Approximation der zu (1) dualen Aufgabe hinzuweisen und dadurch mit wenigen Zeilen zu einer Abschätzung des Fehlers dieser Verfahren zu gelangen.

2. Wir bezeichnen die Lösungen von (1) bzw. (2) mit $u^*$ bzw. $u_{hk}$. Man ersetze (1) nun zunächst durch die Aufgabe

$$\frac{1}{2} \|u\|_V^2 - \langle f, u\rangle \to \text{Min.}, \qquad Du \in H_k^{\perp}. \tag{3}$$

Ihre Lösung sei $u_k$. (2) kann als Ritzsche Approximation der neuen Aufgabe angesehen werden. Demzufolge gilt $u_{hk} = Pu_k$, wenn wir mit $P$ die orthogonale Projektion von $V$ auf $V_{hk} = \{u \in V \mid Du \in H_k^\perp, u \in V_h\}$ bezeichnen, sowie

$$\|u_{hk} - u_k\| = \|(I - P)\, u_k\| \leqq \|(I - P)\, u^*\| + \|(I - P)\,(u_k - u^*)\|$$
$$\leqq \|(I - P)\, u^*\| + \|u_k - u^*\|.$$

Zur Abschätzung des Gesamtfehlers $\|u_{hk} - u^*\|$ benötigt man wegen

$$\|u_{hk} - u^*\| \leqq \|u_{hk} - u_k\| + \|u_k - u^*\| \leqq \|(I - P)\, u^*\| + 2\, \|u_k - u^*\| \tag{4}$$

noch eine Schranke für den Abstand $\|u_k - u^*\|$.

Wir ziehen dazu die zu (1) duale Aufgabe (6) heran.[1]) Sie wird wie folgt konstruiert: Setzt man $(u, v)_V = \langle Au, v\rangle$, $A \in L(V, V')$, so bedeuten die Variationsgleichungen zu (1)

$$u^* \in N(D)\ (= \text{Nullraum von } D), \qquad Au^* - f \in N(D)^\perp$$

bzw.

$$g^* := Au^* - f \in N(D)^\perp, \qquad A^{-1}g^* + A^{-1}f \in N(D) = N(D)^{\perp\perp}. \tag{5}$$

Man entnimmt dem, daß das Funktional $g^*$ Lösung des Variationsproblems

$$\frac{1}{2}\langle g, A^{-1}g\rangle + \langle g, A^{-1}f\rangle \to \text{Min.}, \qquad g \in N(D)^\perp = R(D^*), \tag{6}$$

ist. Ist $g_k$ die Lösung der zu (6) gehörenden Ritzschen Approximation

$$\frac{1}{2}\langle g, A^{-1}g\rangle + \langle g, A^{-1}f\rangle \to \text{Min.}, \qquad g \in D^*H_k,$$

so

$$\|g_k - g^*\|_{V'} = \inf_{g \in D^*H_k} \|g - g^*\|_{V'} \leqq \|D^*\| \inf_{\pi \in H_k} \|\pi - (D^*)^{-1}\, g^*\|_H$$
$$= \|D^*\| \cdot \|(I - \mathscr{P})\,(D^*)^{-1}\, g^*\|_H, \tag{7}$$

$-\mathscr{P}$ orthogonale Projektion von $H$ auf $H_k$. Man beachte nun, daß (3) und (6) ein im obigen Sinne duales Aufgabenpaar bilden. Demzufolge ist

$$g_k = Au_k - f \qquad \text{bzw.} \qquad u_k = A^{-1}g_k + A^{-1}f. \tag{8}$$

Aus (5) und (8) folgt

$$\|u_k - u^*\| = \|A^{-1}g_k - A^{-1}g^*\| = \|g_k - g^*\|_{V'}.$$

Daraus sowie aus (4) und (7) erhält man schließlich

$$\|u_{hk} - u^*\|_V \leqq \|(I - P)\, u^*\|_V + 2\, \|D^*\| \cdot \|(I - \mathscr{P})\,(D^*)^{-1}\,(Au^* - f)\|_H.$$

---

[1]) Zur Konstruktion dualer Aufgaben in allgemeineren Situationen vgl. [3].

## Literatur

[1] Crouzeix, M., and P.-A. Raviart, Conforming and nonconforming finite element methods for solving the stationary Stokes equations I, R.A.I.R.O. 1973, R-3, 33–76.
[2] Falk, R. S., An analysis of the finite element method using Lagrange multipliers for the stationary Stokes equations, Math. Comp. **30** (1976), 241–249.
[3] Mosco, U., Dual variational inequalities, J. Math. Analysis Appl. **40** (1972), 202–206.

Manuskripteingang: 7. 11. 1978

VERFASSER:
Prof. Dr. Klaus Beyer, Sektion Mathematik der Wilhelm-Pieck-Universität Rostock

Beiträge zur Numerischen Mathematik
8 (1980), 43–50

# Gegenbeispiel zu einer Fixpunktmethode von Rubio zur Lösung des linearen Distanzproblems

SIEGFRIED DIETZE

RUBIO untersucht in [7] das folgende optimale Steuerproblem, das mitunter auch als (lineares) Distanzproblem bezeichnet wird.

Gegeben sei ein steuerbares System mit dem linearen Differentialgleichungssystem

$$\dot{x}(t) = A(t)\, x(t) + B(t)\, u(t), \qquad x(t_0) = x^0, \qquad t_0 \leqq t \leqq t_f, \tag{1}$$

als Zustandsgleichung, festem Anfangszustand $x^0$ und festen Endzeitpunkten $t_0$, $t_f$. Die Elemente der auf $[t_0, t_f]$ definierten $(n, n)$-Matrixfunktion $A$ und $(n, r)$-Matrixfunktion $B$ seien stetig. Die Steuerung $u \mid [t_0, t_f] \to R^r$ habe stückweise stetige Komponenten $u_1, \ldots, u_r$, und es gelte $|u_i(t)| \leqq 1$ für alle $i = 1, \ldots, r$ und $t \in [t_0, t_f]$. Der Eindeutigkeit halber setzen wir voraus, daß die Komponenten $u_i$ in den Unstetigkeitsstellen linksseitig stetig und im Nullpunkt rechtsseitig stetig sind. Mit $U$ bezeichnen wir die Menge aller Steuerungen $u$ mit diesen Eigenschaften und mit $x(\cdot\,; u)$ die der Steuerung $u \in U$ entsprechende Zustandsfunktion $x \mid [t_0, t_f] \to R^n$ als Lösung von (1).

Die Aufgabe besteht nun darin, eine Steuerung $u^* \in U$ zu finden mit

$$\inf_{u \in U} \|x(t_f; u)\| = \|x(t_f; u^*)\| =: \delta. \tag{2}$$

Hier und im folgenden bedeutet $\|\cdot\|$ die euklidische Norm.

Gilt $x^0 = 0$, so ist $u = 0$ Lösung der Aufgabe. Folglich kann $x^0 \neq 0$ vorausgesetzt werden. Ferner wird angenommen, daß das System (1) die Normalitäts- oder — anders ausgedrückt — Regularitätsvoraussetzung erfüllt. Die Matrixfunktionen $A$ und $B$ seien also so gewählt, daß für beliebiges, aber jeweils festes $d \in R^n \setminus \{0\}$ jede Komponente $b_j$ der Funktion $b \mid [t_0, t_f] \to R^r$: $b(t) = B(t)^{\mathsf{T}} X^{-1}(t)^{\mathsf{T}}\, d$ höchstens endlich viele Nullstellen besitzt. Dabei ist $\mathsf{T}$ das Transpositionszeichen, und die Spalten $x^1, \ldots, x^n$ der $(n, n)$-Matrixfunktion $X$ bilden das Fundamentalsystem von Lösungen der (1) entsprechenden homogenen Gleichung $\dot{x}(t) = A(t)\, x(t)$, das den Anfangswerten $x^i(0) = i$-ter Koordinateneinheitsvektor entspricht ($i = 1, \ldots, n$). Eine hinreichende Bedingung für die Normalität der Differentialgleichung (1) findet man bekanntlich in [6], § 23. Wir erwähnen, daß die Normalitätsvoraussetzung die eindeutige Auflösbarkeit der Maximumbedingung im Pontrjaginschen Maximumprinzip sichert.

Bei der Einordnung der folgenden Überlegungen in die Arbeit [7] von RUBIO sind die Beziehungen

$$X(\tau)\cdot X^{-1}(t) = \Phi(\tau, t) = \Psi(t, \tau)^{\mathsf{T}}, \qquad t_0 \leqq t, \tau \leqq t_f$$

zwischen der Matrixfunktion $X$ und den von RUBIO verwendeten Matrixfunktionen $\Psi$, $\Phi$ zu beachten.

RUBIO gibt in [7] zunächst an, daß das Maximumprinzip im Fall des Distanzproblems Bedingungen liefert, die sehr schwer auswertbar seien. Er geht deshalb zu einer Hilfsaufgabe — einem Steuerproblem mit linearem Zielfunktional und derselben Zustandsgleichung (1) wie die Ausgangsaufgabe — über und erhält unter der zusätzlichen Voraussetzung

$$x(t_f; u) \neq 0 \quad \text{für alle } u \in U \tag{3}$$

nach Anwendung des Maximumprinzips auf die Hilfsaufgabe die Fixpunktgleichung

$$c = \frac{x(t_f; u_c^*)}{\|x(t_f; u_c^*)\|} \tag{4}$$

mit

$$u_c^*(t) = \operatorname{sgn}\left(-B(t)^{\mathsf{T}} X^{-1}(t)^{\mathsf{T}} X(t_f)^{\mathsf{T}} c\right) \tag{5}$$

für die Unbekannte $c \in R^n \setminus \{0\}$. Dabei ist das Signum komponentenweise zu bilden, und für die höchstens endlich vielen $t \in [t_0, t_f]$, für die wenigstens eine Komponente des Arguments der Signumfunktion verschwindet, sei $u_c^*(t)$ entsprechend den oben angegebenen Stetigkeitsforderungen für die $u \in U$ definiert. Unter Verwendung der bekannten expliziten Lösungsformel

$$x(t; u) = X(t)\left(x^0 + \int_{t_0}^{t} X^{-1}(s)\, B(s)\, u(s)\, ds\right), \qquad t_0 \leqq t \leqq t_f \tag{6}$$

für $x(\cdot\,; u)$ als Lösung von (1) bei gewählter Steuerung $u$ kann die Fixpunktgleichung (4) auch in der Form

$$c = \frac{X(t_f)\left[x^0 - \int_{t_0}^{t_f} X^{-1}(s)\, B(s) \operatorname{sgn}\left(B(s)^{\mathsf{T}} X^{-1}(s)^{\mathsf{T}} X(t_f)^{\mathsf{T}} c\right) ds\right]}{\left\| X(t_f)\left[x^0 - \int_{t_0}^{t_f} X^{-1}(s)\, B(s) \operatorname{sgn}\left(B(s)^{\mathsf{T}} X^{-1}(s)^{\mathsf{T}} X(t_f)^{\mathsf{T}} c\right) ds\right]\right\|}$$
$$=: L_0(c) \quad \text{für } c \neq 0 \tag{7}$$

geschrieben werden.

Im Rahmen seiner Untersuchungen erhält RUBIO die

Aussage 1. Es sei die Voraussetzung (3) erfüllt, und $\hat{c}$ sei Lösung der Gleichung (7). Dann ist die Steuerung (5) mit $c = \hat{c}$ Lösung des Distanzproblems.

Entgegen der Auffassung von RUBIO erhält man mit Hilfe des Maximumprinzips — direkt auf das Distanzproblem angewendet — über die Aussage 1 hinaus sogar die

Aussage 2. a) Das Distanzproblem ist genau dann mit $\delta > 0$ lösbar ($\delta$ siehe (2)), wenn die Gleichung (7) lösbar ist. Die Gleichung (7) ist dann überdies eindeutig lösbar, und die mit der Lösung $\hat{c}$ von (7) gebildete Steuerung (5) ist die eindeutige Lösung des Distanzproblems.

b) Das Distanzproblem ist genau dann mit $\delta = 0$ lösbar, wenn die Gleichung (7) unlösbar ist.

c) Das Distanzproblem ist stets lösbar.

Bemerkungen zum Beweis der Aussage 2

1. Einen vollständigen Beweis findet man in [2], dortige Aussagen 2, 4 und Folgerung 1 zur dortigen Aussage 6. Die Begründung für die im Teil a) der Aussage enthaltene Umkehrbarkeit der Aussage 1 kann man auch in [1] nachlesen. In beiden Arbeiten wird an Stelle des Zielfunktionals (2) das Funktional $\|x(t_f; u)\|^2$, $u \in U$, benutzt. Die entsprechenden Optimierungsaufgaben sind natürlich äquivalent. Man beachte, daß in [1, 2] nicht direkt mit der Gleichung (7) gearbeitet wird, sondern vielmehr mit der Gleichung

$$\lambda + x(t_f; u^*_{-\lambda}) = 0 \tag{8}$$

für die Unbekannte $\lambda \in R^n \setminus \{0\}$. Die Gleichungen (7) und (8) sind aber äquivalent. Dies ergibt sich mit Hilfe der Substitution $\lambda = -c \, \|x(t_f; u^*_{-\lambda})\|$ unter Beachtung von $u_c^* = u^*_{\alpha c}$ für alle $c \in R^n \setminus \{0\}$ und alle $\alpha > 0$.

2. Für den Beweis wird die Hinlänglichkeit des Maximumprinzips benötigt. Diese kann unter Verwendung aufgabenspezifischer Abschätzungen „auf elementare Weise" nachgewiesen werden ([2], Aussage 1). Man kann aber auch Notwendigkeit und Hinlänglichkeit gleichzeitig mit Hilfe der folgenden bekannten Optimalitätsbedingung für konvexe Optimierungsprobleme in Funktionenräumen beweisen.

Optimalitätsbedingung. Es sei $X$ ein normierter Raum, $f \mid X \to R^1$ konvex und $\Omega$ eine konvexe Teilmenge von $X$. Ferner sei $x^0 \in \Omega$, und es existiere die Ableitung $f'(x^0)$ von $f$ an der Stelle $x^0$. Dann gilt: Der Punkt $x^0$ ist genau dann Lösung der konvexen Optimierungsaufgabe

$$\min \{f(x) : x \in \Omega\},$$

falls

$$\inf_{x \in \Omega} f'(x^0)\, x = f'(x^0)\, x^0 \tag{9}$$

gilt.

Die Anwendung der Optimalitätsbedingung auf das Distanzproblem im normierten Raum der über $[t_0, t_f]$ stückweise stetigen Vektorfunktionen und den Nachweis für Notwendigkeit und Hinlänglichkeit des Maximumprinzips unter Verwendung der Hilfsaufgabe (9) findet man in [2], Anhang B. Es ist interessant, daß die dem Distanzproblem entsprechende Aufgabe (9) im Prinzip mit der oben erwähnten, von RUBIO verwendeten Hilfsaufgabe übereinstimmt, obwohl RUBIO die angegebene Optimalitätsbedingung offensichtlich nicht gekannt hat.

3. Eindeutigkeit (im Fall $\delta > 0$) bzw. Existenz der Lösung des Distanzproblems ergeben sich in [2] bei der Untersuchung von auf der Grundlage der Gleichung (8)

konstruierten Extremwertaufgaben zur Lösung des Distanzproblems. Die Existenz läßt sich natürlich auch durch Anwendung des bekannten Existenzsatzes für konvexe Optimierungsaufgaben im Hilbertraum (hier etwa der Raum der über $[t_0, t_f]$ quadratisch integrierbaren Vektorfunktionen) nachweisen. Es sei noch erwähnt, daß die Zielfunktion des Distanzproblems im allgemeinen nicht streng konvex ist (auch nicht im Fall $\delta > 0$). Folglich ist die Aussage über die Eindeutigkeit keineswegs trivial.

Wir wenden uns jetzt dem gewöhnlichen Iterationsverfahren

$$c^{j+1} = L_0(c^j), \qquad j = 0, 1, 2, \ldots, \qquad c^0 \in \Omega := \{x \in R^n : \|x\| = 1\}, \tag{10}$$

zu, das von RUBIO zur Lösung der Gleichung (7) verwendet wird. RUBIO behauptet in [7], daß unter der Voraussetzung (3) das gewöhnliche Iterationsverfahren (10) für jeden Startvektor $c^0 \in \Omega$ gegen eine Lösung der Gleichung (7) konvergiert. Die Richtigkeit dieser Behauptung vorausgesetzt, wäre damit zusammen mit der Aussage 1 wiederum der Teil a) der Aussage 2 bewiesen (ohne die Eindeutigkeit) und ein stets konvergentes Verfahren zur Lösung der Gleichung (7) bereitgestellt. RUBIO führt den Beweis durch Einbettung der Fixpunktgleichung (7) in eine bestimmte Familie $c = L_\sigma(c)$ $(\sigma \geqq 0)$ von Fixpunktgleichungen und kann nachweisen (Satz 2), daß der Operator $L_\sigma$ für alle hinreichend großen $\sigma$ auf $\Omega$ kontrahierend ist. Im Hinblick darauf und auf die Stetigkeit von $L_\sigma(c)$ bezüglich $\sigma \geqq 0$ bei festem $c \in \Omega$ (Lemma 1) behauptet er im Satz 3, daß die Folge $c^{j+1} = L_\sigma(c^j)$, $j = 0, 1, 2, \ldots$, mit $c^0 \in \Omega$ beliebig sogar für jedes $\sigma \geqq 0$ konvergiert. Schließlich wird durch Routineüberlegungen gefolgert, daß das Grenzelement der Folge (10) Fixpunkt des Operators $L_0$ ist. Beachtenswert ist der Satz 3, denn bei ausschließlicher Verwendung der genannten Eigenschaften von $L_\sigma$ läßt sich der Satz 3 nicht beweisen. Leider übergeht RUBIO im Beweis von Satz 3 gewisse Gleichmäßigkeitseigenschaften, die für die Richtigkeit seines Beweises erforderlich sind. In Anbetracht der prinzipiellen Schwierigkeiten, vor denen man beim Beweis dieser Eigenschaften steht, muß man sich die Frage stellen, ob der Satz 3 und damit die Konvergenz der Folge (10) gegen einen Fixpunkt von $L_0$ überhaupt beweisbar sind. Es gilt die

Aussage 3. Die von RUBIO angegebene Behauptung, daß im Fall $\delta > 0$ das gewöhnliche Iterationsverfahren (10) für jeden Startvektor $c^0 \in \Omega$ gegen eine Lösung der Gleichung (7) konvergiert, ist falsch.

Beweis. Wir betrachten das Distanzproblem mit der Zustandsgleichung (vgl. (1)):

$$\begin{aligned} \dot{x}_1 &= x_2 & x_1(0) &= 7 \\ \dot{x}_2 &= u(t), & x_2(0) &= -4, \end{aligned} \qquad 0 \leqq t \leqq 5. \tag{11}$$

Es gilt $X(t) = \begin{bmatrix} 1 & t \\ 0 & 1 \end{bmatrix}$, die Normalitätsvoraussetzung ist erfüllt. Für die der Steuerung

$u$ entsprechende Lösung $x(\cdot\,; u)$ von (11) erhält man (vgl. (6))

$$\left.\begin{aligned} x_1(t; u) &= 7 - 4t + \int_0^t (t-s)\, u(s)\, ds \\ x_2(t; u) &= \quad -4 + \int_0^t u(s)\, ds \end{aligned}\right\} \tag{12}$$

und für $u_c^*$ (vgl. (5))

$$u_c^*(t) = \operatorname{sgn}\bigl(-(5-s)\, c_1 - c_2\bigr), \qquad c \neq 0. \tag{13}$$

Damit ergibt sich die Fixpunktgleichung (7) (hier in der Form (4) geschrieben) zu

$$c = \begin{bmatrix} x_1(5; u_c^*)/\|x(5; u_c^*)\| \\ x_2(5; u_c^*)/\|x(5; u_c^*)\| \end{bmatrix} =: L_0(c), \qquad c \neq 0. \tag{14}$$

Es seien weiter $B_1 = \{c \in R^2 \colon c_2 \geqq 0,\, c_2 \geqq -5c_1,\, c \neq 0\}$, $B_2 = \{c \in R^2 \colon c_2 \leqq 0,\, c_2 \leqq -5c_1,\, c \neq 0\}$, $B_3 = \{c \in R^2 \colon c_2 < 0,\, c_2 > -5c_1\}$, $B_4 = \{c \in R^2 \colon c_2 > 0,\, c_2 < -5c_1\}$ (siehe Abb. 1). Dann gilt:

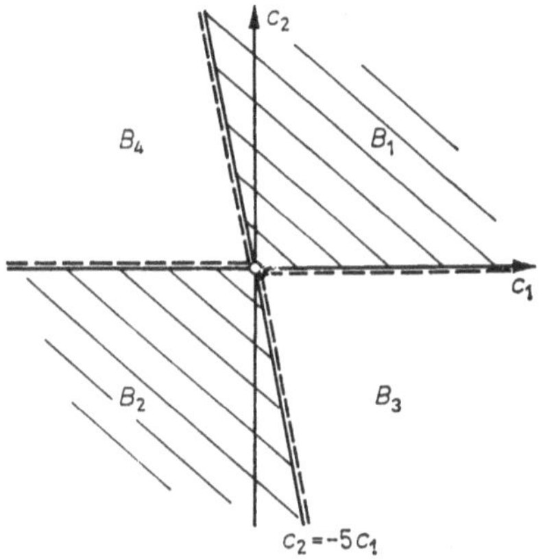


Abb. 1

| | $c \in B_1$ | $c \in B_2$ | $c \in B_3$ | $c \in B_4$ |
|---|---|---|---|---|
| $x_1(5; u_c^*) =$ | $-25.5$ | $-0.5$ | $-25.5 + (c_2/c_1)^2$ | $-0.5 - (c_2/c_1)^2$ |
| $x_2(5; u_c^*) =$ | $-9$ | $1$ | $-9 - 2c_2/c_1$ | $1 + 2c_2/c_1$ |

Wir zeigen, daß das Gleichungssystem (14) in $B_4$ eine Lösung besitzt. Das System (14) hat in $B_4$ die Gestalt

$$\left.\begin{aligned} c_1 &= \frac{-0.5 - (c_2/c_1)^2}{\bigl[\bigl(0.5 + (c_2/c_1)^2\bigr)^2 + (1 + 2c_2/c_1)^2\bigr]^{1/2}} \\ c_2 &= \frac{1 + 2c_2/c_1}{\bigl[\bigl(0.5 + (c_2/c_1)^2\bigr)^2 + (1 + 2c_2/c_1)^2\bigr]^{1/2}} \end{aligned}\right\} \tag{15}$$

Man überlegt sich leicht, daß das System (15) und das System

$$\frac{c_2}{c_1} = \frac{1 + 2c_2/c_1}{-0.5 - (c_2/c_1)^2}, \quad c_1^2 + c_2^2 = 1 \tag{16}$$

in $B_4$ dieselben Lösungen besitzen, also in $B_4$ äquivalent sind. Das System (16) ist aber in $B_4$ lösbar, denn die erste Gleichung läßt sich mit der Substitution $z = c_2/c_1$ in der Form

$$f(z) := z^3 + 2.5z + 1 = 0 \tag{17}$$

schreiben. Wegen $f(-1) = -3.5$, $f(0) = 1$ hat (17) eine Lösung $\hat{z} \in (-1,0)$ ($\hat{z} = -0.3783380$, Newtonverfahren auf elka 135). Damit haben das System (16) und (15) eine Lösung $\hat{c} \in B_4$ ($\hat{c}_1 = -0.9352988$, $\hat{c}_2 = 0.3538590$).

Wegen Aussage 2 ist folglich das betrachtete Distanzproblem mit $\delta > 0$ lösbar ($\delta = 0.4728350$). Die Gleichung (14) hat die eindeutige Lösung $\hat{c}$, und die mit $c = \hat{c}$ gebildete Steuerung (13) ist eindeutige Lösung des Distanzproblems.

Wir wenden jetzt das gewöhnliche Iterationsverfahren (10) mit dem Startvektor $c^0 = (1,0)^\mathsf{T}$ auf das System (14) an. Man erhält

$$c^0 = \begin{bmatrix} 1 \\ 0 \end{bmatrix} \in B_1, \quad c^1 = \frac{1}{\sqrt{731.25}} \begin{bmatrix} -25.5 \\ -9 \end{bmatrix} \in B_2, \quad c^2 = \frac{1}{\sqrt{1.25}} \begin{bmatrix} -0.5 \\ 1 \end{bmatrix} \in B_4,$$

$$c^3 = \frac{1}{\sqrt{29.25}} \begin{bmatrix} -4.5 \\ -3 \end{bmatrix} \in B_2, \quad c^{2k+2} = c^2, \quad c^{2k+3} = c^3, \quad k = 1, 2, \ldots.$$

siehe Abb. 2.

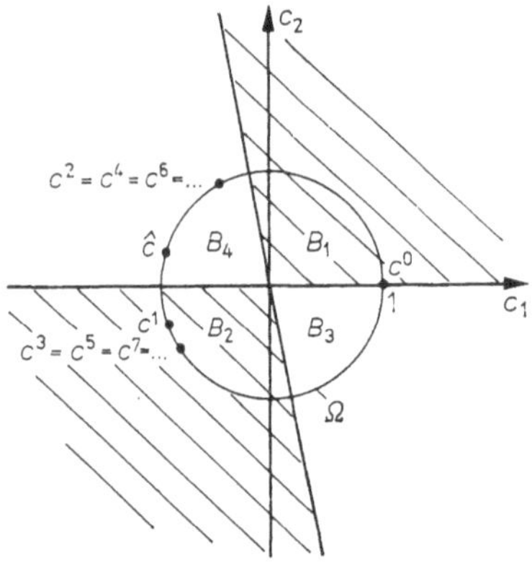


Abb. 2

Die Folge $\{c^j\}$ konvergiert nicht gegen $\hat{c}$, sie ist sogar divergent und enthält auch keine gegen $\hat{c}$ konvergierende Teilfolge. Damit ist die Aussage 3 bewiesen. Wir beweisen für das betrachtete Distanzproblem noch die

Aussage 4. Das gewöhnliche Iterationsverfahren (10) $c^{j+1} = L_0(c^j)$ zur Lösung der Gleichung (14) ist für *jeden* Startvektor $c^0 \in \Omega$, abgesehen von zwei speziellen Startvektoren, *nicht* gegen die eindeutige Lösung $\hat{c}$ von (14) konvergent.

Beweis. Wir geben zuerst die beiden speziellen Startvektoren an.

a) $c^0 = \hat{c}$: Dann gilt $c^j = \hat{c}$ für alle $j$.

b) $c^0 = \check{c} \in (B_3 \cap \Omega)$, für das $\check{z} := \check{c}_2/\check{c}_1$ die negative Lösung der quadratischen Gleichung

$$g(z) := z^2\hat{z} + 2z + 9 - 25.5\hat{z} = 0$$

ist ($\hat{z} = \hat{c}_2/\hat{c}_1$ siehe Beweis von Aussage 3): Wegen $\hat{z} < 0$ und $g(0) > 0$ besitzt die Gleichung genau eine negative Lösung, und wegen $g(-5) < 0$, $g(-4.5) > 0$ gilt $\check{z} \in (-5, -4.5)$. Damit ist $\check{c}$ eindeutig festgelegt ($\check{z} = -4.8584897$, $\check{c}_1 = 0.2015992$, $\check{c}_2 = -0.9794680$). Wählt man $c^0 = \check{c}$, so erhält man durch elementare Rechnung $c^1 = L_0(c^0) = \hat{c}$ und damit $c^j = \hat{c}$ für alle $j = 1, 2, \ldots$

Es sei nun der Startvektor $c^0 \in \Omega \setminus \{\hat{c}, \check{c}\}$. Da es außer $\hat{c}$ und $\check{c}$ keine weiteren Vektoren $c \in \Omega$ mit der Eigenschaft $L_0(c) = \hat{c}$ gibt und $L_0(\Omega) \cap B_3 = \emptyset$ ist, gilt dann $c^j \neq \hat{c}$ für alle $j = 0, 1, 2, \ldots$

Wir nehmen an, daß die Folge $\{c^j\}$ mit $c^0 \in \Omega \setminus \{\hat{c}, \check{c}\}$ doch gegen $\hat{c}$ konvergiert. Dann konvergiert auch die Folge $\{z_j\}$ mit $z_j := (c^j)_2/(c^j)_1$ gegen $\hat{z} = \hat{c}_2/\hat{c}_1$. Nun gilt aber für hinreichend großes $j$

$$z_{j+1} = -\frac{1 + 2z_j}{0.5 + z_j^2} \quad \text{bzw.} \quad z_{j+1} - \hat{z} = -\frac{1 + 2z_j}{0.5 + z_j^2} + \frac{1 + 2\hat{z}}{0.5 + \hat{z}^2}.$$

Hieraus folgt mit dem Mittelwertsatz

$$|z_{j+1} - \hat{z}| = \frac{|2\xi_j^2 + 2\xi_j - 1|}{(0.5 + \xi_j^2)^2} |z_j - \hat{z}|, \tag{18}$$

wobei $\xi_j = \hat{z} + \vartheta_j(z_j - \hat{z})$ mit einem geeigneten $\vartheta_j \in (0, 1)$ ist. Wegen der Stetigkeit der Funktion

$$h(z) := \frac{|2z^2 + 2z - 1|}{(0.5 + z^2)^2}$$

und $h(\hat{z}) > 1$ gibt es eine Konstante $K > 1$ und eine Umgebung $U(\hat{z})$ mit $h(z) \geqq K$ für alle $z \in U(\hat{z})$. Die Folge $\{z_j\}$ konvergiert aber gegen $\hat{z}$, also gilt $z_j \in U(\hat{z})$ für alle hinreichend großen $j$. Damit ergibt sich aus (18)

$$|z_{j+1} - \hat{z}| \geqq K\, |z_j - \hat{z}| \text{ für alle hinreichend großen } j,$$

woraus

$$|z_{\bar{j}+l} - \hat{z}| \geqq K^l\, |z_{\bar{j}} - \hat{z}| \quad \text{für hinreichend großes festes } \bar{j} \text{ und alle } l = 1, 2, \ldots$$

folgt. Wegen $K > 1$ und $z_{\bar{j}} \neq \hat{z}$ (es gilt ja sogar $z_j \neq \hat{z}$ für alle $j$) erhält man durch Grenzübergang in der letzten Ungleichung $0 \geqq +\infty$. Widerspruch! Die Folge $\{c^j\}$ mit $c^0 \in \Omega \setminus \{\hat{c}, \check{c}\}$ kann also nicht gegen $\hat{c}$ konvergieren, und die Aussage 4 ist damit bewiesen.

Auf Grund der Aussagen 3 und 4 ist das gewöhnliche Iterationsverfahren (10) zur Lösung der Gleichung (7) für das allgemeine lineare Distanzproblem (Fall $\delta > 0$) nicht geeignet. Man kann natürlich andere Verfahren zur Lösung nichtlinearer

Gleichungssysteme heranziehen, etwa gedämpfte Regula-Falsi-Verfahren oder Einbettungsverfahren — um nur zwei Beispiele zu nennen (siehe z. B. [5, 8, 9]). Allerdings muß man dabei in Betracht ziehen, daß die bekannten hinreichenden Konvergenzbedingungen durchaus verletzt sein können ([2], Aussage 9). In [2] wird, wie bereits in der Bemerkung c) zu Aussage 2 angeklungen, ein anderer Weg zur Lösung der Gleichung (7) bzw. der zu (7) äquivalenten Gleichung (8) eingeschlagen. Dort werden durch Übergang zu der der linken Seite von (8) entsprechenden Potentialfunktion Extremwertaufgaben im $R^n$ zur Lösung des Distanzproblems konstruiert, und zwar sowohl für den Fall $\delta > 0$ als auch den Fall $\delta = 0$. Zur Lösung von Extremwertaufgaben steht aber wiederum eine ganze Reihe von effektiven Algorithmen zur Verfügung, etwa diskretisierte regularisierte Newtonverfahren oder Verfahren der konjugierten Richtungen (siehe z. B. [5, 9]). Die Mehrzahl der in [2] erhaltenen Extremwertaufgaben zur Lösung des Distanzproblems ist bereits vorher von N. N. KRASOWSKII und R. GABASOW/F. M. KIRILLOWA ohne Bezug auf die Gleichung (8) unter Verwendung funktionalanalytischer Hilfsmittel gefunden worden ([4, 3] und die dort angegebene Literatur).

## Literatur

[1] DIETZE, S., Zur Lösung gewisser linearer optimaler Prozesse mit dem Maximumprinzip, ZAMM **48** (1968), 57—64.

[2] DIETZE, S., Zur Lösung zweier optimaler Steuerprobleme mit dem Maximumprinzip, Dissertation, TU Dresden 1971.

[3] ГАБАСОВ, Р. Ф., и Ф. М. КИРИЛЛОВА, Оптимизация линейных систем — Методы фунционального анализа, Изд. Белорус. ун-та, Минск 1973.

[4] КРАСОВСКИЙ, Н. Н., Теория управления движением, Наука, Москва 1968.

[5] ORTEGA, J. M., and W. C. RHEINBOLDT, Iterative Solution of Nonlinear Equations in Several Variables, Academic Press, Inc., New York—London 1970.

[6] ПОНТРЯГИН, Л. С., В. Г. БОЛТЯНСКИЙ, Р. В. ГАМКРЕЛИДЗЕ и Е. Ф. МИЩЕНКО, Математическая теория оптимальных процессов, Физматгиз, Москва 1961 (deutsche Übersetzung: PONTRJAGIN, L. S., u. a., Mathematische Theorie optimaler Prozesse, R. Oldenbourg, München / VEB Deutscher Verlag der Wissenschaften, Berlin 1964).

[7] RUBIO, J. E., A fixed-point method for a minimum-norm control problem, SIAM J. Control **4** (1966), 705—715.

[8] SCHMIDT, J. W., Finitisierung und Globalisierung bei Iterationsverfahren zur Lösung nichtlinearer Gleichungssysteme, Berichte VII. Int. Kongr. Anwendungen der Mathematik Weimar 1975 (VII. IKM), 307—317, Verlag für Bauwesen, Berlin 1977.

[9] SCHWETLICK, H., Numerische Lösung nichtlinearer Gleichungen, VEB Deutscher Verlag der Wissenschaften, Berlin 1979.

*Zusatz bei der Korrektur:* Ein weiteres Gegenbeispiel zur Konvergenz des gewöhnlichen Iterationsverfahrens (10) findet man in GILBERT, E. G., A note on the fixed-point method of J. E. Rubio, SIAM J. Control **5** (1967), 513—514.

Manuskripteingang: 25. 10. 1977

VERFASSER:
Dr. SIEGFRIED DIETZE, Sektion Mathematik der Technischen Universität Dresden

Beiträge zur Numerischen Mathematik
8 (1980), 51–58

# Projektionsmethoden zur Lösung singulärer Zweipunkt-Randwertaufgaben

JOHANNES ELSCHNER

Wir betrachten Differentialgleichungen (DGLn) der Gestalt

$$(\mathscr{A}y)(t) = \sum_{i=0}^{m} a_i(t)\, t^{\alpha(i)}(t-1)^{\beta(i)}\, D_t^i y(t) = f(t) \tag{1}$$

mit $D_t y = y'$, $\alpha(i) = \max(l_0 - m + i, 0)$, $\beta(i) = \max(l_1 - m + i, 0)$, $l_s \in N_0$ ($N_0 = N \cup \{0\}$), $l_s \leqq m$, $s = 0, 1$, und $a_m(t) \equiv 1$. Die Punkte $t = 0$ und $t = 1$ sind singuläre Stellen 1. Art der DGL (1) (vgl. [1]).

Näherungsmethoden zur Lösung von Randwertproblemen für die Gleichung (1) im Fall $m = 2$, $l_1 = 0$ wurden in zahlreichen Arbeiten betrachtet; dies betrifft insbesondere das Differenzenverfahren (vgl. [2] und die dort angegebene Literatur). Für die DGL (1) bei beliebigem $m$ und $l_1 = 0$ wurden in [3] ein Differenzenverfahren und in [4, 5] ein Kollokationsverfahren untersucht. In [6] bzw. [7] wurden Differenzenverfahren bzw. verallgemeinerte Spline-Methoden zur näherungsweisen Lösung gewisser Randwertprobleme für ein System gewöhnlicher DGLn 1. Ordnung mit singulären Stellen 1. Art studiert. In Fortsetzung der in der Arbeit [5] geführten Untersuchungen betrachten wir ein Kollokationsverfahren und eine verallgemeinerte Momentenmethode für die Randwertaufgabe

$$\mathscr{A}y = f,\ U_i(y) = \sum_{j=0}^{m-l_0-1} a_{ij} y^{(j)}(0) + \sum_{j=0}^{m-l_1-1} b_{ij} y^{(j)}(1) = 0, \quad i = 1, \ldots, \tilde{m}. \tag{2}$$

Dabei ist $\mathscr{A}$ der in (1) definierte Operator, $a_{ij}, b_{ij} \in \mathbb{C}$, und die Randbedingungen $U_i(y) = 0$, $i = 1, \ldots, \tilde{m}$, seien linear unabhängig. Die Zahl $\tilde{m}$ wird in Abschnitt 1 angegeben.

Einige Aufgaben der Elastizitätstheorie, insbesondere die Biegung von Stäben und Platten, führen auf singuläre Randwertaufgaben der Gestalt (2).

## 1. Existenztheorie

Es sei $X_p^k[a, b]$, $k \in N_0$, für $1 < p < \infty$ der Sobolewraum $W_p^k[a, b]$ mit der Norm

$$\|y\|_{W_p^k} = \sum_{i=0}^{k} \left( \int_a^b |y^{(i)}(t)|^p\, dt \right)^{1/p}$$

und für $p = \infty$ der Raum $C^k[a, b]$ der $k$-mal stetig differenzierbaren Funktionen auf dem Intervall $[a, b]$ mit der Norm $\|y\|_{C^k} = \sum_{i=0}^{k} \max_{t\in[a,b]} |y^{(i)}(t)|$. Mit $C^{k,\lambda}[a, b]$ $(0 < \lambda < 1)$ bezeichnen wir den Raum der Funktionen aus $C^k[a, b]$, deren $k$-te Ableitung auf $[a, b]$ einer Hölderbedingung mit dem Exponenten $\lambda$ genügt. Schließlich sei $Y_p{}^k[a, b] = Y_p{}^k([a, b]; \mathscr{A})$ der Banachraum

$$\{y \in X_p{}^k[a, b]: t^{l_0}(t-1)^{l_1} y \in X_p{}^{k+m}[a, b]\}$$

mit der Norm $\|y\| = \|y\|_{X_p{}^k} + \|t^{l_0}(t-1)^{l_1} y\|_{X_p{}^{k+m}}$. Im weiteren bezeichne $J$ das Intervall $[0, 1]$. Aus $y \in Y_p{}^k(J)$ folgt stets $t^{\alpha(i)}(t-1)^{\beta(i)} D_t{}^i y \in X_p{}^k(J)$, $i = 0, \ldots, m$ (für $p < \infty$ ergibt sich dies mit Hilfe von Lemma 1.2 in [8], Kap. 6). Mithin ist der Operator $\mathscr{A}: Y_p{}^k(J) \to X_p{}^k(J)$ linear und stetig, d. h. $\mathscr{A} \in \mathscr{L}(Y_p{}^k, X_p{}^k)$, wenn die Koeffizienten $a_i$ genügend glatt sind.

Dem Operator (1) ordnen wir nun die beiden charakteristischen Gleichungen

$$\sum_{i=m-l_0}^{m} a_i(0)\,(-1)^{\beta(i)}\,(\lambda_0)_{l_0-m+i} = 0, \quad \sum_{i=m-l_1}^{m} a_i(1)\,(\lambda_1)_{l_1-m+i} = 0 \tag{3}$$

zu, wobei für $\lambda \in \mathbb{C}$ $(\lambda)_j = (\lambda-1)\cdots(\lambda-j+1)$, $j \in N$, $(\lambda)_0 = 1$ gesetzt wurde. Die Wurzeln der Gleichungen (3) bezeichnen wir mit $\lambda_{s,j}$, $j = 1, \ldots, l_s$, $s = 0, 1$. Es seien im weiteren die Bedingungen

$$\operatorname{Re} \lambda_{s,j} \neq -1/p + k, \qquad j = 1, \ldots, l_s, \qquad s = 0, 1, \tag{4}$$

erfüllt. Mit $r_s = r_s(p, k)$ bezeichnen wir die Anzahl der $\lambda_{s,j}$ mit $\operatorname{Re} \lambda_{s,j} > -1/p + k$ $(s = 0, 1)$.

Satz 1. *Es seien die Voraussetzungen* (4) *und*

$$a_i(t) \in C^k(J), \qquad i = 0, \ldots, m-l-1,$$
$$a_i(t) \in C^{k+1}(J), \qquad i = m-l, \ldots, m-1, \qquad l = \max(l_0, l_1), \tag{5}$$

*erfüllt. Dann ist der Operator* $\mathscr{A} \in \mathscr{L}(Y_p{}^k(J), X_p{}^k(J))$ *ein* $\Phi$*-Operator mit dem Index* $\varkappa_{p,k}(\mathscr{A}) = r_0(p, k) + r_1(p, k) + m - l_0 - l_1$.[1])

Beweis. Seien $c \in (0, 1)$, $J_0 = [0, c]$ und $J_1 = [c, 1]$. Der Operator $\mathscr{A}$ ist nach Satz 2 in [5] ein $\Phi$-Operator im Raumpaar $Y_p{}^k(J_s)$, $X_p{}^k(J_s)$ mit dem Index $\varkappa_s = r_s + m - l_s$, $s = 0, 1$ ($Y_p{}^k(J_0)$ stimmt mit dem in [5] eingeführten Raum $X^k_{p,m-l_0}$ überein; entsprechendes gilt für $Y_p{}^k(J_1)$). Folglich ist der Operator

$$\bar{\mathscr{A}} \in \mathscr{L}(Y_p{}^k(J_0) \times Y_p{}^k(J_1),\ X_p{}^k(J_0) \times X_p{}^k(J_1)),$$

der durch die Beziehung $\bar{\mathscr{A}}(y_1, y_2) = (\mathscr{A}y_1, \mathscr{A}y_2)$ erklärt ist, $\Phi$-Operator mit dem Index $\varkappa_0 + \varkappa_1$. Mit $\bar{X}_p{}^k$ (bzw. $\bar{Y}_p{}^k$) bezeichnen wir den Teilraum

$$\{(y_1, y_2) \in X_p{}^k(J_0) \times X_p{}^k(J_1): y_1{}^{(j)}(c) = y_2{}^{(j)}(c),\ j = 0, \ldots, \bar{k}\})$$
$$(\text{bzw. } \{(y_1, y_2) \in Y_p{}^k(J_0) \times Y_p{}^k(J_1): y_1{}^{(j)}(c) = y_2{}^{(j)}(c),\ j = 0, \ldots, \bar{k} + m\}$$

---

[1]) Die Definition des $\Phi$-Operators und seine Eigenschaften sind z. B. in [8], Kap. 1, enthalten.

der Kodimension $\bar{k}$ (bzw. $\bar{k} + m$), wobei $\bar{k} = k - 1$ für $p < \infty$ und $\bar{k} = k$ für $p = \infty$ gesetzt wurde. Nunmehr können wir den Operator $\mathscr{A} \in \mathscr{L}\big(Y_p{}^k(J), X_p{}^k(J)\big)$ mit der Abbildung $\bar{\mathscr{A}}|_{\bar{Y}_p{}^k} \in \mathscr{L}(\bar{Y}_p{}^k, \bar{X}_p{}^k)$ identifizieren. Daher ist $\mathscr{A} \in \mathscr{L}\big(Y_p{}^k(J), X_p{}^k(J)\big)$ ein $\Phi$-Operator mit dem Index $\varkappa(\mathscr{A}) = \varkappa_0 + \varkappa_1 - (\bar{k} + m) + \bar{k} = r_0 + r_1 + m - l_0 - l_1$, w. z. b. w.

Im weiteren sei stets die Bedingung

$$\varkappa_{p,0}(\mathscr{A}) = \varkappa_p(\mathscr{A}) = r_0(p, 0) + r_1(p, 0) + m - l_0 - l_1 \geqq 0 \tag{6}$$

erfüllt (für $l_1 = 0$ ist das immer der Fall). Dann setzen wir in (2)

$$\tilde{m} = \tilde{m}(p) = \varkappa_p(\mathscr{A}). \tag{7}$$

Mit $\tilde{Y}_p{}^0(J)$ bezeichnen wir den Teilraum $\{y \in Y_p{}^0(J): U_i(y) = 0,\ i = 1, \ldots, \tilde{m}\}$ der Kodimension $\tilde{m}$ von $Y_p{}^0(J)$. Offenbar ist $\mathfrak{A} = \mathscr{A}|_{\tilde{Y}_p{}^0} \in \mathscr{L}(\tilde{Y}_p{}^0, X_p{}^0)$. Wie Satz 1 in [5] zeigt man mit Hilfe von Satz 1

Satz 2. (i) *Es seien die Voraussetzungen* (4), (5) *für* $k = 0$, (6) *und* (7) *erfüllt. Dann ist der Operator* $\mathfrak{A} \in \mathscr{L}\big(\tilde{Y}_p{}^0(J), X_p{}^0(J)\big)$ *ein* $\Phi$*-Operator mit dem Index* 0.

(ii) *Sind weiterhin* $k \in N$, $f \in X_p{}^k(J)$, (5) *und die Voraussetzungen*

$$\operatorname{Re} \lambda_{s,j} \notin [-1/p, k - 1/p], \qquad j = 1, \ldots, l_s, \qquad s = 0, 1, \tag{8}$$

*erfüllt, so gehört jede Lösung* $y \in Y_p{}^0(J)$ *des Problems* (2) *zum Raum* $Y_p{}^k(J)$.

Bemerkung 1. Ähnlich wie Satz 2.1 in [9] zeigt man, daß der Operator $\mathscr{A}$ im Raumpaar $Y_p{}^k(J)$, $X_p{}^k(J)$ kein $\Phi$-Operator ist, wenn die Bedingung (4) verletzt ist.

Bemerkung 2. Natterer [10] untersuchte (in anderen Raumpaaren) Randwertprobleme für die DGL (1), die i. a. nicht die Form (2) haben. Es ist möglich, einige Ergebnisse der Arbeit [10] und den obigen Satz 2 von einem einheitlichen Standpunkt aus zu erhalten; darüber soll an anderer Stelle berichtet werden.

Bemerkung 3. Mittels der hier dargelegten Methode lassen sich $\Phi$-Eigenschaft und Index von Differentialoperatoren mit $n$ ($n > 2$) singulären Stellen 1. Art untersuchen.

## 2. Ein Kollokationsverfahren

Wir betrachten auf dem Intervall $J = [0, 1]$ Punkte der Gestalt

$$t_{in} = \frac{1}{2}\left(1 + \cos\frac{2i+1}{2(n+1)}\pi\right), \qquad i = 0, \ldots, n. \tag{9}$$

Jeder auf dem Intervall $J$ beschränkten Funktion $f$ ordnen wir das (eindeutig bestimmte) algebraische Polynom $Q_n f$ vom Grade $n$ zu, das die Bedingung $(Q_n f)(t_{in})$ W $f(t_{in})$, $i = 0, \ldots, n$, erfüllt. Im Raum $X_p{}^0(J)$, $p < \infty$, erklären wir die Operatoren = auf der linearen Teilmenge $D(Q_n) = C^0(J)$; für $p = \infty$ ist offenbar $Q_n \in \mathscr{L}\big(X_\infty{}^0(J)\big)$. $Q_n$eiterhin gilt stets $Q_n{}^2 = Q_n$.

Für das Weitere benötigen wir den Operator

$$\mathscr{A}_0 = \prod_{j=1}^{l_0} A_{\lambda_{0,j}} \cdot \prod_{j=1}^{l_1} B_{\lambda_{1,j+l_0}} \cdot D_t^{m-l_0-l_1} \tag{10}$$

mit $A_\lambda = tD_t - \lambda$, $B_\lambda = (t-1)\,D_t - \lambda$, $\lambda \in \mathbb{C}$, und $D_t^{-1}y(t) = \int\limits_0^t y(s)\,ds$ (oder $D_t^{-1}y(t) = \int\limits_1^t y(s)\,ds$), wobei die Zahlen $\lambda_{s,j}$ die Wurzeln der Gleichungen (3) sind.

Hilfssatz. (i) *Unter den Voraussetzungen* (5) (für $k = 0$) *ist der Operator* $\mathscr{A} - \mathscr{A}_0$ *vollstetig im Raumpaar* $Y_p^0(J)$, $C^0(J)$, $p < \infty$.

(ii) *Sind die Voraussetzungen*

$$\begin{aligned} &a_i(t) \in C^{0,\lambda}(J), && i = 0, \ldots, m-l-1, \\ &a_i(t) \in C^{1,\lambda}(J), && i = m-l, \ldots, m-1, \\ &0 < \lambda < 1, && l = \max(l_0, l_1), \end{aligned} \tag{11}$$

*erfüllt, so wirkt der Operator* $\mathscr{A} - \mathscr{A}_0$ *vollstetig aus dem Raum* $Y^0(J)$ *in* $C^{0,\lambda}(J)$, $0 < \lambda < 1$.

Beweis. (i) Unter Verwendung der Beziehungen $D_tA_\lambda = A_{\lambda-1}D_t$, $D_tB_\lambda = B_{\lambda-1}D_t$ überzeugt man sich davon, daß $\mathscr{A} - \mathscr{A}_0$ die Gestalt

$$\mathscr{A} - \mathscr{A}_0 = \sum_{i=0}^{m-1} b_i(t)\, t^{\alpha(i)}(t-1)^{\beta(i)}\, D_t^i + \sum_{i \leq -1} b_i(t)\, D_t^i \tag{12}$$

mit $b_i \in C^0(J)$, $i \leq -1$, $i = 0, \ldots, m-l-1$, $b_i \in C^1(J)$, $i = m-l, \ldots, m-1$, und $b_i(s) = 0$, $i = m - l_s, \ldots, m-1$, $s = 0, 1$, hat. Es gilt $b_i(t) = t(t-1)\, d_{is}(t)$ mit gewissen Funktionen $d_{is}(t) \in C^0(J_s)$, $i = m - l_s, \ldots, m-1$, $s = 0, 1$, wobei $J_s$ wie im Beweis von Satz 1 erklärt ist. Wie in [5], Hilfssatz 3, zeigt man dann die Vollstetigkeit des Operators $\mathscr{A} - \mathscr{A}_0$: $Y_p^0(J) \to C^0(J)$, $p < \infty$.

(ii) In diesem Fall wird der Beweis auf analoge Weise geführt. Dabei verwendet man, daß für die Funktionen $b_i(t)$ in der Darstellung (12) $b_i(t) = t(t-1)\, d_{is}(t)$, $d_{is} \in C^{0,\lambda}(J_s)$, $i = m - l_s, \ldots, m-1$, $s = 0, 1$, gilt (letzteres folgt aus [8], Kap. 6, Lemma 1.1).

Für das Randwertproblem

$$\mathscr{A}_0 y = g, \qquad U_i(y) = 0, \qquad i = 1, \ldots, \tilde{m}, \tag{13}$$

wobei $U_i(y)$ bzw. $\tilde{m}$ in (2) bzw. (7) erklärt sind, sei im weiteren folgende Voraussetzung (V) erfüllt:

*Die Aufgabe* (13) *hat für* $g = 0$ *nur die triviale Lösung im Raum* $\tilde{Y}_p^0(J)$.

Mit $\mathfrak{A}_0$ bezeichnen wir den durch das Problem (13) erzeugten Operator

$$\mathscr{A}_0|_{\tilde{Y}_p^0(J)} \in \mathscr{L}\big(\tilde{Y}_p^0(J), X_p^0(J)\big),$$

(vgl. 1.). Es seien $\psi_j(t) \in \tilde{Y}_p^0(J)$ die (wegen Satz 2 eindeutig bestimmten) Lösungen des Problems (13) für $g = t^j$, $j = 0, 1, \ldots$ In vielen Fällen lassen sich die Funktionen $\psi_j$ mit Hilfe der Methode der Variation der Konstanten explizit angeben; zum Beispiel sind sie im Fall $l_1 = 0$ stets aus elementaren Funktionen der Gestalt $t^\lambda$ und $\ln t$ zusammengesetzt.

Bei der Kollokationsmethode sucht man die Näherungslösungen der Aufgabe (2) in der Gestalt

$$y_n(t) = \sum_{j=0}^{n} \xi_j \psi_j(t) \tag{14}$$

und bestimmt die Koeffizienten $\xi_j$ so, daß die Gleichung (1) in den Kollokationspunkten (9) durch die Funktion $y_n(t)$ erfüllt wird:

$$(\mathscr{A} y_n)(t_{in}) = f(t_{in}), \qquad i = 0, \ldots, n. \tag{15}$$

Satz 3. *Es gelte $p < \infty$, und es seien die Voraussetzungen von Satz 2* (i) *und* (V) *erfüllt. Weiterhin sei das Problem* (2) *für $f = 0$ nur trivial lösbar im Raum $\tilde{Y}_p{}^0(J)$. Wenn $f \in C^0(J)$ ist, dann ist das Gleichungssystem* (15) *für alle hinreichend großen $n$ eindeutig lösbar, und für $n \to \infty$ gilt $\|y - y_n\|_{Y_p{}^0(J)} \to 0$, wobei $y \in \tilde{Y}_p{}^0(J)$ die exakte Lösung der Aufgabe* (2) *ist. Sind darüber hinaus $f \in C^k(J)$ und die Voraussetzungen* (5) *und* (8) *erfüllt, so hat die Abschätzung $\|y - y_n\|_{Y_p{}^0(J)} = O(n^{-k})$ Gültigkeit.*

Der Beweis wird analog zu Satz 4 in [5] geführt. Dazu schreibt man die Kollokationsgleichung (15) in der Form $Q_n \mathfrak{A} P_n y_n = Q_n f$, wobei $P_n$ einen Projektor bezeichnet, der den Raum $\tilde{Y}_p{}^0(J)$ auf die lineare Hülle der Elemente $\psi_0, \ldots, \psi_n$ abbildet. Weiterhin benutzt man Hilfssatz 5 aus [5], die Beziehung $Q_n \mathfrak{A}_0 P_n = \mathfrak{A}_0 P_n$, Satz 2) den obigen Hilfssatz und Satz 1.4.3 aus [4].

Wie Satz 5 in [5] erhält man weiterhin

Satz 4. *Es gelte $p = \infty$, und es seien die Voraussetzungen* (5), (6), (7), (11) *und* (V) *erfüllt. Besitzt das Problem* (2) *für $f = 0$ nur die triviale Lösung in $\tilde{Y}^0_\infty(J)$ und ist $f \in C^{0,\lambda}(J)$, dann erweist sich das Gleichungssystem* (15) *für alle hinreichend großen $n$ als eindeutig lösbar, und für $n \to \infty$ gilt*

$$\|y - y_n\|_{Y^0_\infty} = O\left(\frac{\ln n}{n^\lambda}\right),$$

*wobei $y \in \tilde{Y}^0_\infty(J)$ die exakte Lösung von* (2) *ist. Wenn außerdem $f \in C^{k,\lambda}(J)$, $a_i(t) \in C^{k,\lambda}(J)$, $i = 0, \ldots, m - l - 1$, $a_i(t) \in C^{k+1,\lambda}(J)$, $i = m - l, \ldots, m - 1$, $0 < \lambda < 1$, $l = \max(l_0, l_1)$, und die Voraussetzung* (8) *erfüllt ist, gilt*

$$\|y - y_n\|_{Y^0_\infty(J)} = O\left(\frac{\ln n}{n^{\lambda+k}}\right).$$

Bemerkung 4. Die Sätze 3 und 4 behalten ihre Gültigkeit, wenn man $\mathscr{A}_0$ durch einen Operator $\mathscr{A}_0'$ mit der Eigenschaft ersetzt, daß $\mathscr{A}_0 - \mathscr{A}_0'$ im Raumpaar $Y_p{}^0(J)$, $C^0(J)$, $p < \infty$, bzw. $Y^0_\infty(J)$, $C^{0,\lambda}(J)$, $0 < \lambda < 1$, ein vollstetiger Operator ist und aus $y \in Y_p{}^k(J)$ stets $(\mathscr{A}_0 - \mathscr{A}_0')\, y \in C^k(J)$ bzw. $(\mathscr{A}_0 - \mathscr{A}_0')\, y \in C^{k,\lambda}(J)$ für $p < \infty$ bzw. $p = \infty$ folgt.

## 3. Eine verallgemeinerte Momentenmethode

Wir suchen die Näherungslösung des Problems (2) wieder in der Gestalt (14), wobei die Funktionen $\psi_j(t)$ wie in Abschnitt 2 erklärt sind. $\mathscr{B} = \sum_{i=0}^{m} b_i(t)\, t^{\alpha(i)} (t-1)^{\beta(i)} D_t^i$ sei ein Differentialoperator der Gestalt (1), dessen Koeffizienten den Bedingungen

$$b_m(t) \equiv 1, \quad b_i(t) \in C^0(J), \quad i = 0, \ldots, m-l-1, \quad b_i(t) \in C^1(J),$$
$$i = m-l, \ldots, m-1, \quad l = \max(l_0, l_1), \quad b_i(s) = a_i(s), \tag{16}$$
$$i = m - l_s, \ldots, m-1, \quad s = 0, 1,$$

genügen. Die Koeffizienten $\xi_j$ in (14) bestimmt man aus den Gleichungen

$$\int_0^1 [(\mathscr{A} y_n)(t) - f(t)]\, \overline{\mathscr{B}\psi_i(t)}\, dt = 0, \qquad i = 0, \ldots, n. \tag{17}$$

Im Fall $\mathscr{B} = \mathscr{A}$ erhält man die Methode der kleinsten Quadrate, für $\mathscr{B} = \mathscr{A}_0$ die Momentenmethode (vgl. [11)], Kap. IV).

Satz 5. *Es seien die Voraussetzungen von Satz* 2 (i) *und* (V) *für* $p = 2$ *erfüllt. Besitzen die Randwertaufgaben* (2) *und*

$$\mathscr{B} y = f, \quad U_i(y) = 0, \quad i = 1, \ldots, \tilde{m},$$

*für* $f = 0$ *jeweils nur die triviale Lösung im Raum* $\tilde{Y}_2^0(J)$ *und ist* $f \in W_2^0(J)$, *so hat das Gleichungssystem* (17) *für alle hinreichend großen n eine eindeutige Lösung, und für* $n \to \infty$ *gilt*

$$\|y - y_n\|_{Y_2^0(J)} \to 0.$$

*Dabei ist* $y \in \tilde{Y}_2^0(J)$ *die exakte Lösung von* (2). *Wenn außerdem* $f \in W_2^k(J)$ *und die Voraussetzungen* (5) *und* (8) (für $p = 2$) *erfüllt sind, gilt die Abschätzung*

$$\|y - y_n\|_{Y_2^0(J)} = O(n^{-k}).$$

Beweis. Mit $\mathfrak{B}$ bezeichnen wir den Operator $\mathscr{B}|_{\tilde{Y}_2^0(J)}$. Für die Operatoren $\mathfrak{A}, \mathfrak{A}_0, \mathfrak{B} \in \mathscr{L}(\tilde{Y}_2^0(J), X_2^0(J))$ gelten die Beziehungen $\mathfrak{A} = \mathfrak{A}_0 + T_1$, $\mathfrak{B} = \mathfrak{A}_0 + T_2$ mit vollstetigen Operatoren $T_1, T_2 \in \mathscr{L}(Y_2^0(J), X_2^0(J))$ (vgl. den Hilfssatz). Aus den obigen Voraussetzungen und Satz 2 (i) ergibt sich dann die Existenz der Inversen $\mathfrak{A}^{-1}, \mathfrak{A}_0^{-1}, \mathfrak{B}^{-1} \in \mathscr{L}(X_2^0(J), \tilde{Y}_2^0(J))$. Weiterhin erhält man die Beziehung $\mathfrak{B} = (I - S)\mathfrak{A}_0$ mit dem vollstetigen Operator $S = -T_2\mathfrak{A}_0^{-1} \in \mathscr{L}(X_2^0(J))$. Offenbar ist die Zahl 1 kein Eigenwert der Operatoren $S, T_1\mathfrak{A}_0^{-1} \in \mathscr{L}(X_2^0(J))$.

Mit $E_n$ bzw. $H_n$ bezeichnen wir die lineare Hülle der Elemente $\psi_0, \ldots, \psi_n$ bzw. $\mathscr{B}\psi_0, \ldots, \mathscr{B}\psi_n$. Diese Unterräume sind durch die Gleichung $H_n = (I - S)\mathfrak{A}_0 E_n$ verknüpft ($I$ ist der identische Operator), und die Folge der Unterräume $\mathfrak{A}_0 E_n$ ist limitiert dicht im Hilbertraum $X_2^0(J)$ im Sinne von [11], Kap. IV. Das Gleichungssystem (17) kann in der Form

$$P_n(\mathfrak{A} y_n - f) = 0, \qquad y_n \in E_n,$$

geschrieben werden, wobei $P_n$ der Orthoprojektor von $X_2^0(J)$ auf den Raum $H_n$ ist. Die Anwendung von Theorem 16.5 in [11] ergibt nun den ersten Teil von Satz 5 sowie die Abschätzung

$$\|y - y_n\|_{Y_2^0(J)} \leqq c l_n(\mathscr{A}_0 y), \quad l_n(z) = \min_{\gamma_0, \ldots, \gamma_n} \|z(t) - \sum_{j=0}^{n} \gamma_j t^j\|_{L^2(J)},$$

(vgl. den Beweis von Theorem 16.6 in [11]). Sind die Voraussetzungen (5) und (8) erfüllt, so folgt aus $f \in X_2^k(J)$ und Satz 2 (ii) $y \in Y_2^k(J)$ und daraus $\mathscr{A}_0 y \in X_2^k(J)$. Unter Verwendung der Beziehung $l_n(z) \leqq c_k n^{-k} \|D_t^k z\|_{L^2}$, $z \in X_2^k(J)$, (siehe [11], S. 208) erhält man schließlich die Abschätzung (18).

Bemerkung 5. Satz 5 wurde in [11], Kap. IV, für den Fall $l_0 = l_1 = 0$ bewiesen, wobei für die Ausdrücke $\|D_t^i(y - y_n)\|_{L^2}$, $i < m$, genauere Abschätzungen erhalten wurden. In unserem Fall gelten wahrscheinlich bessere Abschätzungen, wenn $l_0, l_1 < m$ ist.

Bemerkung 6. Die Bemerkung 4 behält auch in diesem Abschnitt ihre Gültigkeit.

## 4. Ein Beispiel

Wir betrachten die DGL

$$(\mathscr{A}y)(t) = \big(a(t)\, y''\big)'' + k(t)\, y = g(t) \tag{19}$$

mit $a(t) = t^3(t-1)^3 b(t)$, $b(t) \in C^3(J)$, $k(t) \subset C^0(J)$, $b(t)$, $k(t) > 0$, $t \in J = [0, 1]$[2]). Die Gleichung (19) läßt sich auf die Gestalt

$$t^3(t-1)^3 D_t^4 y + a_3(t)\, t^2(t-1)^2 D_t^3 y + a_2(t)\, t(t-1) D_t^2 y + k(t)\, y = f(t)$$

bringen, wobei $a_i \in C^1(J)$, $a_i(s) = (-1)^{s+1} \cdot 6$, $i = 2, 3$, $s = 0, 1$, gelten. Mithin haben die charakteristischen Gleichungen (3) die Form $\lambda_s(\lambda_s^2 + 3\lambda_s + 2) = 0$, und sie besitzen die Wurzeln $\lambda_{s,1} = 0$, $\lambda_{s,2} = -1$, $\lambda_{s,3} = -2$, $s = 0, 1$. Folglich ist der Operator $\mathscr{A}$ (ohne Randbedingungen) ein $\Phi$-Operator mit dem Index 0 z. B. im Raumpaar $Y_2^0(J; \mathscr{A}) = \{y \in L^2(J) : t^3(t-1)^3 y \in W_2^4(J)\}$, $L^2(J)$. Dies folgt aus Satz 1. Weiterhin läßt sich leicht zeigen, daß die Abschätzung

$$\int_0^1 (\mathscr{A}y)\, \bar{y}\, dt \geqq c\, \|y\|^2_{L^2(J)}, \qquad y \in Y_2^0(J),$$

mit einer von $y$ unabhängigen Konstanten $c > 0$ gilt. Daher ist der Operator $\mathscr{A} \in \mathscr{L}\big(Y_2^0(J), L^2(J)\big)$ invertierbar. Als Operator $\mathscr{A}_0'$ (vgl. Bemerkung 4) wählen wir hier

$$\mathscr{A}_0' = [tD_t + 1]\, [(t-1) D_t - 1]\, D_t^{-1} [(t-1) D_t + 2]$$
$$\times [tD_t - 1]\, \tilde{D}_t^{-1} [(t-1) D_t + 1]\, [tD_t + 1]$$

---

[2]) Die Berechnung der Durchbiegung einer elastisch gebetteten bogenförmigen Stahlkonstruktion führt auf eine derartige DGL. Für diesen Hinweis ist der Autor Herrn Dr. J. Beyreuther, Sektion Maschinenbauelemente der TH Karl-Marx-Stadt, zu Dank verpflichtet.

mit $D_t^{-1}y(t) = \int_0^t y(s)\,ds$ und $\tilde{D}_t^{-1}y(t) = \int_1^t y(s)\,ds$; dann ist für den Operator $\mathscr{A}_0'$ die Voraussetzung (V) erfüllt (vgl. 2.). Die Kollokationsfunktionen $\psi_j$ sind die Lösungen der Gleichung $\mathscr{A}_0'y = t^j$, $j = 0, 1, \ldots$, im Raum $Y_2^0(J)$. Es sind z. B.

$$\psi_0(t) = -\frac{1}{2}, \quad \psi_1(t) = -\frac{3}{8} + \frac{(t-1)\ln(1-t)}{4t} - \frac{1}{4}\varphi(t),$$

$$\psi_2(t) = -\frac{7}{18} + \frac{(t-1)\ln(1-t)}{3t} - \frac{1}{9}\varphi(t)$$

mit $\varphi(t) = t^{-1}\int_0^t \frac{s\ln s}{s-1}\,ds$. Die Funktionen $\psi_j(t)$, $j > 3$, lassen sich durch elementare Funktionen und $\varphi(t)$ ausdrücken. Gehört die rechte Seite der DGL (19) dem Raum $C^0$ mit dem Gewicht $t^\varrho(t-1)^\varrho$, $\varrho > 0$, an, so kann man eine Modifikation der Kollokationsmethode aus Abschnitt 2 angeben, die eine etwas höhere Glattheit der Kollokationsfunktionen $\psi_j(t)$ liefert (vgl. [5] für den Fall $l_1 = 0$).

## Literatur


[1] Coddington, E. A., und N. Levinson, Theory of ordinary differential equations, New York, Toronto, London 1955.

[2] Natterer, F., Das Differenzenverfahren für singuläre Rand-Eigenwertaufgaben gewöhnlicher Differentialgleichungen, Numer. Math. **23** (1975), 387–409.

[3] Elschner, J., О разностном методе для вырождающихся обыкновенных дифференциальных уравнений, Дифференц. уравн. **15** (1979), 828–839.

[4] Prössdorf, S., und B. Silbermann, Projektionsverfahren und die näherungsweise Lösung singulärer Gleichungen, Leipzig 1977.

[5] Elschner, J., und B. Silbermann, Eine Klasse entarteter gewöhnlicher Differentialgleichungen und das Kollokationsverfahren zu ihrer Lösung, Czech. Math. J. (im Druck).

[6] De Hoog, F. R., und R. Weiss, Difference methods for boundary value problems with a singularity of the first kind, SIAM J. Numer. Anal. **13** (1976), 775–813.

[7] Natterer, F., A generalized spline method for singular boundary value problems of ordinary differential equations, Linear Alg. Appl. **7** (1973), 189–216.

[8] Prössdorf, S., Einige Klassen singulärer Gleichungen, Berlin 1974.

[9] Elschner, J., Über die normale Auflösbarkeit von entarteten gewöhnlichen Differentialoperatoren in Räumen differenzierbarer Funktionen, Math. Nachr. **81** (1978), 169–193.

[10] Natterer, F., Das Randwertproblem für eine Klasse singulärer gewöhnlicher Differentialausdrücke, Aeq. Math. **12** (1975), 207–228.

[11] Krasnoselski, M. A., u. a., Näherungsverfahren zur Lösung von Operatorgleichungen, Berlin 1973 (Übers. a. d. Russ.).


Manuskripteingang: 30. 11. 1977

VERFASSER:
Dr. Johannes Elschner, Zentralinstitut für Mathematik und Mechanik der Akademie der Wissenschaften der DDR, Berlin

Beiträge zur Numerischen Mathematik
8 (1980), 59–74

# Numerische Integration steifer Differentialgleichungssysteme mit Einschrittverfahren

EBERHARD GRIEPENTROG

Viele kontinuierliche Prozesse in Natur und Technik werden durch steife Differentialgleichungssysteme beschrieben. Diese Systeme haben die Eigenschaft, daß im ungestörten Fall ihre Lösungen aus Komponenten mit sehr unterschiedlichem Zeitverhalten zusammengebaut sind: Neben Komponenten mit gemäßigter Variabilität treten solche auf, die extrem schnell abklingen. Die letzteren bereiten bei der numerischen Integration erhebliche Schwierigkeiten, weil bei den meisten klassischen Verfahren die Schrittweite $h$ so klein gewählt werden muß, daß ihr Produkt mit der Ableitung der am schnellsten veränderlichen Komponente höchstens von der Größenordnung Eins sein darf. Wünschenswert sind deshalb Methoden, die es gestatten, die Schrittweite den gemäßigt veränderlichen Komponenten anzupassen.

DAHLQUIST [3, 4] hat 1959 diese Fragestellung für homogene lineare Differentialgleichungssysteme mit konstanten Koeffizienten $\frac{d\vec{x}}{dt} = A\vec{x}$ untersucht, die steif sind, wenn $A$ neben Eigenwerten der Größenordnung Eins solche mit sehr großen negativen Realteilen besitzt. Werden Einschrittverfahren auf diese Systeme angewandt, so ergeben sich die Näherungen $\vec{y}_j$ für die Lösungsvektoren $\vec{x}(jh)$ gemäß einer Iterationsvorschrift $\vec{y}_j = q(hA)\,\vec{y}_{j-1}$, in der $q(\zeta)$ eine das Integrationsverfahren charakterisierende rationale Funktion ist [6, 7]. Zur Lösung steifer Differentialgleichungssysteme sind dementsprechend solche Verfahren geeignet, bei denen $|q(\zeta)| < 1$ für $\operatorname{Re}\zeta < 0$ ist; diese Verfahren wurden von DAHLQUIST als $A$-stabil bezeichnet. Weit günstiger sind die von EHLE [5] $L$-stabil genannten Methoden, bei denen zusätzlich $\lim_{|\zeta|\to\infty} |q(\zeta)| = 0$ ist.

Die seitdem zahlreich entwickelten $A$- und $L$-stabilen Integrationsverfahren [2, 7, 8, 11] werden mit gutem Erfolg auch auf nichtlineare Differentialgleichungssysteme angewandt, ohne daß dafür bisher befriedigende theoretische Grundlagen vorliegen. Von STETTER [14] werden steife Differentialgleichungssysteme der Gestalt

$$\frac{d\vec{x}}{dt} = \vec{f}(t, \vec{x}, \vec{\xi}, \sigma),$$

$$\frac{d\vec{\xi}}{dt} = \frac{1}{\sigma}\,\vec{g}\,(t, \vec{x}, \vec{\xi}, \sigma)$$

betrachtet. Er schlägt vor, nach Verfahren zu suchen, für die der Anteil $\vec{y}_j$ der ermittelten Näherungslösung $(\vec{y}_j, \vec{\eta}_j)$ für $(\vec{x}(jh), \vec{\xi}(jh))$ gleichmäßig bezüglich $\sigma \in (0, \hat{\sigma}]$ für $h \to 0$ auf dem Integrationsintervall $[0, T]$ jeweils gegen $\vec{x}(jh)$ konvergiert. Derartige Verfahren werden von Stetter $R$-stabil genannt; in einem Kolloquiumsvortrag berichtete er Ende 1975, daß bis dahin nur für das Euler-rückwärts-Verfahren der Nachweis der $R$-Stabilität erbracht werden konnte, während bezüglich anderer Methoden nur einfache nichtlineare Testgleichungen untersucht worden sind.

In der vorliegenden Arbeit wird die Klasse der betrachteten steifen Differentialgleichungssysteme gegenüber dem Vorschlag von Stetter wesentlich eingeschränkt; doch können dafür recht allgemeine Aussagen hinsichtlich des Konvergenzverhaltens für Einschrittverfahren zur numerischen Integration gewonnen werden. Die Einschränkung bedeutet, daß die die Steifheit bewirkenden Störeffekte realer Systeme zeitunabhängig und linear in das Differentialgleichungssystem eingehen; diese Bedingung ist beispielsweise für elektrische Netzwerke allgemein erfüllt.

Den Konvergenzuntersuchungen muß ein geeignetes Diskretisierungskonzept zugrunde gelegt werden [12, 13, 16, 17]; hier wird das Konzept von Stetter [13] gewählt und zum Zweck der Gleichmäßigkeitsaussagen geringfügig modifiziert. Es wird nachgewiesen, daß alle $L$-stabilen Einschrittverfahren für die betrachtete Klasse steifer Differentialgleichungssysteme bei beliebigem $\hat{\sigma} > 0$ auf $(0, \hat{\sigma}]$ gleichmäßig konvergent sind. Die Beweise können teilweise nur sehr komprimiert dargelegt werden; in [19] sind sie bis ins Detail ausgeführt.

## § 1. Steife Differentialgleichungssysteme

Seien $\vec{f} = \vec{f}(t, \vec{x}, \vec{\xi}, \sigma)$ und $\vec{g} = \vec{g}(t, \vec{x}, \vec{\xi}, \sigma)$ auf $[0, T] \times \mathbb{C}^m \times \mathbb{C}^l \times (0, \infty)$ beschränkt und nach allen Variablen stetig partiell differenzierbar; die partiellen Ableitungen seien sämtlich ebenfalls beschränkt. $A$ sei eine $(l, l)$-Matrix, deren Spektrum $\Lambda(A)$ in der negativen Halbebene $\mathbb{C}^- = \{\zeta : \operatorname{Re} \zeta < 0\}$ liege. Dann werden Anfangswertprobleme der Gestalt

$$\begin{aligned} \frac{d\vec{x}}{dt} &= \vec{f}(t, \vec{x}, \vec{\xi}, \sigma), \qquad \vec{x}(0) = \vec{x}_0, \\ \frac{d\vec{\xi}}{dt} &= \vec{g}(t, \vec{x}, \vec{\xi}, \sigma) + \frac{1}{\sigma} A\vec{\xi}, \qquad \vec{\xi}(0) = \vec{\xi}_0, \end{aligned} \tag{1}$$

betrachtet, bei denen $\sigma$ ein sehr kleiner Parameter sei. Solche Anfangswertprobleme werden als steif bezeichnet, da die Lösungen bestimmte Eigenschaften haben, die im folgenden erörtert werden; dazu wird in $\mathbb{C}^m$ und $\mathbb{C}^l$ die Maximumnorm eingeführt, d. h., für $\vec{x} \in \mathbb{C}^m$, $\vec{\xi} \in \mathbb{C}^l$ sei $\|\vec{x}\| = \max |x_i|$ und $\|\vec{\xi}\| = \max |\xi_i|$.

Die zugehörige Matrixnorm ist dann durch die maximale Zeilenbetragssumme gegeben; ist also für $i, r = 1, \ldots, m$, $j, s = 1, \ldots, l$

$$\begin{aligned} &|f_i| \leqq \gamma, \quad |\partial f_i/\partial t| \leqq \gamma_t, \quad |\partial f_i/\partial x_r| \leqq \gamma_x, \quad |\partial f_i/\partial \xi_s| \leqq \gamma_\xi, \\ &|g_j| \leqq \bar{\gamma}, \quad |\partial g_j/\partial t| \leqq \bar{\gamma}_t, \quad |\partial g_j/\partial x_r| \leqq \bar{\gamma}_x, \quad |\partial g_j/\partial \xi_s| \leqq \bar{\gamma}_\xi, \end{aligned}$$

so ist

$$\|\vec{f}\| \leqq \gamma, \quad \|\partial\vec{f}/\partial t\| \leqq \gamma_t, \quad \|D_x\vec{f}\| \leqq m\gamma_x, \quad \|D_\xi\vec{f}\| \leqq l\gamma_\xi,$$
$$\|\vec{g}\| \leqq \bar{\gamma}, \quad \|\partial\vec{g}/\partial t\| \leqq \bar{\gamma}_t, \quad \|D_x\vec{g}\| \leqq m\bar{\gamma}_x, \quad \|D_\xi\vec{g}\| \leqq l\bar{\gamma}_\xi,$$

wobei $D_x\vec{f}$, $D_\xi\vec{f}$, $D_x\vec{g}$, $D_\xi\vec{g}$ die Funktionalmatrizen von $\vec{f}$ und $\vec{g}$ bezüglich $\vec{x}$ und $\vec{\xi}$ bezeichnen.

Satz 1.1. *Sei* $\alpha = \max\{\operatorname{Re}\lambda : \lambda \in \Lambda(A)\} < 0$; *dann gibt es eine Konstante* $\hat{K}$ *derart, daß* $\|\exp(\tau A)\| \leqq \hat{K}\exp\left(\frac{\alpha}{2}\tau\right)$ *ist.*

Beweis. Sei $\mathfrak{C}$ eine geschlossene doppelpunktfreie Kurve in $\left\{z : \operatorname{Re} z \leqq \frac{\alpha}{2}\right\}$, die das Spektrum von $A$ positiv umläuft. Dann ist [1]

$$\|\exp(\tau A)\| \leqq \left\| \frac{1}{2\pi i} \oint_{\mathfrak{C}} \exp(\tau z)\,(zI - A)^{-1}\,dz \right\|$$
$$\leqq (2\pi)^{-1} \oint_{\mathfrak{C}} \|(zI - A)^{-1}\|\,|dz| \max_{z\in\mathfrak{C}} \exp(\tau z) \leqq \hat{K}\exp\left(\frac{\alpha}{2}\tau\right).$$

Satz 1.2. *Es gibt Konstanten* $\bar{K}_0$, $\bar{K}_1$, $K_0$, $K_1$, $K_2$ *derart, daß in* $[0, T]$ *die Lösung* $\vec{x}(t)$, $\vec{\xi}(t) = \exp\left(\frac{t}{\sigma}A\right)\vec{\xi}_0 + \vec{\xi}^*(t)$ *von* (1) *den Ungleichungen* $\|\vec{\xi}^*(t)\| \leqq \bar{K}_0\sigma$,

$$\|\vec{\xi}(t)\| \leqq \bar{K}_0\left[\exp\left(\frac{\alpha t}{2\sigma}\right) + \sigma\right], \quad \left\|\frac{d\vec{\xi}}{dt}\right\| \leqq \bar{K}_1\left[\frac{1}{\sigma}\exp\left(\frac{\alpha t}{2\sigma}\right) + 1\right],$$
$$\|\vec{x}(t)\| \leqq K_0, \quad \left\|\frac{d\vec{x}}{dt}\right\| \leqq K_1, \quad \left\|\frac{d^2x}{dt^2}\right\| \leqq K_2\left[\frac{1}{\sigma}\exp\left(\frac{\alpha t}{2\sigma}\right) + 1\right]$$

*genügt.*

Beweis. Aus Satz 1.1. folgt mit $\bar{K}_0 = \max\left(2\bar{\gamma}\hat{K}(-\alpha)^{-1}, \hat{K}\right)$

$$\|\vec{\xi}^*(t)\| = \left\| \int_0^t \exp\left(\frac{t-\tau}{\sigma}A\right)\vec{g}\left(\tau, \vec{x}(\tau), \vec{\xi}(\tau), \sigma\right)d\tau \right\|$$
$$\leqq \bar{\gamma}\hat{K}\int_0^t \exp\left(\frac{t-\tau}{2\sigma}\alpha\right)d\tau \leqq \bar{K}_0\sigma$$

und

$$\|\vec{\xi}(t)\| \leqq \bar{K}_0\left[\exp\left(\frac{\alpha t}{2\sigma}\right) + \sigma\right].$$

Einsetzung von $\vec{\xi}(t)$ in die zweite Vektordifferentialgleichung ergibt die Abschätzung für $\frac{d\vec{\xi}}{dt}$ und aus

$$\left\|\frac{d^2x}{dt^2}\right\| = \left\|D_t\vec{f} + D_x\vec{f}\,\frac{d\vec{x}}{dt} + D_\xi\vec{f}\,\frac{d\vec{\xi}}{dt}\right\| \leqq \gamma_t + m\gamma_x\gamma + l\gamma_\xi\left\|\frac{d\vec{\xi}}{dt}\right\|$$

folgt die letzte Teilbehauptung.

Aus dem bewiesenen Satz ergibt sich unmittelbar, daß der Lösungsanteil $\vec{\xi}(t)$ im halboffenen Intervall $(0, T]$ für $\sigma \to 0$ verschwindend gering wird, während seine Ableitung sehr groß werden kann. Auf Grund der Kleinheit von $\vec{\xi}(t)$ ist für die numerische Integration des Anfangswertproblems nur der Anteil $\vec{x}(t)$ von Interesse. Es liegt nun nahe, nach solchen numerischen Verfahren zu suchen, bei denen $h$ nicht durch die stark variierenden Lösungskomponenten aus $\vec{\xi}(t)$ determiniert wird, sondern nur durch $A$ und die Funktionen $f$ und $g$. Die Konvergenzgeschwindigkeit der Näherungen gegen den Lösungsanteil $\vec{x}(t)$ für $h \to 0$ soll also von $\sigma$ unabhängig sein.

Zur Anwendung des im nächsten Abschnitt erörterten Diskretisierungskonzepts ist es günstig, das Anfangswertproblem auf die Anfangsvektoren $\vec{0}$ zu transformieren, indem $\vec{z}(t) = \vec{x}(t) - \vec{x}_0$, $\vec{\zeta}(t) = \vec{\xi}(t) - \vec{\xi}_0$ gesetzt wird. Im Anfangswertproblem

$$\frac{d\vec{z}}{dt} = \vec{f}(t, \vec{x}_0 + \vec{z}, \vec{\xi}_0 + \vec{\zeta}, \sigma) = \vec{f}^*(t, \vec{z}, \vec{\zeta}, \sigma), \quad \vec{z}(0) = \vec{0},$$

$$\frac{d\vec{\zeta}}{dt} = \vec{g}\,(t, \vec{x}_0 + \vec{z}, \vec{\xi} + \vec{\zeta}, \sigma) + \frac{1}{\sigma} A(\vec{\zeta} + \vec{\xi}_0)$$

$$= \vec{g}^*(t, \vec{z}, \vec{\zeta}, \sigma) + \frac{1}{\sigma} A(\vec{\zeta} + \vec{\xi}_0), \quad \vec{\zeta}(0) = \vec{0},$$

erfüllen die Funktionen $\vec{f}^*$ und $\vec{g}^*$ dieselben Bedingungen wie $\vec{f}$ und $\vec{g}$, d. h., anstelle des ursprünglichen Anfangswertproblems (1) kann allgemein das System

$$\begin{aligned} \frac{d\vec{x}}{dt} &= \vec{f}(t, \vec{x}, \vec{\xi}, \sigma), \quad \vec{x}(0) = \vec{0}, \\ \frac{d\vec{\xi}}{dt} &= \frac{1}{\sigma} A(\vec{\xi} + \vec{\xi}_0) + \vec{g}(t, \vec{x}, \vec{\xi}, \sigma), \quad \vec{\xi}(0) = \vec{0}, \end{aligned} \tag{2}$$

betrachtet werden. In Satz 1.2 ist dann $\vec{\xi}(t) = \left[\exp\left(\frac{t}{\sigma} A\right) - I\right] \vec{\xi}_0 + \vec{\xi}^*(t)$ zu setzen und genügt der Ungleichung $\|\vec{\xi}(t) + \vec{\xi}_0\| \leq \overline{K}_0 \left[\exp\left(\frac{\alpha t}{2\sigma}\right) + \sigma\right]$.

## § 2. Allgemeines Diskretisierungskonzept

Den Konvergenzuntersuchungen für die numerischen Integrationsverfahren wird das Diskretisierungskonzept von Stetter in etwas modifizierter Form zugrunde gelegt.

Gegeben sei eine Familie $\{\mathfrak{P}^\sigma\}_{\sigma \in \Sigma}$ von Originalproblemen $\mathfrak{P}^\sigma = \{E^\sigma, \hat{E}^\sigma, F^\sigma\}$, die darin bestehen, jeweils die als existent und eindeutig vorausgesetzte Lösung $z^\sigma$ der Operatorgleichung $F^\sigma(x) = \hat{0}^\sigma$ zu bestimmen.

$E^\sigma$ und $\hat{E}^\sigma$ sind dabei normierte Räume, und $F^\sigma$ ist eine Abbildung mit dem Definitionsbereich $\mathscr{D}(F^\sigma) \subseteq E^\sigma$ und dem Bildbereich $\mathscr{R}(F^\sigma) \subseteq \hat{E}^\sigma$, der das Nullelement $\hat{0}^\sigma$ von $\hat{E}^\sigma$ enthalten soll. Die Diskretisierungsfamilie $\vartheta = \{\vartheta^\sigma\}_{\sigma \in \Sigma}$ ist für jedes $\sigma \in \Sigma$ durch eine Folge $\{\vartheta_n{}^\sigma\}_{n=1}^\infty$ von Pentupeln $\vartheta_n{}^\sigma = \{E_n{}^\sigma, \hat{E}_n{}^\sigma, \Delta_n{}^\sigma, \hat{\Delta}_n{}^\sigma, F_n{}^\sigma\}$ definiert. Hierin sind $E_n^\sigma$, $\hat{E}_n^\sigma$ normierte Räume gleicher endlicher Dimension, $\Delta_n^\sigma: E^\sigma \to E_n^\sigma$, $\hat{\Delta}_n^\sigma: \hat{E}^\sigma \to \hat{E}_n^\sigma$ lineare normverträgliche Diskretisierungsoperatoren und $F_n^\sigma$ Abbildungen aus $E_n^\sigma$ in $\hat{E}_n^\sigma$, deren Definitionsbereich jeweils die Menge der $\Delta_n^\sigma x$ mit $x \in \mathcal{D}(F^\sigma)$ umfaßt. Die Normverträglichkeitsbedingungen lauten $\lim_{n\to\infty} \|\Delta_n^\sigma x\|_{E_n^\sigma} = \|x\|_{E^\sigma}$ bzw. $\lim_{n\to\infty} \|\hat{\Delta}_n^\sigma x\|_{\hat{E}_n^\sigma} = \|x\|_{\hat{E}^\sigma}$; sie garantieren die Eindeutigkeit der Grenzelemente diskret konvergenter Folgen. Eine Folge $\{x_n\}_{n=1}^\infty$ $(x_n \in E_n^\sigma)$ bzw. $\{\hat{x}_n\}_{n=1}^\infty$ $(\hat{x}_n \in \hat{E}_n^\sigma)$ heißt diskret konvergent gegen $x \in E^\sigma$ bzw. $\hat{x} \in \hat{E}^\sigma$, wenn $\lim_{n\to\infty} \|x_n - \Delta_n^\sigma x\|_{E_n^\sigma} = 0$ bzw. $\lim_{n\to\infty} \|x_n - \hat{\Delta}_n^\sigma \hat{x}\|_{\hat{E}_n^\sigma} = 0$ ist.

Die Diskretisierungsfamilie $\vartheta$ heißt gleichmäßig konsistent in der Lösungsschar $\{z^\sigma\}_{\sigma\in\Sigma}$, wenn es zu jedem $\varepsilon > 0$ ein $n_\varepsilon \in \mathbb{N}$ derart gibt, daß für alle $n \geqq n_\varepsilon$ und alle $\sigma \in \Sigma$ $\|F_n^\sigma(\Delta_n^\sigma z^\sigma)\|_{\hat{E}_n^\sigma} \leqq \varepsilon$ ist. $\vartheta$ heißt gleichmäßig realisierbar, wenn ein $n_r \in \mathbb{N}$ so existiert, daß für alle $n \geqq n_r$ und alle $\sigma \in \Sigma$ die Gleichung $F_n^\sigma(x) = \hat{0}_n^\sigma$ eindeutig lösbar ist; die Lösungen seien mit $z_n^\sigma$ bezeichnet.

Ist $\vartheta$ gleichmäßig realisierbar, so heißt $\vartheta$ gleichmäßig konvergent, wenn es zu jedem $\varepsilon > 0$ ein $n_\varepsilon \geqq n_r$ derart gibt, daß für alle $n \geqq n_\varepsilon$ und alle $\sigma \in \Sigma$ $\|z_n^\sigma - \Delta_n^\sigma z^\sigma\|_{E_n^\sigma} \leqq \varepsilon$ ist, d. h., wenn die Folgen $\{z_n^\sigma\}_{n=1}^\infty$ gleichmäßig bezüglich $\sigma \in \Sigma$ diskret gegen die $z^\sigma$ konvergieren. Die gleichmäßige Konvergenz ist das angestrebte Ziel der Diskretisierung; sie erlaubt es, die Lösung $z^\sigma$ jeweils durch eine Folge von Lösungen $z_n^\sigma$ endlichdimensionaler Probleme anzunähern, für die eine nicht von $\sigma$ abhängige Mindestapproximationsgeschwindigkeit gesichert ist. Zum Nachweis der Konvergenz wird noch der Begriff der Stabilität benötigt. $\vartheta$ heißt gleichmäßig stabil, wenn es ein $n_s \in \mathbb{N}$ und ein $S > 0$ derart gibt, daß für alle $n \geqq n_s$, $\sigma \in \Sigma$ und alle $y^{(1)}, y^{(2)} \in E_n^\sigma$ $\|y^{(1)} - y^{(2)}\|_{E_n^\sigma} \leqq S \|F_n^\sigma(y^{(1)}) - F_n^\sigma(y^{(2)})\|_{\hat{E}_n^\sigma}$ gilt.

Als grundlegende Aussage ergibt sich nun wegen

$$\|z_n^\sigma - \Delta_n^\sigma z^\sigma\|_{E_n^\sigma} \leqq S \|F_n^\sigma(z_n^\sigma) - F_n^\sigma(\Delta_n^\sigma z^\sigma)\|_{\hat{E}_n^\sigma} = S \|F_n^\sigma(\Delta_n^\sigma z^\sigma)\|_{\hat{E}_n^\sigma}$$

der

Satz 2.1. *Ist $\vartheta$ gleichmäßig konsistent in der Lösungsschar, gleichmäßig realisierbar und gleichmäßig stabil, so ist $\vartheta$ gleichmäßig konvergent.*

## § 3. Einschrittverfahren

Unter den Voraussetzungen an die Funktionen $f$ und $g$, die im ersten Abschnitt formuliert worden sind, ist ein Einschrittverfahren zur Lösung des Anfangswertproblems (1.1) durch die Gleichungen

$$\begin{aligned} &\frac{1}{h}\{\vec{y}_j - \vec{y}_{j-1}\} = \vec{\varphi}_j(\vec{y}_j, \vec{y}_{j-1}, \vec{\eta}_j, \vec{\eta}_{j-1}, \sigma), \qquad \vec{y}_0 = \vec{x}_0, \\ &\frac{1}{h}\left\{p_1\left(\frac{h}{\sigma}A\right)\vec{\eta}_j + p_0\left(\frac{h}{\sigma}A\right)\vec{\eta}_{j-1}\right\} = \vec{\psi}_j(\vec{y}_j, \vec{y}_{j-1}, \vec{\eta}_j, \vec{\eta}_{j-1}, \sigma), \quad \vec{\eta}_0 = \vec{\xi}_0, \end{aligned} \tag{1}$$

definiert [7, 9, 15, 18], wobei die Funktionen $\vec{\varphi}_j(\vec{y}^{(1)}, \vec{y}^{(0)}, \vec{\eta}^{(1)}, \vec{\eta}^{(0)}, \sigma)$, $\vec{\varphi}_j(\vec{y}^{(1)}, \vec{y}^{(0)}, \vec{\eta}^{(1)}, \vec{\eta}^{(0)}, \sigma)$ auf $\mathbb{C}^m \times \mathbb{C}^m \times \mathbb{C}^l \times \mathbb{C}^l \times (0, \infty)$ nach allen Variablen stetig partiell differenzierbar sein und die Ungleichungen

$$|(\vec{\varphi}_j)_i| \leqq \Gamma, \quad |\partial(\vec{\varphi}_j)_i/\partial y_k^{(r)}| \leqq \Gamma_y, \quad |\partial(\vec{\varphi}_j)_i/\partial \eta_k^{(r)}| \leqq \Gamma_\eta,$$

$$|(\vec{\psi}_j)_i| \leqq \bar{\Gamma}, \quad |\partial(\vec{\psi}_j)_i/\partial y_k^{(r)}| \leqq \bar{\Gamma}_y, \quad |\partial(\vec{\psi}_j)_i/\partial \eta_k^{(r)}| \leqq \bar{\Gamma}_\eta$$

erfüllen sollen ($r = 0, 1$). Aus diesen Ungleichungen ergibt sich wie in § 1

$$\|\vec{\varphi}_j\| \leqq \Gamma, \quad \|D_y{}^{(r)}\vec{\varphi}_j\| \leqq m\Gamma_y, \quad \|D_\eta{}^{(r)}\vec{\varphi}_j\| \leqq l\Gamma_\eta,$$

$$\|\vec{\psi}_j\| \leqq \Gamma, \quad \|D_y{}^{(r)}\vec{\psi}_j\| \leqq m\bar{\Gamma}_y, \quad \|D_\eta{}^{(r)}\vec{\psi}_j\| \leqq l\bar{\Gamma}_\eta.$$

Die Gleichungen (1) dienen als Iterationsvorschrift zur Bestimmung der Näherungsvektoren $\vec{y}_j$ für $\vec{x}(jh)$ und $\vec{\eta}_j$ für $\vec{\xi}(jh)$ ($h$ = Integrationsschrittweite). Die Polynome $p_1(\zeta) = 1 + \sum_{l=1}^{n_1} a_1{}^{(l)}\zeta^l$ und $p_0(\zeta) = -1 + \sum_{l=1}^{n_0} a_0{}^{(l)}\zeta^l$ erhält man, indem man das Einschrittverfahren mit der Schrittweite $h = 1$ auf die Differentialgleichung $\frac{dx}{dt} = \zeta x$ anwendet, aus der entstehenden Iterationsvorschrift $p_1(\zeta)\, y_j + p_0(\zeta)\, y_{j-1} = 0$. Es seien $n_1$ und $n_0$ die genauen Polynomgrade, d. h., es sei $a_1{}^{(n_1)} \neq 0$ und $a_0{}^{(n_0)} \neq 0$, und die Polynome $p_1(\zeta)$ und $p_0(\zeta)$ seien teilerfremd. Weiter sei $a_1{}^{(1)} + a_0{}^{(1)} = -1$, so daß die rationale Funktion $q(\zeta) = -p_0(\zeta)/p_1(\zeta)$ die Bedingung $q(0) = q'(0) = 1$ erfüllt.

Die Vektorfunktionspaare $(\vec{\varphi}_j, \vec{\psi}_j)$ werden durch das Paar $(\vec{f}, \vec{g})$ definiert. Diese Tatsache rechtfertigt neben den obigen Beschränktheitsvoraussetzungen zwei weitere Anforderungen an das numerische Integrationsverfahren: Erstens soll es linear sein, d. h., aus $\vec{f} = \alpha_1\vec{f}^{(1)} + \alpha_2\vec{f}^{(2)}$, $\vec{g} = \alpha_1\vec{g}^{(1)} + \alpha_2\vec{g}^{(2)}$ soll $\vec{\varphi}_j = \alpha_1\vec{\varphi}_j{}^{(1)} + \alpha_2\vec{\varphi}_j{}^{(2)}$, $\vec{\psi}_1 = \alpha_1\vec{\psi}_j{}^{(1)} + \alpha_2\vec{\psi}_j{}^{(2)}$ folgen, zweitens sollen für jedes konstante Vektorpaar $(\vec{z}, \vec{\zeta})$ dem Paar

$$\big(\vec{f}^*(t, \vec{x}, \vec{\xi}, \sigma),\ \vec{g}^*(t, \vec{x}, \vec{\xi}, \sigma)\big) = \big(\vec{f}(t, \vec{x} + \vec{z}, \vec{\xi} + \vec{\zeta}, \sigma), \vec{g}(t, \vec{x} + \vec{z}, \vec{\xi} + \vec{\zeta}, \sigma)\big)$$

die Paare

$$\big(\vec{\varphi}_j{}^*(\vec{y}^{(1)}, \vec{y}^{(0)}, \vec{\eta}^{(1)}, \vec{\eta}^{(0)}, \sigma), \vec{\psi}_j{}^*(\vec{y}^{(1)}, \vec{y}^{(0)}, \vec{\eta}^{(1)}, \vec{\eta}^{(0)}, \sigma)\big) =$$
$$\big(\vec{\varphi}_j(\vec{y}^{(1)} + \vec{z}, \vec{y}^{(0)} + \vec{z}, \vec{\eta}^{(1)} + \vec{\zeta}, \vec{\eta}^{(0)} + \vec{\zeta}, \sigma), \vec{\psi}_j(\vec{y}^{(1)} + \vec{z}, \vec{y}^{(0)} + \vec{z}, \vec{\eta}^{(1)} + \vec{\zeta}, \vec{\eta}^{(0)} + \vec{\zeta}, \sigma)\big)$$

entsprechen. Aus diesen Bedingungen folgt unter anderem, daß man dasselbe Resultat erhält, wenn man anstelle des Anfangswertproblems (1.1) mit den Näherungsgleichungen (1) eine Aufgabe der Gestalt (1.2) mit dem Einschrittverfahren

$$\frac{1}{h}\{\vec{y}_j - \vec{y}_{j-1}\} = \vec{\varphi}_j(\vec{y}_j, \vec{y}_{j-1}, \vec{\eta}_j, \vec{\eta}_{j-1}, \sigma), \qquad \vec{y}_0 = \vec{0},$$

$$\frac{1}{h}\left\{p_1\left(\frac{h}{\sigma}A\right)(\vec{\eta}_j + \vec{\xi}_0) + p_0\left(\frac{h}{\sigma}A\right)(\vec{\eta}_{j-1} + \vec{\xi}_0)\right\} \tag{2}$$
$$= \vec{\psi}_j(\vec{y}_j, \vec{y}_{j-1}, \vec{\eta}_j, \vec{\eta}_{j-1}, \sigma), \quad \vec{\eta}_0 = \vec{0},$$

numerisch integriert und dann die Näherungslösung für (1.1) als $\vec{y}_j + \vec{x}_0$, $\vec{\eta}_j + \vec{\xi}_0$ ermittelt. Es ist also keine Beschränkung der Allgemeinheit, wenn den folgenden Untersuchungen das Anfangswertproblem (1.2) und die dazugehörigen Diskretisierungsgleichungen (2) zugrunde gelegt werden.

Sei $C_m = C_m([0, T]) = \{x : x = \vec{x}(t) : [0, T] \to \mathbb{C}^m, \vec{x}(t) \text{ stetig}\}$,

$C_m^1 = \left\{x : x(t), \frac{d\vec{x}}{dt} \in C_m\right\}, \mathring{C}_m^1 = \{x : x \in C_m^1, \vec{x}(0) = \vec{0}\}$,

$\Gamma_m^n = \{\mathbb{C}^m\}^n = \{y : y = \{\vec{y}_j\}_{j=1}^n, \vec{y}_j \in \mathbb{C}^m\}$, und für ein beliebiges $\hat{\sigma} > 0$ sei $\Sigma = (0, \hat{\sigma}] = \{\sigma : 0 < \sigma \leqq \hat{\sigma}\}$. Dann wird $E^\sigma = E = \mathring{C}_m^1$ mit $\|x\|_E = \max_{t \in [0,T]} \|\vec{x}(t)\|$,

$\hat{E}^\sigma = \hat{E} = C_m$ mit $\|x\|_{\hat{E}} = \frac{1}{T} \int_0^T \|\vec{x}(t)\| \, dt$, $E_n^\sigma = E_n = \Gamma_m^n$ mit $\|y\|_{E_n} = \max_{1 \leqq j \leqq n} \|\vec{y}_j\|$

und $\hat{E}_n^\sigma = \hat{E}_n = \Gamma_m^n$ mit $\|y\|_{\hat{E}_n} = \frac{1}{n} \sum_{j=1}^n \|\vec{y}_j\|$ gesetzt, wobei, wie in § 1 vereinbart, als Vektornorm die Maximumnorm fungiert. Für $x \in C_m$ wird

$$\Delta_n^\sigma x = \hat{\Delta}_n^\sigma x = \Delta_n x = \hat{\Delta}_n x = \left\{\vec{x}\left(j \frac{T}{n}\right)\right\}_{j=1}^n \in \Gamma_m^n$$

definiert; Linearität und Normverträglichkeit der Diskretisierungsoperatoren sind dann unmittelbar gesichert. Die durch das numerische Integrationsverfahren bewirkte Diskretisierung ist also gleichmäßig konvergent, wenn zu jedem $\varepsilon > 0$ ein $n_\varepsilon$ so existiert, daß für alle $n \geqq n_\varepsilon$ und alle $\sigma \in (0, \hat{\sigma}]$ $\max\left\{\left\|\vec{y}_j - \vec{x}\left(j \frac{T}{n}\right)\right\| : 1 \leqq j \leqq n\right\} \leqq \varepsilon$ ist.

Sei $F^\sigma(x) = \frac{d\vec{x}}{dt} - \vec{f}\left(t, \vec{x}(t), \vec{\xi}(t), \sigma\right)$, wobei $\vec{\xi}(t)$ das Anfangswertproblem

$$\frac{d\vec{\xi}}{dt} = \frac{1}{\sigma} A(\vec{\xi} + \vec{\xi}_0) + \vec{g}\left(t, \vec{x}(t), \vec{\xi}, \sigma\right), \qquad \vec{\xi}(0) = \vec{0} \tag{3}$$

löst. Der Definitionsbereich von $F^\sigma$ ist ganz $E$, da unter den Voraussetzungen aus § 1 an $f$ und $g$ für jede Funktion $x = \vec{x}(t) \in E$ das Anfangswertproblem (3) für $\vec{\xi}(t)$ auf $[0, T]$ eindeutig lösbar, also $\vec{f}\left(t, \vec{x}(t), \vec{\xi}(t), \sigma\right)$ wohldefiniert ist. Außerdem ist gesichert, daß die Lösung $z = \vec{z}(t)$ von $F^\sigma(x) = \theta_E$ das Anfangswertproblem (1.2) löst und zweimal stetig differenzierbar ist.

Satz 3.1. *Liegen alle Nullstellen von $p_1(\zeta)$ in der positiven Halbebene, so gibt es ein $n_0$ derart, daß für alle $n \geqq n_0$, $\sigma \in (0, \hat{\sigma}]$, $y = \{\vec{y}_j\}_{j=1}^n \in E_n$ das Gleichungssystem*

$$\vec{\eta}_0 = \vec{0}, \quad \vec{\eta}_j + \vec{\xi}_0 = q\left(\frac{h}{\sigma} A\right)(\vec{\eta}_{j-1} + \vec{\xi}_0) + h\left[p_1\left(\frac{h}{\sigma} A\right)\right]^{-1} \vec{\psi}_j(\vec{y}_j, \vec{y}_{j-1}, \vec{\eta}_j, \vec{\eta}_{j-1}, \sigma) \tag{4}$$

*eindeutig nach den $\vec{\eta}_j$ $(j = 1, \ldots, n)$ auflösbar ist.*

Beweis. Nach Satz 4.1, der im nächsten Abschnitt bewiesen wird, gibt es eine Konstante $\beta$ so, daß für alle positiven $\xi$ gilt $\|[p_1(\xi A)]^{-1}\| \leqq \beta$. Dann ist jedoch für alle $n \geqq n_0 \geqq 2\beta l T \Gamma_\eta$ der Operator

$$\vec{\varphi}(\vec{\eta}) = -\vec{\xi}_0 + q\left(\frac{h}{\sigma} A\right)(\vec{\eta}_{j-1} + \vec{\xi}_0) + h\left[p_1\left(\frac{h}{\sigma} A\right)\right]^{-1} \vec{\psi}_j(\vec{y}_j, \vec{y}_{j-1}, \vec{\eta}, \vec{\eta}_{j-1}, \sigma)$$

strikt kontraktiv, so daß das Gleichungssystem (4) eindeutig auflösbar ist.

Die zu $F^\sigma$ gehörigen Näherungsoperatoren werden nun folgendermaßen festgelegt: $F_n{}^\sigma(y) = u = \{\vec{u}_j\}_{j=1}^n \in E_n$ mit

$$u_j = \frac{1}{h}(\vec{y}_j - \vec{y}_{j-1}) - \vec{\varphi}_j(\vec{y}_j, \vec{y}_{j-1}, \vec{\eta}_j, \vec{\eta}_{j-1}, \sigma),$$

wobei die $\vec{\eta}_j$ für $n < n_0$ gleich $\vec{0}$ gesetzt werden und für $n \geqq n_0$ das Gleichungssystem (4) erfüllen. Damit ist gesichert, daß für alle $n \in \mathbb{N}$ $\mathscr{D}(F_n{}^\sigma) = E_n$ ist. Die Gleichung $F_n{}^\sigma(y) = 0_{E_n}$ ist dem System (2) äquivalent.

Das durch die Gleichungen (2) gegebene numerische Integrationsverfahren (NIV) definiert also eine Diskretisierungsfamilie $\vartheta = \vartheta$ (NIV), auf die das allgemeine Konzept angewendet werden soll, d. h. für die die gleichmäßige Konsistenz in der Lösungsschar, die gleichmäßige Realisierbarkeit und die gleichmäßige Stabilität nachzuweisen sind. In den folgenden Paragraphen werden diese Attribute in abkürzender Sprechweise immer den NIV direkt zugeordnet. Zunächst werden jedoch einige Hilfssätze bereitgestellt, die für Abschätzungen in den Konsistenz-, Realisierbarkeits- und Stabilitätsbeweisen benötigt werden.

## § 4. Hilfssätze

Sei $\mathbb{B}$ die Menge aller komplexen Funktionen mit $f(\bar{\zeta}) = \overline{f(\zeta)}$, die auf $\overline{\mathbb{C}^-} = \{\zeta\colon \operatorname{Re}\zeta \leqq 0\}$ holomorph und beschränkt sind; ferner sei

$$\mathbb{B}_1 = \{f\colon (1-\zeta)\, f(\zeta) \in \mathbb{B},\ f(0) = f'(0) = 1,\ |f(\zeta)| < 1 \text{ für } \zeta \in \mathbb{C}^-\}.$$

Satz 4.1. *Ist $f \in \mathbb{B}$ und $\Lambda(A) \subseteqq \mathbb{C}^-$, so ist*

$$\sup\{\|f(\xi A)\|\colon 0 < \xi < \infty\} < \infty.$$

*Ist zusätzlich $|f(\zeta)| < 1$ für $\zeta \in \mathbb{C}^-$, so ist*

$$\sup\{\|[f(\xi A)]^j\|\colon j \in \mathbb{N},\ 0 < \xi < \infty\} < \infty.$$

Beweis. Sei $\mathfrak{C}$ eine geschlossene rektifizierbare doppelpunktfreie Kurve in $\mathbb{C}^-$, die das Spektrum $\Lambda(A)$ in mathematisch positivem Sinn umläuft. Dann ist $\|(zI - A)^{-1}\|$ auf $\mathfrak{C}$ stetig, d. h. $\oint_{\mathfrak{C}} \|(zI - A)^{-1}\|\,|dz| = k_1 < \infty$. Aus $[f(\xi A)]^j = \frac{1}{2\pi i}\oint_{\mathfrak{C}} [f(\xi z)]^j (zI - A)^{-1}\, dz$ (siehe [1, 10]) folgt dann für $|f(\zeta)| \leqq k_2$ gemäß $\|f(\xi A)\| \leqq \frac{1}{2\pi} k_1 k_2$ und $\|[f(\xi A)]^j\| \leqq \frac{1}{2\pi} k_1$ die Behauptung.

Satz 4.2. *Ist* $f \in \mathbf{B}_1$ *und* $\Lambda(A) \subseteqq \mathbb{C}^-$, *so ist*

$$\sup\left\{\xi \sum_{r=1}^{j} \|[f(\xi A)]^r\| : j \in \mathbf{N}, 0 \leqq \xi < \infty\right\} < \infty,$$

$$\sup\left\{\sum_{r=0}^{j} \|[f(\xi A)]^r - [\exp(\xi A)]^r\| : j \in \mathbf{N}, 0 \leqq \xi < \infty\right\} < \infty.$$

Beweis. Wie eben gilt, wobei sich das Maximum jeweils auf $z \in \mathfrak{C}$ bezieht,

$$\xi \sum_{r=1}^{j} \|[f(\xi A)]^r\| \leqq \frac{1}{2\pi} k_1 \max\left\{\xi \sum_{r=1}^{j} |f(\xi z)|^r\right\} \leqq \frac{1}{2\pi} k_1 \max \frac{|f(\xi z)|\, \xi}{1 - |f(\xi z)|}$$

$$\leqq \frac{1}{2\pi} k_1 \max \frac{\xi\, |f(\xi z)|}{1 - |f(\xi z)|^2} = \frac{1}{2\pi} k_1 \max\left\{\xi \left[-\int_0^{\xi} \operatorname{Re}\left(z f'(\tau z)\, f(\tau \bar{z})\right) d\tau\right]^{-1}\right\}$$

und

$$\sum_{r=0}^{j} \|[f(\xi A)]^r - [\exp(\xi A)]^r\| \leqq \frac{1}{2\pi} k_1 \sum_{r=0}^{j} \max |[f(\xi z)]^r - [\exp(\xi z)]^r|$$

$$\leqq \frac{1}{2\pi} k_1 \max\left\{|f(\xi z) - \exp(\xi z)| \sum_{r=1}^{j} r[\varphi(\xi z)]^{r-1}\right\}$$

$$\leqq \frac{1}{2\pi} k_1 \max |z^2 \chi(\xi z)| \max \left[\frac{\xi}{1 - \varphi(\xi z)}\right]^2$$

mit $\chi(\zeta) = \zeta^{-2}\{f(\zeta) - \exp(\zeta)\}$ und $\varphi(\zeta) = \frac{1}{4}\{2 + |f(\zeta)| + |\exp(\zeta)|\}$. Beide Ausdrücke sind für $0 < \xi < \infty$ stetig; mit einfachen funktionentheoretischen Mitteln beweist man auch ihre Beschränktheit für $\xi \to 0$ und $\xi \to \infty$.

Satz 4.3. *Sei* $\tau$ *positiv reell und* $J = L + U$ *Jordansche Normalform von* $A$, *d. h.* $J = S^{-1}AS$ ($L$ = Diagonalmatrix der Eigenwerte). *Dann ist für* $\Lambda(A) \subseteqq \{\zeta : \operatorname{Re}\zeta \leqq \alpha < 0\}$, $\sigma \leqq \frac{-\alpha}{8\tau}$, $h \leqq \frac{1}{4\pi}$

$$\left\{\left\|\exp\left(\frac{h}{\sigma}\left[L - \frac{\alpha}{2} U\right]\right)\right\| + h\tau\right\} |1 - h\tau|^{-1} \leqq 1.$$

Beweis. Zunächst ist $\left\|\exp\left(\frac{h}{\sigma}\left[L - \frac{\alpha}{2} U\right]\right)\right\| = \left\|\exp\left(\frac{h}{\sigma} L\right) \sum_{r=0}^{l-1} \frac{1}{r}\left(-\frac{h\alpha}{2\sigma} U\right)^r\right\|$ $\leqq \left\|\exp\left(\frac{h}{\sigma} L\right)\right\| \sum_{r=0}^{l-1} \frac{1}{r!}\left(-\frac{h\alpha}{2\sigma}\right)^r \leqq \exp\left(\frac{h\alpha}{\sigma}\right) \exp\left(-\frac{h\alpha}{2\sigma}\right) = \exp\left(\frac{h\alpha}{2\sigma}\right)$, d. h., es ist wegen $1 - h\tau \geqq \frac{3}{4}$

$$\left\{\left\|\exp\left(\frac{h}{\sigma}\left[L - \frac{\alpha}{2} U\right]\right)\right\| + h\tau\right\} |1 - h\tau|^{-1} \leqq \left\{\exp\left(\frac{h\alpha}{2\sigma}\right) + h\tau\right\} |1 - h\tau|^{-1}$$

$$= 1 - \left\{\left[1 - \exp\left(\frac{h\alpha}{2\sigma}\right)\right] - 2h\tau\right\} (1 - h\tau)^{-1}.$$

Da für $0 \leqq \xi \leqq 1$ $\xi^{-1}[1 - \exp(-\xi)] \geqq \frac{1}{2}$ ist, ist wegen $0 \leqq 4h\tau \leqq 1$ und $-\frac{h\alpha}{2\sigma} \geqq 4h\tau$ $1 - \exp\left(\frac{h\alpha}{2\sigma}\right) \geqq 2h\tau$, woraus die Behauptung folgt.

## § 5. Konsistenznachweis

Zum Nachweis der Konsistenz kann der folgende sehr allgemeine Satz herangezogen werden, der sowohl auf Differenzenschemaverfahren anwendbar ist (in diesem Fall ist $\vec{\varphi}_j^* \equiv \vec{0}$, $\vec{\psi}_j^* \equiv \vec{0}$), als auch Aussagen über Verfahren gestattet, die höhere Ableitungen verwenden bzw. vom Runge-Kutta-Typ sind.

Satz 5.1. *Sei*

$$\vec{\varphi}_j(\vec{y}_j, \vec{y}_{j-1}, \vec{\eta}_j, \vec{\eta}_{j-1}, \sigma) = h\vec{\varphi}_j^*(\vec{y}_j, \vec{y}_{j-1}, \vec{\eta}_j, \vec{\eta}_{j-1}, \sigma) \\ - a_1^{(1)}\vec{f}(jh, \vec{y}_j, \vec{\eta}_j, \sigma) - a_0^{(1)}\vec{f}(jh - h, \vec{y}_{j-1}, \vec{\eta}_{j-1}, \sigma),$$

*und*

$$\vec{\psi}_j(\vec{y}_j, \vec{y}_{j-1}, \vec{\eta}_j, \vec{\eta}_{j-1}, \sigma) = h\vec{\psi}_j^*(\vec{y}_j, \vec{y}_{j-1}, \vec{\eta}_j, \vec{\eta}_{j-1}, \sigma) \\ - a_1^{(1)}\vec{g}(jh, \vec{y}_j, \vec{\eta}_j, \sigma) - a_0^{(1)}\vec{g}(jh - h, \vec{y}_{j-1}, \vec{\eta}_{j-1}, \sigma),$$

*wobei* $\vec{\varphi}_j^*$ *und* $\vec{\psi}_j^*$ *auf* $\mathbb{C}^m \times \mathbb{C}^m \times \mathbb{C}^l \times \mathbb{C}^l \times (0, \hat{\sigma}]$ *stetig sind und* $\sup\{\|\vec{\varphi}_j^*\| + \|\vec{\psi}_j^*\| : n \in \mathbb{N}, 1 \leqq j \leqq n\} = \beta < \infty$ *ist.*

*Ist dann* $q(\zeta) \in \mathbf{B}_1$, *so ist das numerische Integrationsverfahren* (3.2) *auf* $(0, \hat{\sigma}]$ *gleichmäßig konsistenz in der Lösungsschar.*

Beweis. Zum Nachweis ist für jedes $\varepsilon > 0$ die Existenz eines nicht von $\sigma \in (0, \hat{\sigma}]$ abhängigen $n_\varepsilon$ zu beweisen mit der Eigenschaft, daß für alle $n \geqq n_\varepsilon$ $\|F_n^\sigma(\Delta_n z^\sigma)\|_{\mathfrak{E}_n} \leqq \varepsilon$ ist. Sei $F_n^\sigma(\Delta_n z^\sigma) = \{\vec{u}_j^\sigma\}_{j=1}^n$; dann ist

$$\vec{u}_j^\sigma = \frac{1}{h}\{\vec{z}(jh) - \vec{z}(jh - h)\} - h\vec{\varphi}_j^* + a_1^{(1)}\vec{f}(jh, \vec{z}(jh), \vec{\zeta}_j, \sigma) \\ + a_0^{(1)}\vec{f}\big(jh - h, \vec{z}(jh - h), \vec{\zeta}_{j-1}, \sigma\big) \\ = h\int_0^1 (1 - \theta + a_1^{(1)})\, \ddot{\vec{z}}([j - 1 + \theta]\, h)\, d\theta - h\vec{\varphi}_j^* + a_1^{(1)}F_j\big(\vec{\zeta}_j - \vec{\zeta}(jh)\big) \\ + a_0^{(1)}F_{j-1}\big(\vec{\zeta}_{j-1} - \vec{\zeta}(jh - h)\big)$$

mit $\|F_j\| \leqq l\gamma_\xi$ für alle $n \in \mathbb{N}$, $j = 1, \ldots, n$.

Ist nachgewiesen, daß

$$\sup\left\{\sum_{j=1}^{n} \|\vec{\zeta}_j - \vec{\zeta}(jh)\| : \sigma \in (0, \hat{\sigma}],\ n \in \mathbb{N}\right\} = \hat{\beta} < \infty \tag{1}$$

ist, so ist nach Satz 1.2.

$$\|F_n^\sigma(\Delta_n z^\sigma)\|_{\hat{E}_n} = \frac{1}{n}\sum_{j=1}^{n} \|\vec{u}_j^\sigma\|$$

$$\leqq \frac{1}{n}\sum_{j=1}^{n}\left\{K_2(1+|a_1^{(1)}|)\left(h - 2\varkappa^{-1}\left[\exp\left(\frac{h\varkappa}{2\sigma}[j-1]\right) - \exp\left(\frac{h\varkappa}{2\sigma}j\right)\right]\right)\right.$$

$$\left. + h\beta + \frac{1}{n}(|a_1^{(1)}| + |a_0^{(1)}|)\, l\gamma_\xi\hat{\beta}\right\}$$

$$\leqq \frac{1}{n}\left\{K_2(1+|a_1^{(1)}|)(T - 2\varkappa^{-1}) + \beta T + (|a_1^{(1)}| + |a_0^{(1)}|)\, l\gamma_\xi\hat{\beta}\right\},$$

woraus die Konsistenz folgt. Es ist also nur noch die Aussage (1) zu verifizieren. Wird $e_1(\zeta) = \zeta^{-1}[\exp(\zeta) - 1]$, $\vec{g}_j = \vec{g}(jh, \vec{z}(jh), \vec{\zeta}_j, \sigma)$ und $\vec{g}_j^* = \vec{g}(jh, \vec{z}(jh), \vec{\zeta}(jh), \sigma)$ gesetzt, so ist

$$\vec{\zeta}_j - \vec{\zeta}(jh) = q\left(\frac{h}{\sigma}A\right)(\vec{\zeta}_{j-1} + \vec{\xi}_0) - \exp\left(\frac{h}{\sigma}A\right)(\vec{\zeta}(jh-h) + \vec{\xi}_0)$$

$$+ h\left[p_1\left(\frac{h}{\sigma}A\right)\right]^{-1}\{-a_1^{(1)}g_j - a_0^{(1)}\vec{g}_{j-1} + h\vec{\psi}_j^*\}$$

$$- he_1\left(\frac{h}{\sigma}A\right)\{-a_1^{(1)}\vec{g}_j^* - a_0^{(1)}\vec{g}_{j-1}^*\} - h^2\vec{\chi}_j^* \tag{2}$$

mit $\vec{\chi}_j^* = h^{-2}\int\limits_0^h \exp\left(\frac{h-\tau}{\sigma}A\right)\{g(jh-h+\tau, \vec{z}(jh-h+\tau), \vec{\zeta}(jh-h+\tau), \sigma)$
$+ a_1^{(1)}\vec{g}_j^* + a_0^{(1)}\vec{g}_{j-1}\}\,d\tau$ und $\|\vec{\chi}_j^*\| \leqq \beta_1\left[\frac{1}{\sigma}\exp\left(\frac{h\varkappa}{2\sigma}[j-1]\right) + 1\right]e_1\left(\frac{h\varkappa}{2\sigma}\right)$.

Aus den Sätzen 4.1 und 4.2 folgt für $w_1(\zeta) = [p_1(\zeta)]^{-1}$, $w_2(\zeta) = q(\zeta) - \exp(\zeta)$, $w_3(\zeta) = \zeta^{-1}[q(\zeta) - \exp(\zeta)]$, $w_4(\zeta) = \zeta^{-2}[q(\zeta) - \exp(\zeta)]$, $w_5(\zeta) = e_1(\zeta)$, $w_6(\zeta) = [p_1(\zeta)]^{-1} - e_1(\zeta)$, $w_7(\zeta) = \zeta^{-1}w_6(\zeta)$ jeweils

$$\sup\{\|w_i(\xi A)\| : 0 \leqq \xi < \infty\} = W_i < \infty \qquad \text{sowie} \quad \|[q(\xi A)]^j\| \leqq W_8,$$

$$\xi\sum_{r=1}^{j}\|[q(\xi A)]^r\| \leqq W_9, \qquad \xi\sum_{r=1}^{j}\|[\exp(\xi A)]^r\| \leqq W_{10},$$

$$\sum_{r=0}^{j}\|[q(\xi A)]^r - [\exp(\xi A)]^r\| \leqq W_{11}.$$

Für $\varrho_j = \|\vec{\zeta}_j - \vec{\zeta}(jh)\|$ ergibt sich aus (2) wegen

$$q\left(\frac{h}{\sigma}A\right)(\vec{\zeta}_{j-1} + \vec{\xi}_0) - \exp\left(\frac{h}{\sigma}A\right)(\vec{\zeta}(jh-h) + \vec{\xi}_0)$$

$$= \left\{1 + \frac{h}{\sigma}Ae_1\left(\frac{h}{\sigma}A\right)\right\}(\vec{\zeta}_{j-1} - \vec{\zeta}(jh-h)) + \left\{q\left(\frac{h}{\sigma}A\right) - \exp\left(\frac{h}{\sigma}A\right)\right\}(\vec{\zeta}_{j-1} + \vec{\xi}_0)$$

$$\varrho_j \leqq \varrho_{j-1}\left(1 + \frac{h}{\sigma}\,\|A\|\,W_5\right) + \left(\frac{h}{\sigma}\right)^2 \|A\|^2\,W_4\,\|\vec{\zeta}_{j-1} + \vec{\xi}_0\| + \frac{h^2}{\sigma}\,\|A\|\,W_7(|a_1^{(1)}|$$

$$+ |a_0^{(1)}|)\,\bar{\gamma}$$

$$+ hW_1\{|a_1^{(1)}|\,\|\vec{g}_j - \vec{g}_j^*\| + |a_0^{(1)}|\,\|\vec{g}_{j-1} - \vec{g}^*_{j-1}\|\} + h^2\beta_2\left(\frac{1}{\sigma} + 1\right)$$

mit $\beta_2 = W_1\beta + \beta_1$. Da $\|\vec{g}_j - \vec{g}_j^*\| \leqq l\bar{\gamma}_\xi\varrho_j$ und wegen

$$\vec{\zeta}_j + \vec{\xi}_0 = \left[q\left(\frac{h}{\sigma}\,A\right)\right]^j \vec{\xi}_0 + h\left[p_1\left(\frac{h}{\sigma}\,A\right)\right]^{-1} \sum_{r=0}^{j-1} \left[q\left(\frac{h}{\sigma}\,A\right)\right]^r (-a_1^{(1)}\vec{g}_{j-r}$$

$$- a_0^{(1)}\vec{g}_{j-r-1} + h\vec{\psi}^*_{j-r}) \tag{3}$$

$\|\vec{\zeta}_j + \vec{\xi}_0\| \leqq W_8\,\|\vec{\xi}_0\| + W_1(\hat{\sigma}W_9 + T)\,([|a_1^{(1)}| + |a_0^{(1)}|]\,\bar{\gamma} + T\beta) = \beta_3$ ist, ergibt sich in jedem abgeschlossenen Intervall $[\sigma_0, \hat{\sigma}] \subseteqq (0, \hat{\sigma}]$ mit $\varkappa = (|a_1^{(1)}| + |a_0^{(1)}|)\,W_1 l\bar{\gamma}_\xi + \frac{1}{\sigma_0}\,\|A\|\,W_5$ und $\beta_4 = \sigma_0^{-1}\,\|A\|\,W_7(|a_1^{(1)}| + |a_0^{(1)}|)\,\bar{\gamma} + \beta_2(\sigma_0^{-1} + 1) + \sigma_0^{-2}\,\|A\|\,W_4\beta_3$

$$(1 - \varkappa h)\,\varrho_j \leqq (1 + \varkappa h)\,\varrho_{j-1} + h^2\beta_4 \qquad (\varrho_0 = 0),$$

woraus für $n \geqq n_1 \geqq 2T\varkappa$ wegen $(1 + \varkappa h)/(1 - \varkappa h) \leqq \exp(3\varkappa h)$

$$\sum_{j=1}^{n} \varrho_j \leqq T\beta_4\varkappa^{-1}\exp(3\varkappa T)$$

folgt.

Es muß also jetzt nur noch ein $\sigma_0 \leqq \hat{\sigma}$ gefunden werden, für das

$$\sup\left\{\sum_{j=1}^{n} \varrho_j : n \in \mathbb{N},\ \sigma \in (0, \sigma_0]\right\} < \infty$$

gilt. Dazu wird in (2)

$$\vec{\omega}_j^* = \vec{\zeta}_j - \vec{\zeta}(jh) - \left[q\left(\frac{h}{\sigma}\,A\right) - \exp\left(\frac{h}{\sigma}\,A\right)\right] \sum_{r=0}^{j-1} \left[\exp\left(\frac{h}{\sigma}\,A\right)\right]^r (\vec{\zeta}_{j-r-1} + \vec{\xi}_0)$$

$$- h\left\{\left[p_1\left(\frac{h}{\sigma}\,A\right)\right]^{-1} - e_1\left(\frac{h}{\sigma}\,A\right)\right\} \sum_{r=0}^{j-1} \left[\exp\left(\frac{h}{\sigma}\,A\right)\right]^r (-a_1^{(1)}\vec{g}^*_{j-r} - a_0^{(1)}\vec{g}^*_{j-r-1})$$

substituiert und $\vec{\omega}_j^* = SD\vec{\omega}_j$ mit $(SD)^{-1}\,A(SD) = L - \frac{\alpha}{2}\,U$ gesetzt; dann ist

$$\vec{\omega}_j = \exp\left(\frac{h}{\sigma}\left[L - \frac{\alpha}{2}\,U\right]\right)\vec{\omega}_{j-1} + h^2(SD)^{-1}\left(\left[p_1\left(\frac{h}{\sigma}\,A\right)\right]^{-1}\vec{\psi}_j^* + \vec{\chi}_j^*\right)$$

$$+ h(SD)^{-1}\left[p_1\left(\frac{h}{\sigma}\,A\right)\right]^{-1}\left(-a_1^{(1)}(\vec{g}_j - \vec{g}_j^*) - a_0^{(1)}(\vec{g}_{j-1} - \vec{g}^*_{j-1})\right). \tag{4}$$

Dabei ist $\|\vec{g}_0 - \vec{g}_0^*\| = 0$ und für $j = 1, \ldots, n$

$$\|\vec{g}_j - \vec{g}_j^*\| \leqq l\bar{\gamma}_\xi \|\vec{\xi}_j - \vec{\xi}(jh)\|$$

$$\leqq l\bar{\gamma}_\xi \left\{ \left\| \left[ q\left(\frac{h}{\sigma} A\right) - \exp\left(\frac{h}{\sigma} A\right) \sum_{r=0}^{j-1} \left[\exp\left(\frac{h}{\sigma} A\right)\right]^r (\vec{\xi}_{j-r-1} + \vec{\xi}_0) \right\| + \|SD\| \, \|\vec{\omega}_j\| \right.$$

$$\left. + h \left\| \left[ p_1\left(\frac{h}{\sigma} A\right)\right]^{-1} - e_1\left(\frac{h}{\sigma} A\right) \right\| \sum_{r=0}^{j-1} \left\| \left[\exp\left(\frac{h}{\sigma} A\right)\right]^r \right\| (|a_1^{(1)}| + |a_0^{(1)}|)\, \bar{\gamma} \right\}. \tag{5}$$

Der letzte Summand kann durch $h\beta_5$ mit $\beta_5 = (W_6 + \|A\| \, W_7 W_{10}) \, (|a_1^{(1)}| + |a_0^{(1)}|) \, \bar{\gamma}$ abgeschätzt werden. Gemäß (3) ist $\vec{\xi}_l + \vec{\xi}_0 = \left[q\left(\frac{h}{\sigma} A\right)\right]^l \vec{\xi}_0 + \vec{\xi}_l^*$ mit $\|\vec{\xi}_l^*\| \leqq \beta_6 \, (h + \sigma W_9)$ und $\beta_6 = W_1((|a_1^{(1)}| + |a_0^{(1)}|) \, \bar{\gamma} + T\beta)$. Daraus ergibt sich für den ersten Summanden in (5) die Majorante

$$\left\| \left[ q\left(\frac{h}{\sigma} A\right) - \exp\left(\frac{h}{\sigma} A\right)\right] \sum_{r=0}^{j-1} \left[\exp\left(\frac{h}{\sigma} A\right)\right]^r \left[q\left(\frac{h}{\sigma} A\right)\right]^{j-r-1} \vec{\xi}_0 \right\|$$

$$+ \beta_6 h \left\{ \left\| w_2\left(\frac{h}{\sigma} A\right)\right\| + \left\| w_3\left(\frac{h}{\sigma} A\right) \frac{h}{\sigma} A \right\| \sum_{r=1}^{j-1} \left\| \left[\exp\left(\frac{h}{\sigma} A\right)\right]^r \right\| \right\}$$

$$+ \beta_6 W_9 \sigma \left\{ \left\| w_3\left(\frac{h}{\sigma} A\right) \frac{h}{\sigma} A \right\| + \left\| w_4\left(\frac{h}{\sigma} A\right) \left(\frac{h}{\sigma} A\right)^2 \right\| \sum_{r=1}^{j-1} \left\| \left[\exp\left(\frac{h}{\sigma} A\right)\right]^r \right\| \right\}$$

$$\leqq \left\| \left[q\left(\frac{h}{\sigma} A\right)\right]^j - \left[\exp\left(\frac{h}{\sigma} A\right)\right]^j \right\| \|\vec{\xi}_0\| + \beta_7 h$$

mit $\beta_7 = \beta_6 \{W_2 + W_3 \, \|A\| \, (W_{10} + W_9) + W_4 W_9 W_{10} \, \|A\|^2\}$, und man erhält insgesamt

$$\|\vec{g}_j - \vec{g}_j^*\| \leqq l\bar{\gamma}_\xi \{\|SD\| \, \|\vec{\omega}_j\| + h(\beta_7 + \beta_5) + \tau_j\}$$

mit $\tau_j = \left\| \left[q\left(\frac{h}{\sigma} A\right)\right]^j - \left[\exp\left(\frac{h}{\sigma} A\right)\right]^j \right\| \|\vec{\xi}_0\|$. Aus (4) folgt dann mit $\beta_8 = \|(SD)^{-1}\| \, W_1 l\bar{\gamma}_\xi(|a_1^{(1)}| + |a_0^{(1)}|)$ und

$$\tau_j^* = \beta_8\{2h(\beta_5 + \beta_7) + \tau_j + \tau_{j-1}\} + h \, \|(SD)^{-1}\| \left\| \left[p_1\left(\frac{h}{\sigma} A\right)\right]^{-1} \vec{\psi}_j^* + \vec{\chi}_j^* \right\|,$$

$$\|\vec{\omega}_j\| \leqq \left\| \exp\left(\frac{h}{\sigma}\left(L - \frac{\alpha}{2} U\right)\right) \right\| \|\vec{\omega}_{j-1}\| + h\beta_8 \, \|SD\| \, (\|\vec{\omega}_j\| + \|\vec{\omega}_{j-1}\|) + h\tau_j^*,$$

d. h., für $\sigma_0 = -\alpha/(8\beta_8 \, \|SD\|)$ und $n_0 \geqq 4T\beta_8 \, \|SD\|$, $n \geqq n_0$, nach Satz 4.3. $\|\vec{\omega}_j\| \leqq \|\vec{\omega}_{j-1}\| + \frac{4}{3} h\tau_j^*$, und damit wegen $\vec{\omega}_0 = \vec{0}$ und $h \sum_{r=1}^{j} \|\vec{\chi}_r^*\| \leqq \beta_1 \left(hj - \frac{2}{\alpha}\right)$ $\|\vec{\omega}_j\| \leqq \frac{4}{3} h \sum_{r=1}^{j} \tau_r^* \leqq h\beta_9$ mit $\beta_9 = \frac{8}{3} \left\{\beta_8(\beta_5 + \beta_7) + \beta_8 W_{11} \, \|\vec{\xi}_0\| + \|(SD)^{-1}\| \times \beta_2 \left(\frac{T}{2} - \frac{1}{\alpha}\right)\right\}$.

Hieraus folgt nun für alle $n \geqq n_0$, $\sigma \in (0, \sigma_0]$

$$\sum_{j=1}^{n} \|\vec{\xi}_j - \vec{\xi}(jh)\|$$

$$\leqq \|SD\| \sum_{j=1}^{n} \|\vec{\omega}_j\| + \sum_{z=1}^{n} \left\| \left[ q\left(\frac{h}{\sigma} A\right) - \exp\left(\frac{h}{\sigma} A\right)\right] \sum_{r=0}^{j-1} \left[\exp\left(\frac{h}{\sigma} A\right)\right]^r (\vec{\xi}_{j-r-1} + \vec{\xi}_0) \right\|$$

$$+ h \sum_{j=1}^{n} \left\| \left[p_1\left(\frac{h}{\sigma} A\right)\right]^{-1} - e_1\left(\frac{h}{\sigma} A\right)\right\| \sum_{r=0}^{j-1} \left\| \left[\exp\left(\frac{h}{\sigma} A\right)\right]^r \right\| (|a_1^{(1)}| + |a_0)^{1(!)}) \bar{\gamma}$$

$$\leqq \|SD\| \, T\beta_9 + T(\beta_5 + \beta_7) + W_{11} \|\vec{\xi}_0\| = \beta_{10},$$

womit der Konsistenzbeweis vollständig erbracht ist.

## § 6. Realisierbarkeit und Stabilität

Zum Nachweis der gleichmäßigen Realisierbarkeit muß ein $n_r \in \mathbb{N}$ so gefunden werden, daß für alle $n \geqq n_r$ und alle $\sigma \in (0, \hat{\sigma}]$ das Gleichungssystem (3.2) eindeutig nach den $\vec{y}_j$ und $\vec{\eta}_j$ $(j = 1, \ldots, n)$ auflösbar ist.

Satz 6.1. *Besitzt $p_1(\zeta)$ nur Nullstellen in der positiven Halbebene, so ist das numerische Integrationsverfahren (3.2) auf $(0, \hat{\sigma}]$ gleichmäßig realisierbar.*

Beweis. Sei $\begin{pmatrix} \vec{y} \\ \vec{\eta} \end{pmatrix} = \vec{\mathfrak{y}} \in \mathfrak{v}$, $\|\mathfrak{y}\|_{\mathfrak{v}} = \|\vec{y}\| + \|\vec{\eta}\|$, $\Phi_j(\mathfrak{y}) = \vec{\mathfrak{z}} = \begin{pmatrix} \vec{z} \\ \vec{\zeta} \end{pmatrix}$ mit

$$\vec{z} = \vec{y}_{j-1} + h\vec{\varphi}_j(\vec{y}, \vec{y}_{j-1}, \vec{\eta}, \vec{\eta}_{j-1}, \sigma),$$

$$\vec{\zeta} = -\vec{\xi}_0 + q\left(\frac{h}{\sigma} A\right)(\vec{\eta}_{j-1} + \vec{\xi}_0) + h\left[p_1\left(\frac{h}{\sigma} A\right)\right]^{-1} \vec{\psi}_j(\vec{y}, \vec{y}_{j-1}, \vec{\eta}, \vec{\eta}_{j-1}, \sigma),$$

dann sind wegen $\left\| \left[p_1\left(\frac{h}{\sigma} A\right)\right]^{-1} \right\| \leqq \beta$ für $n \geqq n_r \geqq 2T \max\left(m(\Gamma_y + \beta\bar{\Gamma}_y), l(\Gamma_\eta + \beta\bar{\Gamma}_\eta)\right)$ die Operatoren $\Phi_j$ strikt kontraktiv, und (3.2) ist eindeutig lösbar.

Der Stabilitätsnachweis erfordert die Bestimmung zweier Konstanten $n_s \in \mathbb{N}$ und $S > 0$ mit der Eigenschaft, daß für alle $n \geqq n_s$, $\sigma \in (0, \hat{\sigma}]$ die Bildelemente $F_n^\sigma(y^{(i)}) = u^{(i)} = \{\vec{u}_j^{(i)}\}_{j=1}^n$ der $y^{(i)} = \{\vec{y}_j^{(i)}\}_{j=1}^n$ $(i = 1, 2)$ die Ungleichungen

$$\max\{\|\vec{z}_j\| : 1 \leqq j \leqq n\} \leqq S \frac{1}{n} \sum_{j=1}^{n} \|\vec{s}_j\| \quad \text{mit } \vec{z}_j = \vec{y}_j^{(1)} - \vec{y}_j^{(2)},\ \vec{s}_j = \vec{u}_j^{(1)} - \vec{u}_j^{(2)} \tag{1}$$

erfüllen.

Satz 6.2. *Ist $|q(\zeta)| < 1$ für $\zeta \in \mathbb{C}^-$, so ist das NIV (3.2) auf $(0, \hat{\sigma}]$ gleichmäßig stabil.*

Beweis. Sei $\{\vec{\eta}_j^{(i)}\}_{j=1}^n$ jeweils die zu $y^{(i)}$ gehörige Lösung von (3.4), $\vec{\zeta}_j = \vec{\eta}_j^{(1)} - \vec{\eta}_j^{(2)}$, $\vec{\varphi}_j^{(i)} = \vec{\varphi}_j(\vec{y}_j^{(i)}, \vec{y}_{j-1}^{(i)} \vec{\eta}_j^{(i)}, \vec{\eta}_{j-1}^{(i)}, \sigma)$, $\vec{\psi}_j^{(i)} = \vec{\psi}_j(\vec{y}_j^{(i)}, \vec{y}_{j-1}^{(i)}, \vec{\eta}_j^{(i)}, \vec{\eta}_{j-1}^{(i)}, \sigma)$. Dann ist

$$\vec{z}_j = \vec{z}_{j-1} + h\vec{s}_j + h(\vec{\varphi}_j^{(1)} - \vec{\varphi}_j^{(2)}),$$

$$\vec{\zeta}_j = q\left(\frac{h}{\sigma} A\right)\vec{\zeta}_{j-1} + h\left[p_1\left(\frac{h}{\sigma} A\right)\right]^{-1} (\vec{\psi}_j^{(1)} - \vec{\psi}_j^{(2)}).$$

Ist $\varrho_j = \|\vec{z}_j\| + \|\vec{\zeta}_j\|$, so ist mit $M = \max\,(m\Gamma_y + l\Gamma_\eta, m\bar{\Gamma}_y + l\bar{\Gamma}_\eta)$ und
$\left\|\left[p_1\left(\frac{h}{\sigma}A\right)\right]^{-1}\right\| \left\|\left[q\left(\frac{h}{\sigma}A\right)\right]^r\right\| \leqq \beta$ wegen $\vec{z}_j = h\sum_{r=0}^{j-1}(\vec{\varphi}^{(1)}_{j-r} - \vec{\varphi}^{(2)}_{j-r} + \vec{s}_{j-r})$,

$$\vec{\zeta}_j = h\sum_{r=0}^{j-1}\left[q\left(\frac{h}{\sigma}A\right)\right]^r\left[p_1\left(\frac{h}{\sigma}A\right)\right]^{-1}(\vec{\psi}^{(1)}_{j-r} - \vec{\psi}^{(2)}_{j-r})$$

$$\varrho_j \leqq hM(1+\beta)\sum_{r=0}^{j-1}(\varrho_{j-r} + \varrho_{j-r-1}) + h\sum_{r=0}^{j-1}\|\vec{s}_{j-r}\|,$$

woraus für $n \geqq n_s \geqq 2TM(1+\beta)$

$$\varrho_j \leqq 4hM(1+\beta)\sum_{r=1}^{j-1}\varrho_r + 2T\left\{\frac{1}{n}\sum_{r=1}^{n}\|\vec{s}_r\|\right\}$$

folgt. Hieraus ergibt sich nun wegen $\varrho_j \leqq 2T\left\{\frac{1}{n}\sum_{r=1}^{n}\|\vec{s}_r\|\right\}\exp\big(4h(j-1)(1+\beta)M\big)$ die Behauptung (1) mit $S = 2T\exp\big(4T(1+\beta)M\big)$.

## § 7. Zusammenfassung und Beispiel

Aus den Sätzen 5.1, 6.1 und 6.2 entsteht gemäß Hauptsatz 2.1 die zusammenfassende Aussage:

Satz 7.1. *Ist* $q(0) = q'(0) = 1$, $|q(\zeta)| < 1$ *für* $\operatorname{Re}\zeta < 0$, $\lim_{\zeta\to\infty} q(\zeta) = 0$, *und genügen die Funktionen* $\vec{\varphi}_j$, $\vec{\psi}_j$ *den in Satz* 5.1 *formulierten* (praktisch immer erfüllten) *Voraussetzungen, so ist das numerische Integrationsverfahren* (3.2) *auf* $(0, \hat{\sigma}]$ *für beliebiges* $\hat{\sigma}$ *gleichmäßig konvergent.*

Als Beispiel für die Anwendung dieses Satzes kann die Euler-Rückwärts-Regel dienen, für die $q(\zeta) = (1-\zeta)^{-1}$ ist. Da dieses Verfahren jedoch nur die Konsistenzordnung 1 hat, sei hier eine genauere Methode (mit der Konsistenzordnung 2) angeführt:

Nach der Trapezregel werde parallel zu je zwei Schritten mit der Schrittweite $\frac{h}{2}$ ein Schritt mit der Schrittweite $h$ ausgeführt und dann der Mittelwert der erhaltenen Ergebnisse gebildet:

$$\vec{y}_j^{(1)} - \vec{y}_{j-1} = \frac{h}{4}\left\{\vec{f}\left(\left[j-\frac{1}{2}\right]h, \vec{y}_j^{(1)}\right) + \vec{f}([j-1]\,h, \vec{y}_{j-1})\right\},$$

$$\vec{y}_j^{(2)} - \vec{y}_j^{(1)} = \frac{h}{4}\left\{\vec{f}\,(jh, \vec{y}_j^{(2)}) + f\left(\left[j-\frac{1}{2}\right]h, \vec{y}_j^{(1)}\right)\right\}, \tag{1}$$

$$\vec{y}_j^{(3)} - \vec{y}_{j-1} = \frac{h}{2}\{\vec{f}(jh, \vec{y}_j^{(3)}) + f([j-1]\,h, \vec{y}_{j-1})\},\quad \vec{y}_j = \frac{1}{2}(\vec{y}_j^{(2)} + \vec{y}_j^{(3)}).$$

Da für die Trapezregel $q_T(\zeta) = \left(1 + \frac{\zeta}{2}\right) \Big/ \left(1 - \frac{\zeta}{2}\right)$ ist, ist für das Verfahren (1)

$$q(\zeta) = \frac{1}{2}\left\{\left[q_T\left(\frac{\zeta}{2}\right)\right]^2 + q_T(\zeta)\right\} = -p_0(\zeta)/p_1(\zeta)$$

mit $p_0(\zeta) = -1 + \frac{3}{16}\zeta^2$, $p_1(\zeta) = 1 - \zeta + \frac{5}{16}\zeta^2 - \frac{1}{32}\zeta^3$. Aus $|q_T(\zeta)|, \left|q_T\left(\frac{\zeta}{2}\right)\right|^2 < 1$ folgt $|q(\zeta)| < 1$ für $\operatorname{Re}\zeta < 0$, und aus $n_1 = 3$, $n_0 = 2$ ergibt sich die geforderte Limesbedingung für $\zeta \to \infty$.

## Literatur

[1] BAUMGÄRTEL, H., Endlichdimensionale analytische Störungstheorie, Berlin 1972.
[2] CHUA, L. O., and P. M. LIN, Computer aided analysis of electronic circuits, Englewood Cliffs (N. J.) 1975.
[3] DAHLQUIST, G. G., Stability and error bounds in the numerical integration of ordinary differential equations, Trans. Roy. Inst. Technol. Stockholm, Nr. 130 (1959).
[4] DAHLQUIST, G. G., A special stability problem for linear multistep methods, BIT **3** (1963), 27–43.
[5] EHLE, B. L., $A$-stable methods and Pade approximants to the exponential, SIAM J. Math. Anal. **4** (1973), 671–680.
[6] GRIEPENTROG, E., Mehrschrittverfahren zur numerischen Integration von gewöhnlichen Differentialgleichungssystemen und asymptotische Exaktheit, Wiss. Zeitschr. der Humboldt-Univ. Berlin, Math. Nat. R., **14** (1970), H. 6, 637–653.
[7] GRIGORIEFF, R. D., Numerik gewöhnlicher Differentialgleichungen, Bd. 1 Einschrittverfahren, Stuttgart 1972.
[8] GEAR, C. W., Numerical initial value problems in ordinary differential equations, Englewood Cliffs (N. J.) 1971.
[9] HENRICI, P., Discrete variable methods in ordinary differential equations, New York 1962.
[10] КРЕЙН, М. Г., и Ю. Л. ДАЛЕЦКИЙ, Устойчивость решений дифференциальных уравнений в банаховом пространстве, Наука, Мокаа 1970.
[11] LAPIDUS, L., and J. H. SEINFELD, Numerical solution of ordinary differential equations, New York 1971.
[12] MÄKÄLÄ, M., O. NEVANLINNA and A. H. SIPILÄ, On the concepts of convergence, consistency and stability in connection with some numerical methods, Num. Math. **22** (1974), 261–274.
[13] STETTER, H. J., Analysis of discretization methods for ordinary differential equations, Berlin—Heidelberg—New York 1973.
[14] STETTER, H. J., Numerische Behandlung steifer Differentialgleichungssysteme, Vortrag im Math. Koll. der TU Dresden, geh. am 11. 11. 1975.
[15] STOER, J., und R. BULIRSCH, Einführung in die numerische Mathematik II, Berlin—Heidelberg—New York 1973.
[16] STUMMEL, F., Diskrete Konvergenz linearer Operatoren, Math. Ann. **190** (1970), 45–92.
[17] VAINIKKO, G., Funktionalanalysis der Diskretisierungsmethoden, Leipzig 1976.
[18] WERNER, H., und R. SCHABACK, Praktische Mathematik II, Berlin—Heidelberg—New York 1972.
[19] TH Karl-Marx-Stadt, Sektion Mathematik, Wissenschaftliche Informationen 4 (1977).

Manuskripteingang: 3. 1. 1978

VERFASSER:

Prof. Dr. EBERHARD GRIEPENTROG, Sektion Mathematik der Ernst-Moritz-Arndt-Universität Greifswald

Beiträge zur Numerischen Mathematik
8 (1980), 75–84

# Über numerische Verfahren für inverse Matrizeneigenwertprobleme

FRIEDER KUHNERT

Das sog. additive bzw. multiplikative inverse Eigenwertproblem für Matrizen besteht darin, zu einer vorgegebenen Matrix $A$ eine solche Diagonalmatrix $D$ zu finden, so daß die Matrix $A + D$ bzw. $A \cdot D$ vorgegebene Zahlen als Eigenwerte besitzt. In den Arbeiten von HADELER [1–5] und d'OLIVEIRA [1–8] werden neben notwendigen und hinreichenden Existenzbedingungen auch numerische Verfahren zur Berechnung der Diagonalelemente der Matrix $D$ diskutiert. Eine interessante Lösungsmethode für das additive inverse Problem enthält die Arbeit von KUBLANOWSKAJA [4]. Eine Verallgemeinerung der Aufgabenstellung für das additive inverse Eigenwertproblem ist bei WILHELMI [1] gegeben. Schließlich wird in einem Zyklus von Arbeiten von KUBLANOWSKAJA [1–5] die Frage der Bestimmung von Parameterwerten $z_k = z_k^0$ $(k = 1, \ldots, m)$ einer Matrixschar $A(z_1, \ldots, z_m)$, die analytisch von $z_1, \ldots, z_m$ abhängt, erörtert, so daß die Matrix $A(z_1^0, \ldots, z_m^0)$ vorgegebene Eigenwerte besitzt. Aufgaben dieser Art entstehen bei der Projektierung und Konstruktion mechanischer Schwingungssysteme.

In der vorliegenden Arbeit soll ein inverses Eigenwertproblem für Matrizen vorgestellt werden, das sich eng an das Konzept von KUBLANOWSKAJA anlehnt, jedoch den technologischen Bedingungen mechanischer Schwingungssysteme besser angepaßt ist. In einer früheren Arbeit [2] des Autors wurde bereits ein Spezialfall der hier vorgestellten Aufgabenklasse behandelt.

1. Es werde ein schwingendes System $S$ mit $n$ Freiheitsgraden betrachtet, dessen Bewegung durch den Vektor $q = (q_1, \ldots, q_n)^\mathsf{T}$ verallgemeinerter Koordinaten $q_k$, $k = 1, \ldots, n$, beschrieben werde. Bezeichnen wir mit $Q = (Q_1, \ldots, Q_n)^\mathsf{T}$ den Vektor der verallgemeinerten Kräfte $Q_k$, $k = 1, \ldots, n$, dieses Systems, so besteht zwischen den Vektoren $q$ und $Q$ der Zusammenhang $Q = Cq$ mit einer reellen positiv definiten Matrix $C = (c_{ij})$, deren Koeffizienten $c_{ij}$ die verallgemeinerten Federzahlen des Systems $S$ sind. Im folgenden setzen wir voraus, daß die Matrix $C$ die Darstellung

$$C = C(c) = C_0 + c_1C_1 + \cdots + c_pC_p, \qquad p \leqq n, \tag{1}$$

besitzt, wobei $C_k$, $k = 0, \ldots, p$, konstante reelle und positive Matrizen (die Matrix $C_0$ ist i. a. positiv definit, und die Matrizen $C_1, \ldots, C_p$ sind positiv und i. a. von nicht sehr großem Rang) und $c_k$, $k = 1, \ldots, p$, nichtnegative Parameter bezeichnen. Die Parameter $c_k$ fassen wir zum Vektor $c = (c_1, \ldots, c_p)^\mathsf{T}$ zusammen.

Es sei $M = (m_{ij})$ die Massenmatrix des Systems $S$. Die positiv definite Matrix $M$ habe die Darstellung

$$M = M(m) = M_0 + m_1 M_1 + \cdots + m_r M_r, \qquad r \leqq n. \tag{2}$$

Hier bezeichnen $M_j$, $j = 0, \ldots, r$, konstante reelle und positive Matrizen (die Matrix $M_0$ ist i. a. positiv definit, und die Matrizen $M_1, \ldots, M_r$ sind positiv und i. a. von nicht sehr großem Rang) und $m_j$, $j = 1, \ldots, r$, reelle Parameter.

Kleine Schwingungen des Systems $S$ werden bekanntlich mit Hilfe des d'Alembertschen Prinzips durch das System von Differentialgleichungen

$$M\ddot{q} + Cq = 0$$

beschrieben, dessen Lösung in der Form $q = x \sin\left(\sqrt{\lambda}\, t + \beta\right)$ gesucht wird. Für die Bestimmung eines Vektors $x \in R^n$, $x \neq 0$, erhalten wir das Eigenwertproblem in allgemeiner Form

$$(C - \lambda M)\, x = 0. \tag{3}$$

Wir stellen nun die Aufgabe, Vektoren $c \in R^p$, $c \geqq 0$, und $m \in R^r$, $m \geqq 0$, zu bestimmen, so daß die $t$ kleinsten Eigenwerte $\lambda_1 \leqq \lambda_2 \leqq \cdots \leqq \lambda_t$ $(t \leqq n)$ des Problems (3) vorgegebene Werte $\nu_1 \leqq \nu_2 \leqq \cdots \leqq \nu_t$ annehmen:

$$\lambda_i = \nu_i, \qquad i = 1, \ldots, t.$$

An dieser Stelle sei vermerkt, daß man auch eine Auswahl von $t$ beliebigen Eigenwerten aus den in aufsteigender Ordnung geschriebenen Eigenwerten $\lambda_1 \leqq \lambda_2 \leqq \cdots \leqq \lambda_n$ der Aufgabe (3) fest vorgeben kann. Aus Zweckmäßigkeitsgründen werden wir uns hier jedoch nur mit dem soeben formulierten Spezialfall befassen.

**2.** Ohne eine allgemeine Antwort auf die Frage nach der Existenz einer Lösung für die gestellte Aufgabe geben zu können, soll an einigen Beispielen das qualitative Bild erörtert werden.

Beispiel 1. Es sei $n = 2$, $M_0 = I$ (Einheitsmatrix), $M_1 = \cdots = M_r = 0$. Weiterhin geben wir folgende Matrizen vor:

$$C_0 = \begin{pmatrix} 1 & 0 \\ 0 & 3 \end{pmatrix}, \qquad C_1 = \begin{pmatrix} 1 & 1 \\ 1 & 1 \end{pmatrix}.$$

Die Aufgabe der Bestimmung einer Konstanten $c_1 \geqq 0$, so daß die Matrix $C = C_0 + c_1 C_1$ die Zahl 2 als kleinsten Eigenwert besitzt, hat keine Lösung, da für den kleinsten Eigenwert $\lambda_1$ der Matrix $C$ die Beziehung

$$\lambda_1 = \lambda_1(c_1) = 2 + c_1 - \sqrt{c_1^2 + 1}$$

gilt. Dieses Beispiel zeigt, daß die oben formulierte Aufgabe i. a. nicht korrekt gestellt ist, sich also i. a. eine Regularisierung im Tichonowschen Sinne [1] erforderlich macht. Dabei gehen wir davon aus, daß die vorgegebenen Werte der Matrixkoeffizienten und die vorgegebenen Eigenwerte Näherungscharakter tragen. Gibt man z. B. anstelle der Zahl 2 ein Intervall $[2 - \delta, 2 + \delta]$, $\delta > 0$, vor, so entsteht die Aufgabe der Ermittlung der Menge $\mathfrak{C}$ aller derjenigen $c_1 \geqq 0$, für die der kleinste

Eigenwert der Matrix $C = C_0 + c_1 C_1$ im Intervall $[2 - \delta,\ 2 + \delta]$ liegt. Es gilt $\mathfrak{C} = \left\{c_1 : c_1 \geqq \frac{1 - \delta^2}{2\delta}\right\}$. Aus dieser Menge wird mit Hilfe eines regularisierenden Funktionals ein $c_1^0$ ausgewählt, das als regularisierte Lösung der eingangs formulierten Aufgabe anzusehen ist.

Beispiel 2. Setzen wir $n = 2$, $M_0 = I$, $M_1 = \cdots = M_r \geqq 0$,

$$C_0 = \begin{pmatrix} 1 & 0 \\ 0 & 3 \end{pmatrix}, \qquad C_1 = \begin{pmatrix} 1 & 1 \\ 1 & 1 \end{pmatrix}, \qquad C_2 = \begin{pmatrix} 1 & 0 \\ 0 & 0 \end{pmatrix}$$

und stellen die Aufgabe der Bestimmung von Parameterwerten $c_1 \geqq 0$ und $c_2 \geqq 0$, so daß der kleinste Eigenwert $\lambda_1(c)$ der Matrix $C(c) = C_0 + c_1 C_1 + c_2 C_2$ den Wert 2 annimmt, so ergibt sich

$$\lambda_1(c) = 2 + c_1 + \frac{c_2}{2} - \sqrt{c_1^2 + \left(1 - \frac{c_2}{2}\right)^2},$$

und es gilt $\lambda_1(c) = 2$ dann und nur dann, wenn $c_1 = \frac{1 - c_2}{c_2}$ ist.

Dieses Beispiel zeigt, daß die oben gestellte Aufgabe i. a. nicht eindeutig lösbar ist und daß die Lösungsmenge i. a. weder beschränkt noch konvex ist. Auch aus diesen Gründen ist die Formulierung von Auswahlkriterien erforderlich, die es gestatten, in der Lösungsmenge eine bestimmte Lösung zu fixieren. Dabei werden diese Auswahlkriterien gewisse technologische Bedingungen berücksichtigen. Weiterhin ist an sie die Forderung zu stellen, daß die in der Lösungsmenge fixierte Lösung durch stabile numerische Verfahren mit jeder geforderten Genauigkeit berechnet werden kann.

3. Wir bezeichnen mit $\lambda_i(c, m)$, $i = 1, \ldots, n$, die in aufsteigender Ordnung aufgeschriebenen Eigenwerte der Aufgabe (3). Es sei $\mathfrak{A} = \mathfrak{C} \times \mathfrak{M}$, $\mathfrak{C} \subset R^p$, $\mathfrak{M} \subset R^r$, die Menge derjenigen Vektoren $c \in R^p$, $c \geqq 0$ und $m \in R^r$, $m \geqq 0$, für die

$$\lambda_i(c, m) = \nu_i, \qquad i = 1, \ldots, t \tag{4}$$

gilt. Die Menge $\mathfrak{A} \subset R^{p+r}$ ist offenbar abgeschlossen, da die Eigenwerte $\lambda_i(c, m)$ nach der Störungstheorie des Spektrums linearer Operatoren stetig von $c$ und $m$ abhängen.

Unter den Paaren $(c, m) \in \mathfrak{A}$ betrachten wir die Menge $\mathfrak{A}_0 \subset \mathfrak{A}$ derjenigen Paare $(\bar{c}, \overline{m})$, für die das Funktional

$$\varphi(c, m) = (c, c) + (m, m) = \sum_{k=1}^{p} c_k^2 + \sum_{j=1}^{r} m_j^2 \tag{5}$$

sein Minimum annimmt. Die Menge $\mathfrak{A}_0$ ist offenbar abgeschlossen und liegt auf der Oberfläche einer Sphäre im Raum $R^{p+r}$ mit dem Mittelpunkt 0 und dem Radius

$$\varrho = \min_{\mathfrak{A}} \varphi(c, m) = \varphi(\bar{c}, \overline{m}).$$

Das Funktional $\varphi$ spielt die Rolle eines (technologisch begründeten) Auswahlfunktionals. Weitere Funktionale dieser Art wurden in der Arbeit [2] des Autors angegeben.

Die Aufgabe der Minimierung des Funktionals (5) unter den Bedingungen (4) ist eine typische Aufgabenstellung für ein relatives Extremum.

4. Um zu numerischen Verfahren für die Bestimmung eines Vektors $(\bar{c}, \overline{m}) \in \mathfrak{A}_0$, die stabil in bezug auf kleine Fehler der Ausgangsdaten sind, zu gelangen, betrachten wir das Funktional

$$F(c, m, \alpha) = \sum_{i=1}^{t} \left(\lambda_i(c, m) - \nu_i\right)^2 + \alpha\varphi(c, m), \qquad \alpha > 0. \tag{6}$$

Da das Funktional (6) für jedes feste $\alpha > 0$ nach unten beschränkt ist, existiert offenbar das Minimum für dieses Funktional für $c \geqq 0$, $m \geqq 0$. Mit $\mathfrak{A}_\alpha$ bezeichnen wir die Menge aller $(c_\alpha, m_\alpha) \in R^{p+r}$, für die das Funktional (6) unter den Bedingungen $c \geqq 0$, $m \geqq 0$ minimal wird.

Die Aufgaben der Minimierung des Funktionals (5) unter den Bedingungen (4) und der Minimierung des Funktionals (6) unter den Bedingungen $c \geqq 0$, $m \geqq 0$ sind für alle $\alpha > 0$, für die ein $(c_\alpha, m_\alpha) \in \mathfrak{A}_\alpha$ mit

$$\lambda_i(c_\alpha, m_\alpha) = \nu_i, \qquad i = 1, \ldots, t, \tag{7}$$

existiert, äquivalent.

In der Tat, es mögen für ein festes $\alpha > 0$ und ein $(c_\alpha, m_\alpha) \in \mathfrak{A}_\alpha$ die Bedingungen (7) gelten. Dann folgt für jedes $(\bar{c}, \overline{m}) \in \mathfrak{A}_0$ die Ungleichung

$$\alpha\varphi(c_\alpha, m_\alpha) = F(c_\alpha, m_\alpha, \alpha) \leqq F(\bar{c}, \overline{m}, \alpha) = \alpha\varphi(\bar{c}, \overline{m})$$

bzw. $\varphi(c_\alpha, m_\alpha) \leqq \varphi(\bar{c}, \overline{m})$. Da jedoch das Funktional $\varphi$ im Punkt $(\bar{c}, \overline{m})$ sein Minimum unter den Bedingungen (4) annimmt, erhalten wir $\varphi(c_\alpha, m_\alpha) = \varphi(\bar{c}, \overline{m})$, so daß $(c_\alpha, m_\alpha) \in \mathfrak{A}_0$ folgt.

Unter Berücksichtigung der Ungleichung $\varphi(\bar{c}, \overline{m}) \leqq \varphi(c_\alpha, m_\alpha)$ für jedes $(c_\alpha, m_\alpha) \in \mathfrak{A}_\alpha$, das die Bedingungen (7) erfüllt, ergibt sich folgende Ungleichungskette

$$F(c_\alpha, m_\alpha, \alpha) \leqq F(\bar{c}, \overline{m}, \alpha) = \alpha\varphi(\bar{c}, \overline{m}) \leqq \alpha\varphi(c_\alpha, m_\alpha) = F(c_\alpha, m_\alpha, \alpha),$$

aus der sich $F(c_\alpha, m_\alpha, \alpha) = F(\bar{c}, \overline{m}, \alpha)$ und damit $(\bar{c}, \overline{m}) \in \mathfrak{A}_\alpha$ ergibt.

Für jedes $\alpha > 0$ gilt

$$\sum_{i=1}^{t} \left(\lambda_i(c_\alpha, m_\alpha) - \nu_i\right)^2 + \alpha\varphi(c_\alpha, m_\alpha) = F(c_\alpha, m_\alpha, \alpha) \leqq F(\bar{c}, \overline{m}, \alpha) = \alpha\varphi(\bar{c}, \overline{m}), \tag{8}$$

so daß die beiden Abschätzungen

$$\varphi(c_\alpha, m_\alpha) \leqq \varphi(\bar{c}, \overline{m}), \tag{9}$$

$$\sum_{i=1}^{t} \left(\lambda_i(c_\alpha, m_\alpha) - \nu_i\right)^2 \leqq \alpha[\varphi(\bar{c}, \overline{m}) - \varphi(c_\alpha, m_\alpha)] \leqq \alpha\varphi(\bar{c}, \overline{m}) \tag{10}$$

folgen. Die Ungleichung (9) besagt, daß die Menge $\bigcup_{\alpha>0} \mathfrak{A}_\alpha$ beschränkt ist.

Es sei nun $\alpha_s > 0$, $s = 1, 2, \ldots$, eine Nullfolge. Ohne Beschränkung der Allgemeinheit können wir dann annehmen, daß die Folge $(c_{\alpha_s}, m_{\alpha_s})$ einen Grenzwert $(c_0, m_0)$

$\in R^{p+r}$, $c_0 \geqq 0$, $m_0 \geqq 0$, besitzt. Auf der Grundlage der Störungstheorie des Spektrums linearer Operatoren ergibt sich

$$\lim_{s\to\infty} \lambda_i(c_{\alpha_s}, m_{\alpha_s}) = \lambda_i(c_0, m_0), \qquad i = 1, \ldots, t.$$

Dann erhalten wir aus der Ungleichung (10) nach Grenzübergang die Gleichungen

$$\lambda_i(c_0, m_0) = \nu_i, \qquad i = 1, \ldots, t,$$

d. h., für den Punkt $(c_0, m_0) \in R^{p+r}$ sind die Bedingungen (4) erfüllt: $(c_0, m_0) \in \mathfrak{A}$.

Die Beziehung (9) liefert nach Grenzübergang die Ungleichung $\varphi(c_0, m_0) \leqq \varphi(\bar{c}, \overline{m})$, aus der sich $\varphi(c_0, m_0) = \varphi(\bar{c}, \overline{m})$ ergibt, da $\varphi(\bar{c}, \overline{m})$ der Minimalwert des Funktionals $\varphi$ auf $\mathfrak{A}$ ist. Mithin gilt $(c_0, m_0) \in \mathfrak{A}_0$.

Aus diesem Sachverhalt läßt sich folgender numerischer Algorithmus ableiten: Es sei $\delta > 0$ die Fehlergrenze, mit der die Gleichungen (4) erfüllt werden sollen, und es sei $\varepsilon > 0$ die Fehlergrenze für das Erreichen des Minimalwertes $\varrho = \varphi(\bar{c}, \overline{m})$. Wir fixieren $\alpha > 0$, wobei wir voraussetzen, daß $\alpha$ von der Größenordnung $\delta^2$ ist. Danach bestimmen wir mit Hilfe eines geeigneten numerischen Verfahrens das Minimum des Funktionals (6) unter den Bedingungen $c \geqq 0$, $m \geqq 0$ mit einer Genauigkeit der Größenordnung $\alpha\varepsilon$. Es sei $(\tilde{c}_\alpha, \tilde{m}_\alpha)$ das Resultat des numerischen Verfahrens, und es sei $(c_\alpha, m_\alpha) \in \mathfrak{A}_\alpha$. Dann gilt (siehe (8))

$$\sum_{i=1}^{t} \big(\lambda_i(\tilde{c}_\alpha, \tilde{m}_\alpha) - \nu_i\big)^2 + \alpha\varphi(\tilde{c}_\alpha, \tilde{m}_\alpha)$$

$$\leqq \sum_{i=1}^{t} \big(\lambda_i(c_\alpha, m_\alpha) - \nu_i\big)^2 + \alpha\varphi(c_\alpha, m_\alpha) + \varepsilon\alpha K \leqq \alpha\big(\varphi(\bar{c}, \overline{m}) + \varepsilon K\big),$$

wobei $K$ eine Konstante ist. Aus dieser Ungleichung lassen sich die beiden Ungleichungen

$$\varphi(\tilde{c}_\alpha, \tilde{m}_\alpha) \leqq \varphi(\bar{c}, \overline{m}) + \varepsilon K$$

und

$$\sum_{i=1}^{t} \big(\lambda_i(\tilde{c}_\alpha, \tilde{m}_\alpha) - \nu_i\big)^2 \leqq \alpha\big(\varphi(\bar{c}, \overline{m}) + \varepsilon K\big)$$

ableiten, aus denen ersichtlich ist, daß der Punkt $(\tilde{c}_\alpha, \tilde{m}_\alpha) \in R^{p+r}$ die gestellten Genauigkeitsforderungen erfüllt.

**5.** Für viele numerische Verfahren zur Minimierung des Funktionals (6) unter den Bedingungen $c \geqq 0$, $m \geqq 0$ ist es erforderlich, den Wert des Funktionals $F$ und seiner partiellen Ableitungen für gewisse $c' \geqq 0$ und $m' \geqq 0$ (etwa in den Iterationspunkten eines iterativen Verfahrens) zu ermitteln. Die Berechnung des Funktionalwertes $F(c', m', \alpha)$ setzt die Kenntnis der $t$ kleinsten Eigenwerte der Aufgabe (3) für $c = c'$ und $m = m'$ voraus.

Weiterhin gilt

$$\frac{\partial F}{\partial c_s} = 2 \sum_{i=1}^{t} \big(\lambda_i(c, m) - \nu_i\big) \frac{\partial \lambda_i}{\partial c_s} + 2\alpha c_s, \qquad s = 1, \ldots, p. \tag{11}$$

Es sei $x_i = x_i(c, m)$ ein zum Eigenwert $\lambda_i$ gehörender Eigenvektor der Aufgabe (3). Dann ergibt sich aus der Darstellung

$$\lambda_i = \frac{(Cx_i, x_i)}{(Mx_i, x_i)} = \frac{\left(\left(C_0 + \sum_{k=1}^{p} c_k C_k\right) x_i(c, m), x_i(c, m)\right)}{\left(Mx_i(c, m), x_i(c, m)\right)} \tag{12}$$

der Ausdruck

$$\frac{\partial \lambda_i}{\partial c_s} = \frac{(C_s x_i, x_i)}{(Mx_i, x_i)} + 2\,\frac{\left(Cx_i, \frac{\partial x_i}{\partial c_s}\right)}{(Mx_i, x_i)} - 2\,\frac{(Cx_i, x_i)}{(Mx_i, x_i)}\,\frac{\left(Mx_i, \frac{\partial x_i}{\partial c_s}\right)}{(Mx_i, x_i)} = \frac{(C_s x_i, x_i)}{(Mx_i, x_i)}. \tag{13}$$

Mithin folgt aus Formel (11) die Beziehung

$$\frac{\partial F}{\partial c_s} = 2 \sum_{i=1}^{t} \left(\lambda_i(c, m) - \nu_i\right) \frac{(C_s x_i, x_i)}{(Mx_i, x_i)} + 2\alpha c_s, \qquad s = 1, \ldots, p. \tag{14}$$

In völlig analoger Weise zu Formel (11) erhalten wir die Beziehung

$$\frac{\partial F}{\partial m_h} = 2 \sum_{i=1}^{t} \left(\lambda_i(c, m) - \nu_i\right) \frac{\partial \lambda_i}{\partial m_h} + 2\alpha m_h, \qquad h = 1, \ldots, r.$$

Durch partielle Differentiation der Formel (12) nach $m_h$ erhalten wir das Resultat

$$\frac{\partial \lambda_i}{\partial m_h} = -\lambda_i \frac{(M_h x_i, x_i)}{(Mx_i, x_i)}, \tag{15}$$

so daß

$$\frac{\partial F}{\partial m_h} = -2 \sum_{i=1}^{t} \left(\lambda_i(c, m) - \nu_i\right) \lambda_i \frac{(M_h x_i, x_i)}{(Mx_i, x_i)} + 2\alpha m_h, \qquad h = 1, \ldots, r \tag{16}$$

folgt.

Zur Berechnung der Ableitungen $\frac{\partial F}{\partial c_s}$ und $\frac{\partial F}{\partial m_h}$ im Punkt $c = c'$ und $m = m'$ wird demnach neben den kleinsten $t$ Eigenwerten der Aufgabe (3) ein System zugehöriger Eigenvektoren benötigt.

6. Verwendet man zur Minimierung des Funktionals (6) numerische Verfahren, die die zweiten Ableitungen des Funktionals $F$ enthalten, so ist neben der Ermittlung der kleinsten $t$ Eigenwerte und zugehöriger Eigenvektoren $x_1, \ldots, x_t$ der Aufgabe (3) auch die Berechnung der partiellen Ableitungen $\frac{\partial x_i}{\partial c_s}$ und $\frac{\partial x_i}{\partial m_h}$ erforderlich.

Ist $x_i(c, m)$ normierter Eigenvektor zum $i$-ten Eigenwert $\lambda_i(c, m)$ der Aufgabe (3), so ergeben sich durch partielle Differentiation der Normierungsbedingung

$$\left(x_i(c, m), x_i(c, m)\right) = \|x_i(c, m)\|^2 = 1$$

die Orthogonalitätsbeziehungen

$$\left(x_i(c, m), \frac{\partial x_i}{\partial c_s}\right) = \left(x_i(c, m), \frac{\partial x_i}{\partial m_h}\right) = 0, \quad s = 1, \ldots, p, \quad m = 1, \ldots, r. \tag{17}$$

Weiterhin erhalten wir aus der Eigenwertgleichung

$$\big(C(c) - \lambda_i(c, m)\, M(m)\big)\, x_i(c, m) = 0$$

durch partielle Differentiation die Gleichungen

$$\left(C_s - \frac{\partial \lambda_i}{\partial c_s} M\right) x_i + (C - \lambda_i M) \frac{\partial x_i}{\partial c_s} = 0, \qquad s = 1, \ldots, p, \tag{18}$$

und

$$\left(-\frac{\partial \lambda_i}{\partial m_h} M - \lambda_i M_h\right) x_i + (C - \lambda_i M) \frac{\partial x_i}{\partial m_h} = 0, \qquad t = 1, \ldots, r. \tag{19}$$

Dann erhalten wir aus der Beziehung (18) unter Nutzung der Formel (13) folgendes Gleichungssystem zur Bestimmung des Vektors $\frac{\partial x_i}{\partial c_s}$:

$$(C - \lambda_i M) \frac{\partial x_i}{\partial c_s} = \frac{(C_s x_i, x_i)}{(M x_i, x_i)} M x_i - C_s x_i. \tag{20}$$

Die Matrix $C - \lambda_i M$ des Gleichungssystems (20) ist singulär, trotzdem ist es i. a. lösbar, da die rechte Seite dieses Systems offenbar orthogonal zum Vektor $x_i$ ist (i. a. ist mit $x_i$ eine Basis des Nullraums der Systemmatrix $C - \lambda_i M$ gegeben). Aus der Orthogonalitätsbeziehung (17) schließen wir, daß mit $\frac{\partial x_i}{\partial c_s}$ die normkleinste Lösung des Systems (20) (die sog. Normallösung) gesucht wird, für die neben der Regularisierungsmethode (siehe Tichonow/Arsenin [1]) noch andere effektive Lösungsverfahren angegeben werden können (siehe z. B. Kuhnert [1]).

Analog erhalten wir zur Bestimmung des Vektors $\frac{\partial x_i}{\partial m_h}$ aus der Beziehung (19) das singuläre Gleichungssystem

$$(C - \lambda_i M) \frac{\partial x_i}{\partial m_h} = \lambda_i M_h x_i - \lambda_i \frac{(M_h x_i, x_i)}{(M x_i, x_i)} M x_i \tag{21}$$

mit einer zu $x_i$ orthogonalen rechten Seite.

7. Außer der Aufgabe der Bestimmung von solchen Parameterwerten $c_k \geqq 0$, $k = 1, \ldots, p$ und $m_j \geqq 0$, $j = 1, \ldots, r$, mit denen das Matrixeigenwertproblem in allgemeiner Form (3) für die kleinsten $t$ Eigenwerte $\lambda_1, \ldots, \lambda_t$ vorgegebene Werte $\nu_1, \ldots, \nu_t$ annimmt, treten bei der Synthese mechanischer Schwingungssysteme Problemstellungen auf, in denen für die Lage der Eigenwerte $\lambda_1, \ldots, \lambda_t$ lediglich gewisse Intervalle vorgegeben werden. Es werde also die Aufgabe der Bestimmung solcher Vektoren $c \in R^p$, $c \geqq 0$ und $m \in R^r$, $m \geqq 0$, formuliert, so daß die kleinsten $t$ Eigenwerte $\lambda_1 \leqq \cdots \leqq \lambda_t$ der Aufgabe (3) in vorgegebenen Intervallen $[a_1, b_1], \ldots,$

$[a_t, b_t]$ liegen:

$$\lambda_i \in [a_i, b_i], \qquad a_i \leqq b_i, \qquad i = 1, \ldots, t. \tag{22}$$

Hierbei wollen wir voraussetzen, daß zwei aufeinanderfolgende Intervalle $[a_i, b_i]$ und $[a_{i+1}, b_{i+1}]$ entweder gleich (d. h., zwei oder mehr Eigenwerte der Aufgabe (3) können in ein und demselben Intervall liegen) oder durchschnittsfremd sind. Weiterhin fordern wir, daß die restlichen $n - t$ Eigenwerte $\lambda_{t+1}, \ldots, \lambda_n$ $(\lambda_{t+1} \leqq \cdots \leqq \lambda_n)$ der Aufgabe (3) größer als eine vorgegebene Zahl $a_{t+1}$ sind, was durch die Ungleichung

$$\lambda_{t+1} \geqq a_{t+1} \tag{23}$$

beschrieben werden kann.

Über der Menge $\mathfrak{A}_1 \subset R^{p+r}$ derjenigen Vektoren $(c, m)$, $c \geqq 0$, $m \geqq 0$, die die Bedingungen (22) und (23) erfüllen, sei ein Auswahlfunktional $\varphi(c, m)$ definiert, dessen Minimum zu bestimmen ist.

Die Beziehungen (21), d. h. die Ungleichungen $a_i \leqq \lambda_i \leqq b_i$, sind den Ungleichungen

$$D_i = \frac{(b_i - a_i)^2}{4} \geqq (\lambda_i - a_i)(b_i - \lambda_i) \geqq 0, \qquad i = 1, \ldots, t$$

äquivalent. Hierfür können wir als weitere äquivalente Form die Beziehungen

$$(\lambda_i - a_i)(b_i - \lambda_i) - d_i = 0, \qquad 0 \leqq d_i \leqq D_i, \qquad i = 1, \ldots, t \tag{24}$$

angeben.

Für die Bedingung (22) finden wir analog eine äquivalente Beziehung in der Form

$$\lambda_{t+1} - a_{t+1} - d_{t+1} = 0, \qquad d_{t+1} \geqq 0. \tag{25}$$

Die Aufgabe der Minimierung des Funktionals $\varphi(c, m)$ unter den Bedingungen (22), (23) und $c \geqq 0$, $m \geqq 0$ ist der Aufgabe der Minimierung des Funktionals $\varphi(c, m)$ unter den Bedingungen (24), (25) und $c \geqq 0$, $m \geqq 0$ äquivalent. Folglich ist wieder eine Extremalaufgabe mit Gleichungen als Nebenbedingungen und einfachen Beschränkungen für die Variablen entstanden. In Anlehnung an die oben beschriebene Vorgehensweise betrachten wir das für jedes feste $\alpha > 0$ nach unten beschränkte Funktional

$$\Phi(c, m, d, \alpha) = \sum_{i=1}^{t} [(\lambda_i - a_i)(b_i - \lambda_i) - d_i]^2 + (\lambda_{t+1} - a_{t+1} - d_{t+1})^2 + \alpha\varphi(c, m), \qquad \alpha > 0, \tag{26}$$

dessen Minimum wir für $c \geqq 0$, $m \geqq 0$, $D \geqq d \geqq 0$ suchen. Hierbei wurde $d = (d_1, \ldots, d_t, d_{t+1})^{\mathsf{T}}$ und $D = (D_1, \ldots, D_t, \infty)^{\mathsf{T}}$ bezeichnet.

Zur Minimierung des Funktionals $\Phi$ können numerische Verfahren Verwendung finden, die die Berechnung des Funktionals $\Phi$ und seiner ersten und zweiten partiellen Ableitungen für gewisse Vektoren $c = c' \geqq 0$, $m = m' \geqq 0$, $d = d'$ $(0 \leqq d' \leqq D)$ voraussetzen. Für jede dieser Operationen ist es erforderlich, die kleinsten $t + 1$ Eigenwerte und die dazugehörigen Eigenvektoren der Aufgabe (3) für $c = c'$ und $m = m'$ zu ermitteln und gegebenenfalls Systeme der Form (20) und (21) zu lösen.

## Schlußbemerkungen

1. Wir vermerken, daß das Funktional $\Phi$ aus Formel (26) im wesentlichen in das Funktional $F$ aus Formel (6) übergeht, falls $b_i = a_i$ $(i = 1, \ldots, t)$ gilt, da in diesem Fall $D_i = \frac{(b_i - a_i)^2}{4} = 0$ und damit $d_i = 0$ wird.

2. In praktischen Aufgabenstellungen werden i. a. beschränkende Bedingungen der Form $0 \leqq c_k \leqq c_k^0 = \text{const}$, $0 \leqq m_j \leqq m_j^0 = \text{const}$ auftreten, die keinen prinzipiellen Einfluß auf die hier beschriebenen Aufgabenstellungen haben. Sie legen z. B. bei Verwendung von Abstiegsmethoden für die Minimierung der Funktionale (6) bzw. (26) die Länge des Weges in der gewählten Richtung fest.

3. Eine in der Arbeit [2] des Autors für das Spezialproblem der Vorgabe lediglich des kleinsten Eigenwerts für die Aufgabe (3) dargelegte Methode läßt sich ohne Schwierigkeiten auf die Lösung der folgenden allgemeineren Aufgabe übertragen: Zu bestimmen seien Vektoren $c \geqq 0$ und $m \geqq 0$ mit möglichst vielen Nullkomponenten $c_k$ und $m_j$, die die Bedingungen (4) bzw. (22) und (23) erfüllen.

## Literatur


Hadeler, K. P.

[1] Inverse Eigenwertprobleme, ZAMM **47** (1967), T 49—T 50 (Sonderheft).
[2] Ein inverses Eigenwertproblem, Lin. Alg. and Appl. **1** (1968), 83—101.
[3] Newton-Verfahren für inverse Eigenwertaufgaben, Num. Math., **12** (1968), 35—39.
[4] Multiplikative inverse Eigenwertprobleme, Lin. Alg. and Appl., **2** (1969), 65—86.
[5] Existenz- und Eindeutigkeitssätze für inverse Eigenwertaufgaben mit Hilfe des topologischen Abbildungsgrades, Arch. Rat. Mech. and Anal. **42** (1971), 317—322.

Kublanovskaya, V. N. (Кублановская, В. Н.)

[1] Об одном подходе к решению обратной проблемы собственных значений, Зап. научн. семинаров Ленингр. отд. Мат. ин-та АН СССР **18** (1970), 138—149.
[2] Применение нормализованного процесса к решению обратной проблемы собственных значений матрицы, Зап. научн. семинаров Ленингр. отд. Мат. ин-та АН СССР **23** (1971), 72—83.
[3] К решению нелинейной проблемы собственных значений матрицы, Зап. научн. семинаров Ленингр. отд. Мат. ин-та АН СССР, **35** (1973), 67—74.
[4] К решению аддитивной задачи для собственных значений матрицы, Зап. научн. семинаров Ленингр. отд. Мат. ин-та АН СССР **48** (1974), 12—17.
[5] Application of the orthogonal transformations to the solution of one extremal problem, Proc. IFIP Congr. 1971, North-Holland, Amsterdam—London 1972, pp. 1311—1316.

Kuhnert, F. (Куннерт, Ф.)

[1] Pseudoinverse Matrizen und die Methode der Regularisierung, Teubner, Leipzig 1976.
[2] О методах решения одной обратной задачи на собственные значения матриц, Вестник Московск. ун-та 1978.

de Oliveira, G. N.

[1] Note on the additive inverse eigenvalue problem, Rev. Fac. Sienc. Univ. Lisboa **13** (1969—1970), 21—26.

[2] Inverse eigenvalue problems for complex matrices, Computing **6** (1970), 339–341.
[3] Note on an inverse characteristic value problem, Num. Math., **15** (1970), 345–347.
[4] Matrices with prescribed principal elements and singular values, Can. Math. Bull. **14** (1971), 247–249.
[5] Matrix inequalities and the additive inverse eigenvalue problem, Computing **9** (1972), 95–100.
[6] On the multiplicative inverse eigenvalue problem, Can. Math. Bull. **15** (1972), 189–193.
[7] Matrices with prescribed entries and eigenvalues, Proc. Amer. Math. Soc. **37** (1973), 380–386.
[8] Matrices with prescribed entries and eigenvalues, SIAM J. Appl. Math. **24** (1973), 414–417.

TICHONOV, A. N., und V. J. ARSENIN (ТИХОНОВ, А. Н., и В. Ф. АРСЕНИН)
[1] Методы решения некорректных задач, Наука, Москва 1974.

WILHELMI, W.
[1] Ein Algorithmus zur Lösung eines inversen Eigenwertproblems, ZAMM **54** (1974), 53–55.

Manuskripteingang: 27. 9. 1977

VERFASSER:
Prof. Dr. FRIEDER KUHNERT, Sektion Mathematik der Technischen Hochschule Karl-Marx-Stadt

Beiträge zur Numerischen Mathematik
8 (1980), 85–97

# Untersuchung eines parametrischen impliziten Einschrittverfahrens

Roswitha März

Im vorliegenden Aufsatz wird ein parametrisches implizites, zwischenschrittfreies Einschrittverfahren auf der Grundlage einer parametrischen Interpolationsformel entwickelt. Der Ansatz erlaubt eine neuartige Verallgemeinerung der von Liniger ([3]) formulierten Idee des exponential fitting für Systeme von Differentialgleichungen ganz ohne Verwendung der Jacobi-Matrix der rechten Seite und ohne spezielle Voraussetzungen über diese Matrix wie etwa bei Norsett ([5]). Das Vorhandensein der Parameter ermöglicht eine schritt- und zeilenweise Anpassung des Verfahrens an die gestellte Aufgabe. Bei der praktischen Erprobung an verschiedenen Gruppen von Beispielen ([4]) hat sich die neue exponential-fit-Methode als die günstigste von verschiedenen Varianten der Parameterbestimmung erwiesen.

Es wird die Stetigkeit der Näherungslösungen in den Parametern gezeigt.

Bei verschwindenden Parameterwerten erhält man gerade die Trapezregel. Für das allgemeine parametrische Verfahren werden Konvergenzaussagen und Fehlerabschätzungen von der Art, wie sie für die Trapezregel gelten, bewiesen.

## 1. Beschreibung des Verfahrens

Die parametrische Interpolationsformel

$$p(t, \alpha) = g_0 + (g_1 - g_0)\, u(\alpha, t_1 - t_0, t, t_0) \tag{0}$$

mit

$$u(\beta, h, t, s) = \begin{cases} (t - s)/h, & \text{falls } \beta = 0, \\ (1 - e^{-\beta(t-s)})/(1 - e^{-\beta h}) & \text{sonst,} \end{cases} \qquad h, t, s, \beta \in R, h > 0,$$

liefert zu vorgegebenen Werten $g_0$, $g_1 \in R$ für beliebige $\alpha \in R$ jeweils eine reelle Funktion $p(\cdot, \alpha)$, die an den Stellen $t_0$, $t_1$ die Funktionswerte $g_0$, $g_1$ annimmt. $p(\cdot, 0)$ ist gerade das klassische Newtonsche Interpolationspolynom 1. Grades. Durch $p(\cdot, \beta)$ werden konstante Funktionen und die Exponentialfunktion $g_0 e^{-\beta(t-t_0)}$ genau wiedergegeben.

Wird eine Funktion $g(\cdot) \in C^{(2)}[t_0, T]$ auf diese Weise interpoliert, so hat das

Restglied die Gestalt

$$R(t, \alpha) = g(t) - p(t, \alpha) = \int_{t_0}^{t} \int_{t_0}^{t_1} G(\alpha, \tau, s) \left(g''(s) + \alpha g'(s)\right) ds\, d\tau,$$

wobei $G(\cdot, \cdot, \cdot)$ eine Greensche Funktion ist ([4]). Mittels der Interpolationsformel (0) wollen wir nun parametrische Verfahren für Anfangswertaufgaben entwickeln, für die im Unterschied zu den auf Polynominterpolation beruhenden Verfahren die Möglichkeit des exponential fitting a priori gegeben ist. Behandelt werden sollen Anfangswertaufgaben folgender Art:

$$\left.\begin{aligned} \dot{x}(t) &= f\left(x(t), t\right), \qquad t \in [t_0, T], \\ x(t_0) &= x_0 \end{aligned}\right\} \tag{1}$$

mit $f \in C\left[R^m \times [t_0, T], R^m\right)$, $|f(x, t) - f(y, t)| \leqq L\,|x - y|$, $x, y \in R^m$, $t \in [t_0, T]$, $x_0 \in R^m$.[1])

Mit $x_*(\cdot)$ bezeichnen wir die exakte Lösung von (1). Wie üblich unterteilen wir das Intervall $[t_0, T]$ durch Stützstellen $t_0 < t_1 < \cdots < t_N = T$, so daß $h_e = t_e - t_{e-1}$, $e = 1, \ldots, N$, unsere Schrittweiten sind.

Aus den Identitäten

$$x_*{}^i(t_n) = x_*{}^i(t_{n-1}) + \int_{t_{n-1}}^{t_n} f^i\left(x_*(t), t\right) dt, \quad i = 1, \ldots, m,\ n = 1, \ldots, N,$$

gewinnen wir durch Verwendung der obigen Interpolationsformel (0) für jede Komponente $f^i(\cdot, \cdot)$ und auf jedem Teilintervall ein Einschrittverfahren, das Näherungswerte $x_n$ für $x_*(t_n)$ liefern soll:

$$x_n{}^i = x_{n-1}^i + h_n f_{n-1}^i + (f_n{}^i - f_{n-1}^i)\, b(\alpha_n{}^i h_n), \quad i = 1, \ldots, m,\ n = 1, \ldots, N. \tag{2}$$

Dabei seien $f_j = f(x_j, t_j)$, $j = 0, \ldots, N$, und

$$b(\beta) = \begin{cases} 0.5, & \text{falls } \beta = 0, \\ (1 - e^{-\beta})^{-1} - \beta^{-1} & \text{sonst,} \end{cases} \qquad \beta \in R.$$

Die reelle Funktion $b(\cdot)$ ist stetig differenzierbar und monoton, ihre Funktionswerte sind aus dem Intervall (0, 1), und es gilt

$$\lim_{\beta \to \infty} b(\beta) = 1, \quad \lim_{\beta \to -\infty} b(\beta) = 0, \quad b'(0) = \frac{1}{12}, \quad b''(0) = 0.$$

Der von uns vorgenommenen parametrischen Interpolation der Komponenten der rechten Seite der DGL entspricht die Näherung der exakten Lösung $x_*(\cdot)$ durch die stetig differenzierbare Funktion $x(\cdot)$,

$$\begin{aligned} &x^i(t) = x_{n-1}^i + f_{n-1}^i(t - t_{n-1}) + (f_n{}^i - f_{n-1}^i)\, v(\alpha_n{}^i, h_n, t, t_{n-1}), \\ &i = 1, \ldots, m, \quad t \in [t_{n-1}, t_n], \quad n = 1, \ldots, N, \end{aligned} \tag{3}$$

[1]) Dabei sei $|\cdot|$ eine beliebige Norm auf $R^m$, für die $|x| = |\text{abs}\,(x)|$ gilt und aus $x, y \in R^m$, $|x^i| \leqq |y^i|$, $i = 1, \ldots, m$, sofort $|x| \leqq |y|$ folgt.

mit

$$v(\beta, h, t, s) = \begin{cases} (t-s)^2/(2h), & \text{falls } \beta = 0, \\ \left(t - s + \frac{1}{\beta}(e^{-\beta(t-s)} - 1)\right) \Big/ (1 - e^{-\beta h}) & \text{sonst}, \end{cases}$$

$h, \beta, t, s \in R, h > 0.$

Für beliebige $h, \beta, t, s \in R$, $h > 0$ gilt übrigens

$$v_t'(\beta, h, t, s) = u(\beta, h, t, s), \quad u(\beta, h, s, s) = 0, \quad v(\beta, h, s, s) = 0,$$

und für $s \leqq t \leqq s + h$ gilt außerdem

$$v_t'(\beta, h, t, s) \geqq 0,$$

$$0 \leqq v(\beta, h, t, s) \leqq v(\beta, h, s + h, s) = b(\beta h) \cdot h \leqq h.$$

Verschwinden alle Parameter $\alpha_n^i$ in (2), so stellt (2) gerade die Trapezregel dar. Wie bei dieser erhalten wir unter der Voraussetzung $|I| \cdot \max h_n \cdot L < 1$, $n = 1, \ldots, N$, die Existenz und Einzigkeit von den Gleichungen (2) genügenden $x_n$, $n = 1, \ldots, N$.

Bei verschwindenden Parametern gilt $x(\cdot) = x_*(\cdot)$, wenn $x_*(\cdot)$ in allen Komponenten ein Polynom höchstens 2. Grades darstellt.

Legt man dagegen

$$\alpha_{n+1}^i = \begin{cases} -f_n^i/x_n^i, & \text{falls } x_n^i \neq 0, \\ \text{beliebig} & \text{sonst}, \end{cases} \quad i = 1, \ldots, m, \quad n = 0, \ldots, N-1, \tag{F}$$

fest, so wird $x(\cdot) = x_*(\cdot)$, wenn jede der Komponenten von $x_*(\cdot)$ entweder ein Polynom höchstens 1. Grades oder eine Exponentialfunktion mit reellem Exponenten darstellt ([4]). Benutzt man also (2) mit (F), so verzichtet man im Vergleich zur Trapezregel auf die um Eins höhere Verfahrensordnung zugunsten der Genauigkeit für Exponentialfunktionen.

Liniger legte in [3] den Gedanken des exponential fitting für eine skalare lineare homogene DGL dar, um danach einen global optimalen Parameter für die Integration stabiler DGLn zu berechnen.

Nørsett konstruiert in [5] ein sich im allgemeinen schrittweise änderndes explizites Mehrschrittverfahren, das eine lineare homogene skalare DGL exakt integriert. Ist die DGL nicht von dieser speziellen Art, werden die Parameter des Mehrschrittverfahrens jeweils nach einer lokalen Linearisierung bestimmt. Dabei wird die Jacobi-Matrix der rechten Seite der DGL oder eine Näherung für sie benötigt, und sie muß von bestimmter Gestalt sein.

Beim Verfahren (2) ist die Beschaffenheit der rechten Seite der DGL ohne Belang — sie kann linear oder nichtlinear sein, ihre Jacobi-Matrix braucht weder zu existieren noch besondere Eigenschaften zu haben.

Unter Verwendung der Matrix $B(d) = \operatorname{diag}\left(b(d^1), \ldots, b(d^m)\right)$, $d \in R^m$, kann (2) kompakter geschrieben werden als

$$x_n = x_{n-1} + h_n f_{n-1} + h_n B(\alpha_n h_n)(f_n - f_{n-1}), \quad x_n \in R^m, \quad n = 1, \ldots, N. \tag{4}$$

## 2. Parametersensitivität des Verfahrens

Das Rechnen mit parametrischen Verfahren ist sicher nur dann sinnvoll, wenn die Näherungslösung selbst stetig von den Parametern abhängt. Wir wollen nun zeigen, daß unsere Näherung $x(\cdot)$ gemäß (3) Stetigkeitseigenschaften besitzt.

Satz 1. *Sei* $|I| \cdot h_e L < 1$, $e = 1, \ldots, N$. *Dann ist* $x_n$ *aus* (4) *Lipschitz-stetig abhängig von* $\alpha_n = (\alpha_n^1, \ldots, \alpha_n^m)$, $n = 1, \ldots, N$.

Beweis. Zunächst hat (4) wegen der Voraussetzung zu jedem Parameter $\alpha_n \in R^m$ je genau eine Lösung $x_n = x_n(\alpha_n)$. Seien also $x_n(\alpha_n)$, $x_n(\bar{\alpha}_n)$ die zu $\alpha_n$, $\bar{\alpha}_n \in R^m$ gehörenden Lösungen. Nun gilt nach (4)

$$|x_n(\alpha_n) - x_n(\bar{\alpha}_n)| \leqq h_n L\, |B(\bar{\alpha}_n h_n)|\, |x_n(\bar{\alpha}_n) - x_n(\alpha_n)|$$
$$+ h_n\, |B(\bar{\alpha}_n h_n) - B(\alpha_n h_n)|\, \{L\, |x_n(\alpha_n) - x_{n-1}| + |f(x_{n-1}, t_n) - f_{n-1}|\}.$$

Aus dem Banachschen Fixpunktsatz gewinnen wir folgende Abschätzung, wenn wir als Anfangswert für die iterative Berechnung von $x_n(\alpha_n)$ gerade $x_{n-1}$ wählen:

$$|x_n(\alpha_n) - x_{n-1}| \leqq (1 - Lh_n\, |I|)^{-1}\, \big|h_n f_{n-1} + h_n B(\alpha_n h_n)\, \big(f(x_{n-1}, t_n) - f_{n-1}\big)\big|$$

Insgesamt haben wir also

$$|x_n(\alpha_n) - x_n(\bar{\alpha}_n)| \leqq h_n L\, |B(\bar{\alpha}_n h_n)|\, |x_n(\bar{\alpha}_n) - x_n(\alpha_n)|$$
$$+ h_n (1 - Lh_n\, |I|)^{-1}\, \{Lh_n\, |f_{n-1}| + |f(x_{n-1}, t_n) - f_{n-1}|\}\, |B(\bar{\alpha}_n h_n) - B(\alpha_n h_n)|.$$

Dabei ist $|B(\bar{\alpha}_n h_n)| \leqq |I|$, $|I - B(\alpha_n h_n)| \leqq |I|$ und weiter

$$|B(\bar{\alpha}_n h_n) - B(\alpha_n h_n)|$$
$$= \big|\operatorname{diag}\big(b(\bar{\alpha}_n^1 h_n) - b(\alpha_n^1 h_n), \ldots, b(\bar{\alpha}_n^m h_n) - b(\alpha_n^m h_n)\big)\big|$$
$$= \big|\operatorname{diag}\big(b'(\theta^1)\, (\bar{\alpha}_n^1 - \alpha_n^1), \ldots, b'(\theta^m)\, (\bar{\alpha}_n^m - \alpha_n^m)\big)\big| \cdot h_n$$
$$= \big|\operatorname{diag}\big(b'(\theta^1), \ldots, b'(\theta^m)\big)\, (\bar{\alpha}_n - \alpha_n)\big| \cdot h_n$$
$$\leqq \frac{1}{12}\, h_n\, |I|\, |\bar{\alpha}_n - \alpha_n|.$$

Hieraus folgt dann schließlich die Ungleichung

$$|x_n(\alpha_n) - x_n(\bar{\alpha}_n)|$$
$$\leqq \frac{1}{12}\, h_n^2\, |I|\, (1 - Lh_n\, |I|)^{-2}\, \{Lh_n\, |f_{n-1}| + |f(x_{n-1}, t_n) - f_{n-1}|\}\, |\alpha_n - \bar{\alpha}_n|, \qquad (5)$$

q. e. d.

Bei den üblichen Normen gilt dann noch $|I| = 1$.

Aus Satz 1 erhalten wir die Stetigkeit von $x_n$ nach allen „vorhergehenden“ Parametern $\alpha_1, \ldots, \alpha_n$. Sind nämlich $x_n(\alpha_n, \ldots, \alpha_1)$, $x_n(\bar{\alpha}_n, \ldots, \bar{\alpha}_1)$ gerade mit $\alpha_1, \ldots, \alpha_n$

bzw. mit $\bar{\alpha}_1, \ldots, \bar{\alpha}_n$ berechnet worden, so gilt nach (4)

$$\begin{aligned}
&|x_n(\alpha_n, \ldots, \alpha_1) - x_n(\bar{\alpha}_n, \ldots, \bar{\alpha}_1)| \\
&\leqq |x_n(\alpha_n, \ldots, \alpha_1) - x_n(\bar{\alpha}_n, \alpha_{n-1}, \ldots, \alpha_1)| \\
&\quad + |x_n(\bar{\alpha}_n, \alpha_{n-1}, \ldots, \alpha_1) - x_n(\bar{\alpha}_n, \ldots, \bar{\alpha}_1)| \\
&\leqq |x_n(\alpha_n, \ldots, \alpha_1) - x_n(\bar{\alpha}_n, \alpha_{n-1}, \ldots, \alpha_1)| \\
&\quad + (1 - Lh_n |I|)^{-1} (1 + Lh_n |I|) \cdot |x_{n-1}(\alpha_{n-1}, \ldots, \alpha_1) - x_{n-1}(\bar{\alpha}_{n-1}, \ldots, \bar{\alpha}_1)|.
\end{aligned}$$

Den ersten Term schätzen wir weiter mit (5) ab. Wir erhalten schließlich

$$\begin{aligned}
&|x_n(\alpha_n, \ldots, \alpha_1) - x_n(\bar{\alpha}_n, \ldots, \bar{\alpha}_1)| \leqq \frac{1}{12} |I| \sum_{k=0}^{n-1} \left\{ \prod_{j=0}^{k-1} \frac{1 + Lh_{n-j} |I|}{1 - Lh_{n-j} |I|} \right. \\
&\times \frac{h_{n-k}^2}{(1 - Lh_{n-k} |I|)^2} \cdot \Big(Lh_{n-k} \left|f(x_{n-k-1}(\alpha_{n-k-1}, \ldots, \alpha_1), t_{n-k-1})\right| \\
&\left. + \left|f(x_{n-k-1}(\alpha_{n-k-1}, \ldots, \alpha_1), t_{n-k}) - f(x_{n-k-1}(\alpha_{n-k-1}, \ldots, \alpha_1), t_{n-k-1})\right|\Big) \right\} \\
&\times |\alpha_{n-k} - \bar{\alpha}_{n-k}|
\end{aligned}$$

und damit die Stetigkeit von $x_n$ in $(\alpha_n, \ldots, \alpha_1)$.

Nun folgt aus (3) die Stetigkeit von $x(t)$ nach allen Parametern. In [4] wird auch die stetige Differenzierbarkeit von $x_n(\alpha_n)$ nach $\alpha_n$ nachgewiesen, wenn die rechte Seite der DGL in (1) eine stetige und beschränkte Jacobi-Matrix besitzt.

Zur Illustration der Parameterabhängigkeit möge das folgende einfache Beispiel dienen.

Gelöst wurde die Anfangswertaufgabe $\dot{x}(t) = 2x(t) + 1$; $t \in [0, 1]$, $x(0) = 1$.

Beim Rechnen mit äquidistanter Schrittweite $h$ ergab sich bei der Trapezregel

für $h = 0.02$ ein maximaler Fehlerbetrag von 0.0034,

für $h = 0.01$ ein maximaler Fehlerbetrag von 0.0007.

Die Rechnung mit (4) und $\alpha_n = -1.985$, $n = 1, \ldots, N$, ergab dagegen bereits bei $h \doteq 0.2$ nur Fehler vom Betrag 0.0019.

## 3. Konvergenz des Verfahrens (4)

Wir schreiben hier (1) als Operatorgleichung

$$Ax = 0$$

mit $A \in [M, N)$, $M = C^{(1)}([t_0, T], R^m)$, $N = R^m \times \tilde{N}$, $\tilde{N} = C([t_0, T], R^m)$, $\tilde{A} \in [M, \tilde{N})$,

$$(\tilde{A}x)(t) \overset{D}{\equiv} \dot{x}(t) - f(x(t), t),$$

$$Ax \overset{D}{=} (x(t_0), \tilde{A}x), \qquad x \in M.$$

Für die Intervallunterteilungen

$$t_0 = t_0^n < \cdots < t_{N_n}^n = T, \qquad n \in nz, \qquad h_i^n = t_i^n - t_{i-1}^n,$$

gelte $h_n \overset{D}{=} \max_{i=1,\ldots,N_n} h_i^n \xrightarrow[n\to\infty]{} 0$, $h_n N_n \xrightarrow[n\to\infty]{} \gamma(T - t_0)$, $\gamma \geqq 1$. Wir nennen $\mathfrak{A}_n = (\alpha_{n,1}^1, \ldots, \alpha_{n,1}^m, \ldots, \alpha_{n,N_n}^m) \in R^{m\cdot N_n}$ einen Parametersatz zu $n \in nz$.

Mit $\tilde{N}_n(\mathfrak{A}_n)$ bezeichnen wir die Menge aller stetigen Funktionen, die pro Komponente und Teilintervall mit den entsprechenden Parametern aus $\mathfrak{A}_n$ die Form (0) besitzen. $\tilde{N}_n(0)$ ist gerade die Menge aller Polygonzüge mit Knickstellen in $t_1^n, \ldots, t_{N_n-1}^n$. Der Operator $\tilde{r}_n(\mathfrak{A}_n) \in [\tilde{N}, \tilde{N}_n(\mathfrak{A}_n))$, der $y \in \tilde{N}$ diese Interpolierende zuordnet, ist eine Projektion, und es gilt für beliebige $\mathfrak{A}_n \in R^{mN_n}$, $n \in nz$, $y \in \tilde{N}$

$$\|y - \tilde{r}_n(\mathfrak{A}_n)\, y\| \xrightarrow[n\to\infty]{} 0.$$ [1])

Jedem $x \in M$ ordnen wir die stetig differenzierbare Funktion $p_n(\mathfrak{A}_n)\, x$ zu vermittels

$$\bigl(p_n(\mathfrak{A}_n)\, x\bigr)^i\,(t) \overset{D}{\equiv} \begin{cases} x^i(t_0) & \text{für} \quad t = t_0, \\ \bigl(p_n(\mathfrak{A}_n)\, x\bigr)^i\,(t_{l-1}^n) + \dot{x}^i(t_{l-1}^n)\,(t - t_{l-1}) \\ \quad + \bigl(\dot{x}^i(t_l) - \dot{x}^i(t_{l-1}^n)\bigr)\, v(\alpha_{n,l}^i,\ h_l^n, t, t_{l-1}^n) \\ \text{für } t \in (t_{l-1}^n, t_l^n], \quad l = 1, \ldots, N_n, \quad i = 1, \ldots, m. \end{cases}$$

Passend hierzu legen wir $M_n(\mathfrak{A}_n) = p_n(\mathfrak{A}_n)\,(M)$ fest und haben damit einen $m(N_n + 2)$-dimensionalen Unterraum von $M$ gewonnen. Auch $p_n(\mathfrak{A}_n)$ ist ein Projektor, und es gilt für beliebige $\mathfrak{A}_n$ und $x \in M$

$$\|x - p_n(\mathfrak{A}_n)\, x\| = O(h_n).$$

([4]).

Durch die Definition von geeigneten Operatoren $A_n(\mathfrak{A}_n) \in [M_n(\mathfrak{A}_n), N_n(\mathfrak{A}_n))$ ermöglichen wir uns die Niederschrift von (4) als Operatorgleichung und können dann durch Nachweis von Konsistenz- und Stabilitätseigenschaften auch Konvergenzaussagen erhalten. Wir legen fest:

$$A_n(\mathfrak{A}_n)\, x = \bigl(x(t_0) - x_0,\ \tilde{A}_n(\mathfrak{A}_n)\, x\bigr),$$

$$\tilde{A}_n(\mathfrak{A}_n) \in [M_n(\mathfrak{A}_n), \tilde{N}_n(\mathfrak{A}_n)),$$

$$\bigl(\tilde{A}_n(\mathfrak{A}_n)\, x\bigr)\,(t_l^n) = \begin{cases} \dot{x}(t_0) - f\bigl(x(t_0), t_0\bigr) & \text{für} \quad l = 0, \\ \dfrac{1}{h_l^n}\bigl(x(t_l^n) - x(t_{l-1}^n)\bigr) - f\bigl(x(t_{l-1}^n), t_{l-1}^n\bigr) \\ \quad - B(\alpha_{n,l} h_l^n)\bigl(f(x(t_l^n), t_l^n) - f(x(t_{l-1}^n), t_{l-1}^n)\bigr) \\ \text{für} \quad l = 1, \ldots, N_n. \end{cases}$$

Unter der Voraussetzung $Lh_n\,|I| < 1$ ist die Gleichung

$$A_n(\mathfrak{A}_n)\, x = 0$$

eindeutig lösbar. Ihre Lösung $x^n(\cdot) \in M_n(\mathfrak{A}_n)$ hat eine zu (3) analoge Form.

[1]) $\|\cdot\|$ sei die Maximumnorm für stetige Funktionen bzw. für $y = (y_0, \tilde{y}) \in N$ sei $\|y\| = \max\,(|y_0|, \|\tilde{y}\|_c)$.

Lemma 1. *Sei $Lh_n |I| < 1$. Dann gilt für beliebige $u, \overline{u} \in M_n(\mathfrak{A}_n)$ die Ungleichung*

$$\max_{l=0,\ldots,N_n} |u(t_l^n) - \overline{u}(t_l^n)| \leqq e^{2L(T-t_0)|I|} \max\left(1, \frac{1}{2L}\right) \|A_n(\mathfrak{A}_n) u - A_n(\mathfrak{A}_n) \overline{u}\|.$$

Beweis. Wir folgern aus der Definition von $A_n(\mathfrak{A}_n)$

$$\begin{aligned} |u(t_l^n) - \overline{u}(t_l^n)| = \big|&u(t_{l-1}^n) - \overline{u}(t_{l-1}^n) + h_l^n B(\alpha_{n,l} h_l^n) \big(f(u(t_l^n), t_l^n) \\ &- f(\overline{u}(t_l^n), t_l^n)\big) + h_l^n (I - B(\alpha_{n,l} h_l^n)) \big(f(u(t_{l-1}^n), t_{l-1}^n) - f(\overline{u}(t_{l-1}^n), t_{l-1}^n)\big) \\ &+ h_l^n \big((\tilde{A}_n(\mathfrak{A}_n) u)(t_l^n) - (\tilde{A}_n(\mathfrak{A}_n) \overline{u})(t_l^n)\big)\big| \\ \leqq\ & |u(t_{l-1}^n) - \overline{u}(t_{l-1}^n)| (1 + h_n |I| L) + h_n L |I| |u(t_l^n) - \overline{u}(t_l^n)| \\ &+ h_n \|A_n(\mathfrak{A}_n) u - A_n(\mathfrak{A}_n) \overline{u}\|. \end{aligned}$$

Durch sukzessives Abschätzen erhält man hieraus die Behauptung.

Lemma 2. *Sei $Lh_n |I| < 1$, $n \in nz$. Die Menge aller Parameter aus den Sätzen $\mathfrak{A}_n$, $n \in nz$, sei nach unten durch ein $\overline{\alpha} \in R$ beschränkt.*
*Dann gibt es eine von $n$ unabhängige Konstante $K$ mit*

$$\|u - \overline{u}\| \leqq K \|A_n(\mathfrak{A}_n) u - A_n(\mathfrak{A}_n) \overline{u}\|, \quad u, \overline{u} \in M_n(\mathfrak{A}_n), \quad n \in nz.$$

Beweis. Für $u, \overline{u} \in M_n(\mathfrak{A}_n)$, $A_n(\mathfrak{A}_n) u = w$, $A_n(\mathfrak{A}_n) \overline{u} = \overline{w}$ bekommen wir u. a.

$$\begin{aligned} \frac{1}{h_l^n} \big(u(t_l^n) - u(t_{l-1}^n)\big) = f\big(u(t_{l-1}^n), t_{l-1}^n\big) + B(\alpha_{n,l} h_n) \big(f(u(t_l^n), t_l^n) \\ - f((t_{l-1}^n), t_{l-1}^n)\big) + w(t_l^n), \qquad l = 1, \ldots, N_n, \end{aligned}$$

und wegen der Beschaffenheit des Raumes $M_n(\mathfrak{A}_n)$

$$\begin{aligned} &u^i(t_l^n) = u^i(t_{l-1}^n) + \dot{u}^i(t_{l-1}^n) \cdot h_l^n + \big(\dot{u}^i(t_l^n) - \dot{u}^i(t_{l-1}^n)\big) h_l^n b(\alpha_{n,l}^i h_n), \\ &i = 1, \ldots, m, \quad l = 1, \ldots, N_n. \end{aligned}$$

Aus diesen beiden Relationen errechnen wir für $\dot{u}(t_l^n)$ die Darstellung

$$\dot{u}^i(t_l^n) = f^i\big(u(t_l^n), t_l^n\big) + \underbrace{\sum_{k=0}^{l} \prod_{\mu=k+1}^{l} \left(1 - \frac{1}{b(\alpha_{n,\mu}^i h_\mu^n)}\right) \frac{1}{b(\alpha_{n,k}^i h_k^n)}}_{\stackrel{D}{=} B_{n,l}} w^i(t_k^n)$$

mit $b(\alpha_{n,0}^i h_0^n) \stackrel{D}{=} 1$, $i = 1, \ldots, m$, $l = 1, \ldots, N_n$.
Ohne Einschränkung der Allgemeinheit können wir $\overline{\alpha} < 0$ voraussetzen. Wegen $\alpha_{n,l}^i \geqq \overline{\alpha}$ können wir den Ausdruck $B_{n,l}$ abschätzen durch

$$\begin{aligned} |B_{n,l}| &\leqq \sum_{k=0}^{l} \prod_{\mu=k+1}^{l} \left(-1 + \frac{1}{b(\overline{\alpha} h_\mu^n)}\right) \frac{1}{b(\overline{\alpha} h_\mu^n)} \\ &\leqq \frac{1}{b(\overline{\alpha} h_n)} (N_n + 1) \left(-1 + \frac{1}{b(\overline{\alpha} h_n)}\right)^{N_n} \\ &\leqq \frac{1}{b(\overline{\alpha} h_n)} (N_n + 1) e^{-\frac{1}{3}\overline{\alpha}\gamma(T-t_0)} \end{aligned}$$

und bekommen hieraus

$$h_n\,|B_{n,l}| \leqq \frac{1}{b(\bar{\alpha}h_{\max})} \sup_{n\in z}\,(h_nN_n + h_n)\,e^{-\frac{1}{3}\bar{\alpha}\gamma(T-t_0)} = K_1 .$$

Damit erhalten wir schließlich auch

$$|\dot{u}^i(t_l^n) - \dot{\bar{u}}^i(t_l^n)| \leqq \left|f^i\big(u(t_l^n), t_l^n\big) - f^i\big(\bar{u}(t_l^n), t_l^n\big)\right| + \frac{1}{h_n} K_1 \max_{k=0,\ldots,N_n} |w^i(t_k^n) - \bar{w}^i(t_k^n)|$$

$$\leqq K_2 \max_{k=0,\ldots,N_n} |u(t_k^n) - \bar{u}(t_k^n)| + \frac{1}{h_n} K_3\,\|w - \bar{w}\| .$$

Weiter ist nach der Beschaffenheit der Elemente von $M_n(\mathfrak{A}_n)$ für $t \in [t_{l-1}^n, t_l^n]$

$$|u^i(t) - \bar{u}^i(t)| \leqq |u^i(t_{l-1}^n) - \bar{u}^i(t_{l-1}^n)| + h_n\,|\dot{u}^i(t_{l-1}^n) - \dot{\bar{u}}^i(t_{l-1}^n)| + |\dot{u}^i(t_l^n) - \dot{\bar{u}}^i(t_l^n) - \dot{u}^i(t_{l-1}^n) + \dot{\bar{u}}^i(t_{l-1}^n)|\,h_n \cdot b(\alpha_{n,l}^i h_l^n)$$

$$\leqq \max_{k=0,\ldots,N_n} |u^i(t_k^n) - \bar{u}^i(t_k^n)| + 3h_n \max_{k=0,\ldots,N_n} |\dot{u}^i(t_k^n) - \dot{\bar{u}}(t_k^n)| .$$

Aus dieser und der vorigen Ungleichung erhalten wir dann unter Berücksichtigung von Lemma 1 die Behauptung.

Satz 2. *Sind die Voraussetzungen von Lemma 2 erfüllt, so gilt für die Lösungen $x^n(\cdot)$ der Gleichungen $A_n(\mathfrak{A}_n)\,x = 0$*

$$\|x^n - x_*\| = O(h_n).$$

Beweis. Es gilt nach Lemma 2

$$\|x^n - p_n(\mathfrak{A}_n)\,x_*\| = \|A_n^{-1}(\mathfrak{A}_n)\,A_n(\mathfrak{A}_n)\,x^n - A_n^{-1}(\mathfrak{A}_n)\,A_n(\mathfrak{A}_n)\,p_n(\mathfrak{A}_n)\,x_*\| \leqq K\,\|A_n(\mathfrak{A}_n)\,p_n(\mathfrak{A}_n)\,x_*\| .$$

Nun ist für $l \geqq 1$ abzuschätzen, daß $\left|\big(A_n(\mathfrak{A}_n)\,p_n(\mathfrak{A}_n)\,x_*\big)\,(t_l^n)\right| \leqq 2L\,|I|\,\|x_* - p_n(\mathfrak{A}_n)\,x_*\|$ und damit wegen $x_*(t_0) = x_0$ auch $\|A_n(\mathfrak{A}_n)\,p_n(\mathfrak{A}_n)\,x_*\| \leqq 2L\,|I|\,\|x_* - p_n(\mathfrak{A}_n)\,x_*\|$ gilt. Hieraus folgt dann

$$\|x^n - x_*\| \leqq \|x^n - p_n(\mathfrak{A}_n)\,x_*\| + \|p_n(\mathfrak{A}_n)\,x_* - x_*\| \leqq (2LK\,|I| + 1)\,\|p_n(\mathfrak{A}_n)\,x_* - x_*\| = O(h_n),$$

was zu zeigen war.

Gilt außer den Voraussetzungen von Lemma 2 noch $x_*(\cdot) \in C^{(3)}\big([t_0, T], R^m\big)$, so kann zur Charakterisierung des lokalen Fehlers $A_n(\mathfrak{A}_n)\,p_n(\mathfrak{A}_n)\,x_*$ die Restglieddarstellung für die parametrische Interpolation aus Abschnitt 1 herangezogen werden. Wegen

$$\dot{x}_*^i(t) = \dot{x}_*^i(t_{l-1}^n) + \big(\dot{x}_*^i(t_l^n) - \dot{x}_*^i(t_{l-1}^n)\big)\,u(\alpha_{n,l}^i, h_l^n, t, t_{l-1}^n) + R_l(t, \alpha_{n,l}^i)$$

erhalten wir für $l = 1, \ldots, N_n$

$$\left(\tilde{A}_n(\mathfrak{A}_n)\, p_n(\mathfrak{A}_n)\, x_*\right)^i (t_l^n) = \frac{1}{h_l^n}\left(x_*^i(t_l^n) - x_*^i(t_{l-1}^n)\right) - \dot{x}_*^i(t_{l-1}^n)$$

$$- b(\alpha_{n,l}^i, h_l^n)\left(\dot{x}_*^i(t_l^n) - \dot{x}_*^i(t_{l-1}^n)\right)$$

$$= \frac{1}{h_l^n}\int\limits_{t_{l-1}^n}^{t_l^n} \dot{x}_*^i(t)\, dt - \dot{x}_*^i(t_{l-1}^n) - b(\alpha_{n,l}^i, h_l^n)\left(\dot{x}_*^i(t_l^n) - \dot{x}_*^i(t_{l-1}^n)\right)$$

$$= \frac{1}{h_l^n}\int\limits_{t_{l-1}^n}^{t_l^n}\int\limits_{t_{l-1}^n}^{t}\int\limits_{t_{l-1}^n}^{t_l^n} G(\alpha_{n,l}^i, \tau, s)\left(\ddot{x}_*^i(s) + \alpha_{n,l}^i \dddot{x}_*^i(s)\right) ds\, d\tau\,.$$

Nun können wir die einzelnen Komponenten abschätzen durch

$$\left|\left(\tilde{A}_n(\mathfrak{A}_n)\, p_n(\mathfrak{A}_n)\, x_*\right)^i (t_l)\right| \leqq \frac{h_n^2}{2}\, G_{\max} \|\ddot{x}_*^i + \alpha_{n,l}^i \dddot{x}_*^i\|_{C[t_{l-1}^n, t_l^n]}$$

mit $G_{\max} \leqq \left(1 + \max\left(1, e^{-\bar{\alpha} h_n}\right)\right)$, woraus sofort eine entsprechende Ungleichung für $\|A_n(\mathfrak{A}_n)\, p_n(\mathfrak{A}_n)\, x_*\|$ und damit nach Satz 2 auch für $\|x^n - p_n(\mathfrak{A}_n)\, x_*\|$ gefunden werden kann.

Es gilt also nach Lemma 1 bei dreimal stetig differenzierbaren exakten Lösungen

$$\max_{l=0,\ldots,N_n} |x^n(t_l^n) - x_*(t_l^n)| \leqq h_n^2 \cdot C \max_{\substack{i=1,\ldots,m \\ l=1,\ldots,N_n}} \|\ddot{x}^i + \alpha_{n,l}^i \dddot{x}^i\|_{C[t_{l-1}^n, t_l^n]}$$

Für genügend kleine $h_n$ (etwa aus $h_n\, |I|\, \left|F\left(x_*(t), t\right)\right| < 1$, $F(\cdot, \cdot)$ sei die Jacobi-Matrix der rechten Seite der DGL) kann man in Analogie zum Vorgehen in [1] den Hauptteil des Fehlers genauer angeben. Es gilt, wenn $x_* \in C^{(5)}\left[[t_0, T], R^m\right)$,

$$x^n(t_l^n) - x_*(t_l^n) = z^n(t_l^n)\, h_l^n - C(h_n)^3, \qquad l = 0, \ldots, N_n.$$

Dabei ist $z^n(\cdot)$ die Lösung der Anfangswertaufgabe

$$\left.\begin{aligned} \dot{z}(t) &= F\left(x_*(t), t\right) z(t) - g_n(t), \quad t \in [t_0, T] \\ z(t_0) &= 0 \end{aligned}\right\}$$

mit $g_n^i(t) = \dfrac{1}{(h_l^n)^2}\displaystyle\int\limits_{t_{l-1}^n}^{t_l^n}\int\limits_{t_{l-1}^n}^{t}\int\limits_{t_{l-1}^n}^{t_l^n} G(\alpha_{n,l}^i, \tau, s)\, ds\, d\tau\, dt\left(\ddot{x}_*^i(t) + \alpha_{n,l}^i\, \dddot{x}_*^i(t)\right)$. Speziell für $\alpha_{n,l}^i = 0$ wird $g_n^i(t) = -h_l^n \cdot \dfrac{1}{12}\, \dddot{x}_*^i(t)$.

## 4. Zur Bestimmung der Parameter

Wir verwenden nun wieder die Bezeichnungen aus Abschnitt 1. Zunächst einige Bemerkungen zum Verhalten der Näherung $x(\cdot)$ auf so großen Intervallen, daß wir $T = \infty$ und $N = \infty$ annehmen können. Dabei sei $h_n \geqq \bar{h} > 0$, $n \in nz$.

Satz 3. *Wendet man* (4) *mit* $\alpha_l^i = \gamma_l \geqq 0$, $i = 1, \ldots, m$, $l \in nz$, *auf* (1) *mit* $f(x, t) \equiv Ax$, *A-Matrix, für* $[t_0, \infty)$ *an und sind die Realteile aller Eigenwerte von A negativ, so gilt stets*

$$\lim_{n \to \infty} |x_n| = 0 .$$

Beweis. Der Einfachheit halber beweisen wir diese $A$-Stabilität im Sinne von Dahlquist ([2]) nur für diagonalähnliche $A$. Es sei $A = PDP^{-1}$, $D = \operatorname{diag}(\lambda_1, \ldots, \lambda_m)$. (4) nimmt für diese spezielle DGL die Gestalt

$$(I - h_l b_l A)\, x_l = \big(I + h_l(1 - b_l)\, A\big)\, x_{l-1}, \tag{6}$$

mit $b_l \stackrel{D}{=} b(\gamma_l h_l)$, $l \in nz$, an.

Für $z_j \stackrel{D}{=} P^{-1} x_j$, $j = 0, 1, \ldots$, zerfällt dann das (6) entsprechende Gleichungssystem in die Gleichungen $(1 - h_l b_l \lambda_i)\, z_l^i = \big(1 + h_l(1 - b_l)\, \lambda_i\big)\, z_{l-1}^i$, $i = 1, \ldots, m$. Darum ist

$$z_l^i = \prod_{k=1}^{l} \frac{1 + h_k(1 - b_k)\, \lambda_i}{1 - h_k b_k \lambda_i}\, z_0^i .$$

Nach entsprechender Diskussion können die Beträge der Quotienten durch $1 - \delta$ mit hinreichend kleinem $\delta > 0$ abgeschätzt werden, q. e. d.

Analog kann man zeigen, daß, sobald die Eigenwerte von $A$ sämtlich positive Realteile haben, das Verfahren (4) mit $\alpha_l^i = \gamma_l \leqq 0$ für diese DGL bei nichttrivialem Anfangswert stets eine unbeschränkt wachsende Folge $\{|x_n|\}_{n \in nz}$ liefert.

Die Bedingung $\gamma_l \geqq 0$, $l \in nz$, in Satz 3 kann für endlich viele $\gamma_l$ aufgehoben werden.

Sind die Parameter $\alpha_l^i$ zeilenweise verschieden, so ist die Aufspaltung in einfache Gleichungen über die Ähnlichkeitstransformation wegen

$$B(\alpha_l h_l)\, A = B(\alpha_l h_l)\, PDP^{-1} \neq PB(\alpha_l h_l)\, DP^{-1}$$

nicht mehr zulässig. Die Untersuchung solcher parametrischer Verfahren nur anhand der Testgleichung (wie in [5]) ist daher nicht aussagekräftig.

Im weiteren wollen wir uns jedoch nicht auf die Klasse der stabilen DGLn beschränken und beabsichtigen nicht, spezielle $A$-stabile oder besonders für steife DGLn geeignete Verfahren zu entwickeln. Wir stellen uns das Ziel, eine möglichst gute Anpassung des Verfahrens (auf jedem Teilintervall) an die konkreten Gegebenheiten der Aufgabenstellung zu erreichen.

Wir suchen darum nicht nach global optimalen Parametern für bestimmte Klassen, sondern nach praktisch realisierbaren Methoden der automatischen Parameteranpassung an die konkrete Aufgabe.

Dem Charakter eines Einschrittverfahrens Rechnung tragend, verwenden wir zur Bestimmung von $x_l$ möglichst nur Informationen aus dem Intervall $[t_{l-1}, t_l]$.

Zunächst bietet sich eine direkte Optimierung der Parameter (und damit des Verfahrens) an. Als Zielfunktion kommt z. B. der Defekt in der DGL in Frage. Wegen der nachgewiesenen Stetigkeitseigenschaften der Näherung in bezug auf die Parameter können zur Minimierung der Zielfunktion Gradientenverfahren angewandt werden, ausgehend vom Fall $\alpha_l^i = 0$, $i = 1, \ldots, m$ (Trapezregel). Praktisch ist der Aufwand für eine Korrektur der Näherung jedoch zu hoch, so daß das Verfahren (4) mit Parameteroptimierung uneffektiv wird.

Die Verwendung des globalen Liniger-Parameters $\alpha_L$ hat sich auch bei der Integration stabiler DGLn nicht immer als besonders günstig erwiesen ([4]).

Praktisch ohne großen Aufwand realisierbar ist die Wahl der Parameter im Sinne der beiden Verallgemeinerungen des Gedankens des exponentiell fitting, also gemäß (F) oder nach dem Vorbild von [5] als

$$\alpha_l^i = \begin{cases} -\dfrac{f^i(x_{l-1}, t_{l-1}) - f^i(x_{l-2}, t_{l-1})}{x_{l-1}^i - x_{l-2}^i}, & \text{falls } x_{l-1}^i \neq x_{l-2}^i, \\ 0 & \text{sonst}, \end{cases} \tag{N}$$

$$i = 1, \ldots, m, \quad l \geqq 2,$$

Diese beiden Varianten wurden in [4] untersucht und mit der Trapezregel und untereinander verglichen. Getestet wurden diese Verfahren anhand von verschiedenen Gruppen von Beispielen (Skalare lineare und nichtlineare DGLn, Systeme von linearen DGLn mit stabilen, instabilen und periodischen Lösungen). Dabei waren die exakten Lösungen in jedem Fall nicht sehr stark oszillierend.

Das Verfahren (4) mit den Parametern (N) lieferte sehr gute Näherungen bei Systemen linearer homogener DGLn, wenn auf der Hauptdiagonalen bereits die „richtigen", das Wachstumsverhalten bestimmenden Exponenten standen. In anderen Fällen war (4) mit (N) dagegen sehr viel schlechter als die Trapezregel. Da man aber im allgemeinen nicht weiß, ob die Diagonalelemente die „richtigen" Parameter darstellen, ist das Verfahren (4) mit (N) nicht zu empfehlen. Bei (4) mit (N) werden auch nicht alle Exponentialfunktionen mit reellen Exponenten genau wiedergegeben, wie das bei (4) mit (F) der Fall ist.

Am besten schnitt das Verfahren (4) mit (F) ab. Es ist im Gegensatz zu (4) mit (N) unabhängig von der speziellen Form der rechten Seite.

In „günstigen" Fällen war (4) mit (F) wesentlich genauer als die Trapezregel und (4) mit (N) (vor allem bei instabilen Lösungen). In „ungünstigen" Fällen entstand ein nur geringer Genauigkeitsverlust gegenüber den beiden anderen Verfahren. Dies sollen die folgenden beiden Beispiele illustrieren:

$$1.\ \dot{x}(t) = Ax(t),\ A = \begin{pmatrix} -\dfrac{9}{17} & \dfrac{162}{17} \\ -\dfrac{8}{17} & \dfrac{161}{17} \end{pmatrix},\ x_0 = \begin{pmatrix} 19 \\ 2 \end{pmatrix}.$$

Hier ist $x_*^1(t) = 10e^{9t} + 9e^{10t}$, $x_*^2(t) = 10e^{9t} - 8e^{10t}$.

(N) liefert hier bei jedem ($l \geqq 2$) Integrationsschritt $\alpha_l^1 = \frac{9}{17}$, $\alpha_l^2 = -\frac{161}{17}$ so, daß (4) mit (N) beträchtlich ungenauer wird als die Trapezregel. Für

$$x_*(3) = \begin{pmatrix} 1.01498 \cdot 10^{14} \\ -8.01713 \cdot 10^{13} \end{pmatrix}$$

liefert die Trapezregel bei $h = 0.1$ die Näherung $\begin{pmatrix} 1.89569 \cdot 10^{15} \\ -1.60445 \cdot 10^{15} \end{pmatrix}$

und bei $h = 0.05$ $\begin{pmatrix} 1.92660 \cdot 10^{14} \\ -1.55174 \cdot 10^{14} \end{pmatrix}$.

Dagegen liefert (4) mit (F) bei $h = 0.1$ $\begin{pmatrix} 9.84616 \cdot 10^{13} \\ -7.63503 \cdot 10^{13} \end{pmatrix}$,

also eine bessere Näherung als die Trapezregel mit halber Schrittweite. Dabei war ein Einpegeln von $\alpha_l^1$, $\alpha_l^2$ auf $-10$ deutlich zu beobachten.

2. $\dot{x}(t) = 2(|x(t)|)^{\frac{1}{2}}$, $t \in [0, 5]$, $x_0 = 1$, $x_*(t) = (t + 1)^2$, $h = 0.1$.

Während die Trapezregel hier die exakte Lösung liefert, erhält man bei (4) mit (N) für $x_*(5) = 36$ den Näherungswert 35.992158, bei (4) mit (F) den Wert 35.982855.

Um auch noch die Vorteile der Trapezregel gut ausnutzen zu können, sollte man sie und das Verfahren (4) mit (F) kombinieren bzw. entsprechende Parallelrechnungen durchführen.

Bei der praktischen Verwendung des parametrischen Verfahrens kann der Rechenaufwand noch verringert werden, wenn statt $b(\cdot)$ eine entsprechende Approximation verwendet wird. Dabei ist zu beachten, daß diese genügend gut sein muß, wenn die Vorzüge der parametrischen Methode nicht verlorengehen sollen. Wird ausgehend von $x_{n-1}$ statt des Wertes $x_n$ gemäß (4) ein $\tilde{x}_n$ aus

$$\tilde{x}_n = x_{n-1} + h_n f_{n-1} + h_n \tilde{B}(\alpha_n h_n)\,(\tilde{f}_n - f_{n-1}),$$

berechnet, so gilt

$$|x_n - \tilde{x}_n| \leqq \frac{|I|\,h_n}{1 - Lh_n\,|I|}\,|f_n - f_{n-1}| \max_{i=1,\dots,m} |b(\alpha_n{}^i h_n) - \tilde{b}(\alpha_n{}^i h_n)|.$$

Diese Abschätzung mag als Orientierung für die Genauigkeit bei der Approximation von $b(\cdot)$ dienen.

Schließlich können zur Parameterwahl auch noch andere, sich auf die Konstruktion von (4) beziehende Gesichtspunkte hinzugezogen werden. Ganz analog zur Interpolationsformel (0) kann nämlich z. B. auch die Formel

$$p(t, \alpha) = g_0 + (g_1 - g_0)\,\frac{1 + \alpha h_1}{h_1}\,\frac{t - t_0}{1 + \alpha(t - t_0)} \tag{0'}$$

der Konstruktion des parametrischen Einschrittverfahrens zugrunde gelegt werden. Hierbei hat das Interpolationsrestglied die Gestalt

$$R(t, \alpha) = \frac{(t - t_0)\,(t - t_1)}{1 + \alpha(t - t_0)}\,(g[t_0, t_1, t] + \alpha g[t_1, t]).$$

Durch diese Art der Interpolation können gewisse rationale Funktionen genau erfaßt werden, für $\alpha = 0$ ergibt sich wieder das Newtonsche Interpolationspolynom 1. Grades.

Als Einschrittverfahren gewinnen wir nun

$$x_n^i = x_{n-1}^i + h_n f_{n-1}^i + h_n c(\alpha_n^i h_n)\,(f_n^i - f_{n-1}^i) \qquad (4')$$

$$\text{mit } c(\beta) = \begin{cases} 1/2, & \text{falls } \beta = 0, \\ (1+\beta)\dfrac{1}{\beta}\left(1 - \dfrac{1}{\beta}\ln(1+\beta)\right), & \text{falls } \beta > -1. \end{cases}$$

Auch hierbei sind die Funktionswerte von $c(\cdot)$ aus dem Intervall (0, 1). Außerdem ist $\lim\limits_{\beta\to\infty} c(\beta) = 1$, $\lim\limits_{\beta\to -1^+} c(\beta) = 0$.

Bei der Realisierung dieser Variante ist sorgfältig auf den Definitionsbereich $(-1, \infty)$ der Funktion $c(\cdot)$ zu achten.

Hat die exakte Lösung der Anfangswertaufgabe die spezielle Form

$$x_*^i(t) = x_0^i \frac{1}{1 - \gamma^i(t - t_0)}, \qquad i = 1, \ldots, m,$$

so kann man durch (4') mit $\alpha_n^i = -f_{n-1}^i / x_{n-1}^i = -\gamma^i$ die exakte Lösung genau nachbilden.

Entsprechende Fehlerabschätzungen usw. sind auch hier wieder gültig.

## Literatur


[1] Бахвалов, Н. С., Численные методы I, Наука, Москва 1975.

[2] Dahlquist, G., A special stability problem for linear multistep methods, BIT 8 (1963), 27–43.

[3] Liniger, W., Global accuracy and $A$-stability of one- and two-step integration formulae for stiff ordinary differential equations, Lecture Notes in Mathematics 109, Springer-Verlag, Berlin–Heidelberg–New York 1969, pp. 188–193.

[4] März, R., Parametrische Interpolationsmethoden, Dissertation, TH Karl-Marx-Stadt 1977.

[5] Norsett, S. P., An $A$-stable modification of the Adams-Bashfort methods, Lecture Notes in Mathematics 109, Springer-Verlag, Berlin–Heidelberg–New York 1969, pp. 214–219.


Manuskripteingang: 22. 12. 1977

VERFASSER:

Dr. Roswitha März, Sektion Mathematik der Humboldt-Universität Berlin

Beiträge zur Numerischen Mathematik
8 (1980), 99–111

# Ein implementierbarer Algorithmus zur Lösung nichtlinearer Gleichungssysteme bei schwach singulärer Einbettung

Reinhard Menzel

For solving the nonlinear system $F(x) = o$ an implementable imbedding algorithm is proposed. It is based on the numerical approximation of the curve implicitly defined by $H(u) := G(x, t) = o$, $u := (x, t)^{\mathsf{T}}$, where $G$ denotes the homotopy. In order to obtain approximations $u^k$ to the curve the formula $u^{k+1} := u^k + \tau_k p(u^k, \tau_k)$ is used, where $\tau_k > 0$ is the stepsize. It is proved, that the imbedding process is well defined and terminates after a finit number of steps with $u^N = (x^N, 1)^{\mathsf{T}}$ where $\|F(x^N)\| \leqq c\varepsilon$, provided that there exists a solution curve along which $H$ vanishes, $H'$ has full rank $n$, the function $p$ is consistent and that the stepsize as well as $\varepsilon > 0$ is sufficiently small.

## 1. Einleitung

Die Anwendung des Einbettungsprinzips auf das Problem der Lösung eines nichtlinearen Gleichungssystems

$$F(x) = o, \tag{1.1}$$

$F \mid \mathbb{R}^n \to \mathbb{R}^n$, führt bekanntlich dazu, daß die Gleichung (1.1) in eine einparametrige Schar von Gleichungen

$$G(x, t) = o, \qquad t \in \mathbb{R}^1, \tag{1.2}$$

„eingebettet" wird, wobei $G(x, 0) = o$ die bekannte Lösung $x^0 \in \mathbb{R}^n$ haben möge und $G(x, 1) = F(x)$ für alle $x \in \mathbb{R}^n$ gelten soll. Eine ausführliche Diskussion des regulären Falls, bei dem $\partial_1 G(x, t)^{-1}$ für alle $(x, t) \in \mathbb{R}^n \times [0, 1]$ existiert, findet man z. B. in [11] und [13].

Wird jedoch durch (1.2) implizit nur eine $x^0$ mit einer Lösung $x^* \in \mathbb{R}^n$ von (1.1) stetig verbindende Raumkurve definiert, bei der für gewisse Punkte der Kurve $\partial_1 G$ singulär ist, führt die Anwendung der oben erwähnten „klassischen" Theorie i. a. nicht zum Ziel. Diesem singulären Fall, der auch für viele praktische Probleme aus den Gebieten der Mechanik (vgl. [12]) und der Elektrotechnik (vgl. [4]) von Bedeutung ist, haben sich bereits eine Reihe von Autoren — Anselone/Moore, Davis, Meyer u. a. — zugewandt. In einer gemeinsamen Arbeit des Autors mit Schwetlick [8] wird zur Behandlung dieses Problems — basierend auf einer Idee von Haselgrove [6] — die gemäß $H(u) := G(x, t)$, $u := (x, t)^{\mathsf{T}}$, $(x, t) \in \mathbb{R}^n \times \mathbb{R}^1$, definierte Abbildung

$H \mid \mathbb{R}^{n+1} \to \mathbb{R}^n$ benutzt und ein im strengen Sinne nicht mehr implementierbarer Algorithmus vorgestellt, für den auch Konvergenz bewiesen wird.

Gegenstand der vorliegenden Mitteilung ist es nun, unter erneuter Anwendung der Vorgehensweise aus [6] und des Schwetlickschen „Prinzips des hinreichend schwachen Anstieges" (s. [13]) einen implementierbaren Algorithmus anzugeben, für den unter der Voraussetzung der Existenz einer die Punkte $u^0 := (x^0, 0)^T$ und $u^* := (x^*, 1)^T$ stetig verbindenden Raumkurve, auf der $H$ identisch verschwindet und $H'$ Vollrang hat, d. h. unter der Voraussetzung der schwachen Singularität der Einbettung, Durchführbarkeit und Endlichkeit nachgewiesen werden können.

Analog zu SCHWETLICK [13] erfolgt dabei die Behandlung des Problems, mittels einer Folge $\{u^k\}$ von Näherungen für die Raumkurve eine „hinreichend gute" Näherung für $u^*$ zu erhalten. Ein $u^{k+1}$, welches gemäß

$$u^{k+1} := u^k + \tau_k p(u^k, \tau_k) \tag{1.3}$$

ausgehend von $u^k$ mit einer sogenannten verallgemeinerten Zuwachsfunktion $p$ bestimmt wurde — $\tau_k > 0$ bezeichnet eine gewisse Schrittweite —, wird als neue Kurvennäherung akzeptiert, falls es einer entsprechend verallgemeinerten Schwetlickschen „Ungleichung des hinreichend schwachen Anstieges"

$$\|H(u^{k+1})\| \leqq \|H(u^k)\| + \varepsilon\tau_k, \qquad \varepsilon > 0, \tag{1.4}$$

genügt. Diese läßt sich für hinreichend kleines $\tau_k$ und im wesentlichen unter der Voraussetzung der Konsistenz der verallgemeinerten Zuwachsfunktion $p$ stets erfüllen. Dabei beinhaltet der Konsistenzbegriff, daß die Fortschreitungsrichtung $p(u, \tau)$ für $\tau \to 0$ auf das durch die Lösung von $H'(u)\, v = o$ bezüglich $v$ erzeugte Richtungsfeld paßt. Mit dem Ziel einer weiteren Klassifikation innerhalb der Menge der verallgemeinerten Zuwachsfunktionen wird analog zu [7] der Begriff der Ordnung eingeführt. Für den vorgestellten implementierbaren Algorithmus läßt sich im wesentlichen unter den Voraussetzungen der schwachen Singularität der Einbettung und der Konsistenz der verallgemeinerten Zuwachsfunktion die Durchführbarkeit und Endlichkeit bei hinreichend kleinem $\varepsilon > 0$ beweisen. Die erzeugte Näherung $x^N$ für $x^*$ genügt dabei mit einer (a priori nicht bekannten) positiven Konstanten $c$ der Ungleichung $\|F(x^N)\| \leqq c\varepsilon$. Abschließend werden einige Realisierungen von verallgemeinerten Zuwachsfunktionen höherer Ordnung vorgestellt.

Auf die Angabe numerischer Ergebnisse wurde in dieser Arbeit verzichtet. Sie unterscheiden sich bei geeigneter Festlegung der Parameter qualitativ nicht von denen aus [8], auf die hiermit verwiesen sein soll.

Der Autor dankt den Herren Doz. Dr. H. SCHWETLICK und Prof. Dr. J. W. SCHMIDT für wertvolle Hinweise in Vorbereitung dieser Mitteilung.

## 2. Schwach singuläre Einbettungen

In vielen Fällen wird durch (1.2) implizit keine funktionelle Abhängigkeit zwischen $x$ und $t$ für $0 \leqq t \leqq 1$ dargestellt, sondern nur eine $x^0$ mit $x^*$ stetig verbindende Raumkurve, womit im allgemeinen die bereits bekannten Vorgehensweisen versagen. Zur Behebung dieser Schwierigkeiten wurde in [8] über die vorgegebene Einbettung $G$

eine Abbildung $H \mid \mathbb{R}^{n+1} \to \mathbb{R}^n$ definiert durch

$$H(u) := G(x, t),$$
$$u := \begin{pmatrix} x \\ t \end{pmatrix}, \tag{2.1}$$

wobei $(x, t) \in \mathbb{R}^n \times \mathbb{R}^1$ ist. Für $H$ erfolgt damit keine Auszeichnung irgendeiner Komponente als Parameter.

Es existiere nun eine den Punkt $u^0 := (x^0, 0)^{\mathsf{T}}$ mit $u^* := (x^*, 1)^{\mathsf{T}}$ stetig verbindende Raumkurve, auf der $H$ identisch verschwindet und $H'$ Vollrang hat, d. h., für alle Punkte $u$ der Kurve gilt

$$H(u) = o \tag{2.2}$$

und

$$\operatorname{rg}\big(H'(u)\big) = n. \tag{2.3}$$

Auf Grund der Rangvoraussetzung ist

$$H'(u)\, v = o, \qquad \|v\| = 1, \tag{2.4}$$

bezüglich $v$ bis auf das Vorzeichen eindeutig lösbar und liefert einen Tangenteneinheitsvektor an die Kurve im Punkt $u$, womit für jeden Punkt der Raumkurve eindeutig eine Fortschreitungsrichtung festgelegt werden kann.

In Analogie zur regulären Einbettung (vgl. [13]) kann an dieser Stelle der Begriff einer „schwach singulären Einbettung" eingeführt werden. Vorangestellt sei dafür noch die folgende Bezeichnung.

2.1. Bezeichnung. Zu einer Abbildung $H \mid \mathbb{R}^{n+1} \to \mathbb{R}^n$ heißt eine Funktion $w \mid [0, 1] \to \mathbb{R}^{n+1}$ ***Lösungsfunktion*** (***L-Funktion***) ***bezüglich*** $H$, wenn folgendes gilt:

(i) $w$ ist auf $[0, 1]$ differenzierbar mit $\|\dot{w}(s)\| > 0$ für alle $s$, $0 \leqq s \leqq 1$.

(ii) Es ist $H\big(w(s)\big) = o$ für alle $s$, $0 \leqq s \leqq 1$.

2.2. Definition. Es sei $H \mid \mathbb{R}^{n+1} \to \mathbb{R}^n$ wie oben festgelegt. Bezüglich $H$ existiere eine L-Funktion $w$ mit $w(0) = u^0$ und $w(1) = u^*$. Weiter bezeichne

$$D_0 := \{u \in \mathbb{R}^{n+1}: u = w(s), \quad 0 \leqq s \leqq 1\}, \tag{2.5}$$

und für $\delta > 0$ werde $D(\delta)$ definiert gemäß

$$D(\delta) := \{u \in \mathbb{R}^{n+1}: u = z + d, \quad z \in D_0, \quad \|d\| \leqq \delta\}. \tag{2.6}$$

Dann heißt $H$ eine *schwach singuläre Einbettung für $F$ bezüglich $x^0$*, wenn ein $\varepsilon_0 > 0$ existiert, so daß folgendes gilt:

(i) $H$ ist auf $D(\varepsilon_0)$ differenzierbar, und $H'$ genügt dort einer Lipschitz-Bedingung mit der Konstanten $L_1 > 0$.

(ii) Es ist $\operatorname{rg}\big(H'(u)\big) = n$ für alle $u \in D_0$.

Man beachte, daß hier die Forderung nach der Regularität von $\partial_1 G$ durch die Bedingung der linearen Unabhängigkeit von $n$ Spalten aus $(\partial_1 G \mid \partial_2 G)$ ersetzt wurde, was eine merkliche Abschwächung darstellt. Andererseits läßt sich auch damit nur ein Rangabfall der Größenordnung Eins, d. h. eine „schwache Singularität" von $\partial_1 G$, ausgleichen.

## 3. Konsistenz und Ordnung von verallgemeinerten Zuwachsfunktionen

Nun sei $H$ eine schwach singuläre Einbettung für $F$ bezüglich eines vorgegebenen $x^0 \in \mathbb{R}^n$. Dann existiert bekanntlich ein $\varepsilon_1$, $0 < \varepsilon_1 \leqq \varepsilon_0/2$, so daß $\operatorname{rg}\big(H'(u)\big) = n$ für alle $u \in D(\varepsilon_1)$ ist. Zu jedem festen $u^k \in D(\varepsilon_1)$ gibt es deshalb ein bis auf das Vorzeichen eindeutiges $v^k \in \mathbb{R}^{n+1}$ mit $H'(u^k)\, v^k = o$, $\|v^k\| = 1$.

Aus der Analysis bekannt bzw. analog dem Satz über implizite Funktionen beweisbar ist nun der folgende Sachverhalt.

3.1. Satz. *Es sei $H$ eine schwach singuläre Einbettung für $F$ bezüglich $x^0 \in \mathbb{R}^n$. Dann existieren positive Zahlen $\underline{\tau}$ und $\underline{\sigma}$ derart, daß für alle $u^k \in D(\varepsilon_1)$ die Gleichung $H(u) = H(u^k)$ für jedes $\tau$ mit $|\tau| \leqq \underline{\tau}$ genau eine Lösung $u_k(\tau)$ hat, für die*

$$\big(u_k(\tau) - u^k\big)^{\mathsf{T}}\, v^k = \tau \tag{3.1}$$

*und*

$$\|u_k(\tau) - (u^k + \tau v^k)\| \leqq \underline{\sigma} \tag{3.2}$$

*gilt.*

*Überdies existiert ein $Q > 0$, so daß sogar*

$$\|u_k(\tau) - (u^k + \tau v^k)\| \leqq Q \cdot \tau^2 \tag{3.3}$$

*für alle $\tau$ mit $|\tau| \leqq \underline{\tau}$ richtig ist.*

Eine Näherung $y(u^k, \tau)$ für $u_k(\tau)$ wird dann bei der hier betrachteten Klasse von Einbettungsalgorithmen durch die Vorschrift

$$y(u^k, \tau) := u^k + \tau p(u^k, \tau) \tag{3.4}$$

mit einer sogenannten verallgemeinerten Zuwachsfunktion $p$ definiert. Dabei liegt $y(u^k, \tau)$ im allgemeinen nicht in der orthogonal zu $v^k$ und durch $u^k + \tau v^k$ verlaufenden Hyperebene, was auch einen gewissen Unterschied zu der bisher üblichen Betrachtungsweise darstellt.

3.2. Definition. Eine Funktion $p \mid \mathbb{R}^{n+1} \times \mathbb{R}^1 \to \mathbb{R}^{n+1}$ heißt *verallgemeinerte Zuwachsfunktion*, wenn sie auf $\mathbb{R}^{n+1} \times \mathbb{R}^1$ stetig ist.

Es sei $H$ eine schwach singuläre Einbettung für $F$ bezüglich $x^0 \in \mathbb{R}^n$. Dann heißt eine verallgemeinerte Zuwachsfunktion $p$ *konsistent bezüglich $H$*, wenn folgendes gilt:

(i) Es ist $p(u, 0) \neq o$ für alle $u \in D_0$.

(ii) Es existiert ein $\varepsilon_2$, $0 < \varepsilon_2 \leqq \varepsilon_1$, so daß

$$\lim_{\tau \to 0} \left\| \frac{p(u, \tau)}{\|p(u, \tau)\|} - v \right\| = 0 \tag{3.5}$$

für alle $u \in D(\varepsilon_2)$ gilt, wobei $v$ die geeignet orientierte Lösung von $H'(u)\,z = o$, $\|z\| = 1$, bezüglich $z$ ist.

Eine verallgemeinerte Zuwachsfunktion $p$ heißt *streng konsistent bezüglich* $H$, wenn (ii) ersetzt werden kann durch

(iii) Es existieren ein $\tau^0 > 0$ und ein $\varepsilon_2$, $0 < \varepsilon_2 \leqq \varepsilon_1$, so daß mit einer positiven Konstanten $\varkappa$

$$\left\| \frac{p(u,\tau)}{\|p(u,\tau)\|} - v \right\| \leqq \varkappa\tau \tag{3.6}$$

für alle $\tau$, $0 \leqq \tau \leqq \tau^0$, und alle $u \in D(\varepsilon_2)$ gilt.

Die Konsistenz einer verallgemeinerten Zuwachsfunktion $p$ bedeutet also, daß die für einen beliebigen Punkt $u^k \in D(\varepsilon_2)$ festgelegten normierten Fortschreitungsrichtungen $p(u^k,\tau)/\|p(u^k,\tau)\|$ für $\tau \to 0$ auf das durch die Lösung von $H'(u)\,z = o$, $\|z\| = 1$, bezüglich $z$ für alle $u \in D(\varepsilon_2)$, festgelegte Richtungsfeld passen. Ist die verallgemeinerte Zuwachsfunktion sogar streng konsistent, erfolgt der Grenzübergang gleichmäßig für alle $u \in D(\varepsilon_2)$. Offensichtlich gilt wegen (3.5) bei einer konsistenten verallgemeinerten Zuwachsfunktion $p$ die Beziehung

$$H'(u)\,p(u,0) = o \tag{3.7}$$

für alle $u \in D(\varepsilon_2)$. Falls $p$ eine streng konsistente verallgemeinerte Zuwachsfunktion ist, läßt sich ferner folgende Aussage beweisen.

3.3. Aussage. *Es sei $p$ eine streng konsistente verallgemeinerte Zuwachsfunktion. Dann existieren ein $\varepsilon_3$, $0 < \varepsilon_3 \leqq \varepsilon_2$, und ein $\tau^1$, $0 < \tau^1 \leqq \tau^0$, so daß für alle $(u,\tau) \in D(\varepsilon_3) \times [0,\tau^1]$ die folgenden Ungleichungen richtig sind:*

(i) $$0 < \varkappa_1 \leqq \|p(u,\tau)\| \leqq \varkappa_2, \tag{3.8}$$

(ii) $$0 < \varkappa_3 \leqq p(u,\tau)^{\mathsf{T}}\,v \leqq \varkappa_2. \tag{3.9}$$

Beweis. Die Gültigkeit von (i) folgt mit Kompaktheitsgründen unmittelbar aus der Stetigkeit von $p$.

Wegen (3.6) ergibt sich nun $\|p(u,\tau) - \|p(u,\tau)\|\,v\|^2 \leqq \varkappa^2\,\|p(u,\tau)\|^2\,\tau^2$, d. h. $2\big(\|p(u,\tau)\|^2 - \|p(u,\tau)\|\,p(u,\tau)^{\mathsf{T}}\,v\big) \leqq \varkappa^2\,\|p(u,\tau)\|^2\,\tau^2$, also $p(u,\tau)^{\mathsf{T}}\,v \geqq \|p(u,\tau)\| \times (1 - \varkappa^2\tau^2/2) \geqq \varkappa_1/2$ für hinreichend kleine positive $\tau$. Q. e. d.

Ein einfaches Beispiel für eine sogar streng konsistente verallgemeinerte Zuwachsfunktion ist

$$p(u,\tau) := v \tag{3.10}$$

mit $H'(u)\,v = o$, $\|v\| = 1$. Dies folgt direkt aus (3.6).

Mit dem Ziel einer weitergehenden Klassifikation innerhalb der Menge der verallgemeinerten Zuwachsfunktionen läßt sich in Analogie zu [7] der Begriff der Ordnung einführen.

3.4. Definition. Es sei $H$ definiert wie oben und $p$ eine verallgemeinerte Zuwachsfunktion. Bezüglich $H$ existiere eine L-Funktion $w$ mit $w(0) = u^0$ und $w(1) = u^*$, $D_0$ sei gemäß (2.5) festgelegt. Dann heißt $p$ eine *verallgemeinerte Zuwachsfunktion* *m-ter Ordnung bezüglich H*, wenn folgendes gilt.

(i) $p(u, 0) \neq o$ für alle $u \in D_0$.

(ii) Es existiert ein $\varepsilon_4 > 0$, so daß für alle $u \in D(\varepsilon_4)$

$$\lim_{\tau \to 0} \frac{\left\| H\big(u + \tau p(u, \tau)\big) - H(u) \right\|}{\tau^m} = 0 \tag{3.11}$$

ist.

3.5. Aussage. *Im Fall einer schwach singulären Einbettung $H$ ist eine verallgemeinerte Zuwachsfunktion $p$ genau dann konsistent bezüglich $H$, wenn sie bezüglich $H$ mindestens von erster Ordnung ist.*

Der Beweis dieser Aussage folgt unmittelbar durch Taylor-Entwicklung von $H\big(u + \tau p(u, \tau)\big)$ an der Stelle $u$.

Die Aussage beinhaltet also, daß für schwach singuläre Einbettungen die Eigenschaften „Konsistenz" und „Ordnung größer oder gleich Eins" bei verallgemeinerten Zuwachsfunktionen äquivalent sind.

## 4. Ein implementierbarer Algorithmus

Der folgende Algorithmus nutzt das Schwetlicksche „Prinzip des hinreichend schwachen Anstieges" aus (vgl. [13]). Ausgehend von $u^0 = (x^0, 0)^{\mathsf{T}}$, $H(u^0) = o$, wird für alle $k = 0, 1, 2, \ldots$ ein $u^{k+1} \in \mathbb{R}^{n+1}$ als neue Näherung für die Raumkurve an der Stelle $t_{k+1} = (e^{n+1})^{\mathsf{T}} u^{k+1}$ akzeptiert, falls es der Ungleichung des hinreichend schwachen Anstieges

$$\|H(u^{k+1})\| \leqq \|H(u^k)\| + \varepsilon\tau_k \tag{4.1}$$

genügt, wobei

$$u^{k+1} := u^k + \tau_k q(u^k, \tau_k) \tag{4.2}$$

mit einer verallgemeinerten Zuwachsfunktion $q$ und einer gewissen positiven Schrittweite $\tau_k$ gilt.

4.1. Algorithmus. Es sei $H$ wie oben definiert und $p$ eine verallgemeinerte Zuwachsfunktion.

*Schritt 0:* Wähle $\varepsilon > 0$, $0 < \tau_{-1} \leqq \bar{\tau} \leqq 1$, $x^0 \in \mathbb{R}^n$, $\alpha \in (0, 1)$; setze $u^0 := (x^0, 0)^{\mathsf{T}}$, $t_0 := 0$, $d^0 := e^{n+1}$, $k := 0$, $i_0 := 0$.

*Schritt 1:* Berechne $v^k$ mit $H'(u^k)\, v^k = o$, $\|v^k\| = 1$. Falls $(v^k)^{\mathsf{T}} d^k < 0$, setze $v^k := -v^k$.

*Schritt 2:* Falls $(e^{n+1})^{\mathsf{T}} v^k \leq 0$, setze $i_k := 0$ und gehe nach Schritt 4.

*Schritt 3:* Ist $\|H(y^{k+1})\| \leqq \|H(u^k)\| + \varepsilon\bar{\tau}_k$ mit $y^{k+1} := u^k + \bar{\tau}_k v^k$, $\bar{\tau}_k := (1 - t_k)/(e^{n+1})^{\mathsf{T}} v^k$, gehe nach Schritt 9.

*Schritt 4:* Wähle

$$\bar{\tau}_k \in [\tau_{k-1}, \bar{\tau}], \tag{4.3}$$

und setze $\tau_k := \bar{\tau}_k$.

*Schritt 5:* Falls $i_k = 0$, setze $q(u^k, \tau_k) := p(u^k, \tau_k)$. Andernfalls setze $q(u^k, \tau_k) := v^k$.

*Schritt 6:* Falls $q(u^k, \tau_k)^\mathsf{T} v^k = 0$, setze $\tau_k := \alpha\tau_k$ und gehe nach Schritt 5. Andernfalls orientiere $q(u^k, \tau_k)$ so, daß $q(u^k, \tau_k)^\mathsf{T} v^k > 0$ ist.

*Schritt 7:* Setze

$$y^{k+1} := u^k + \tau_k q(u^k, \tau_k). \tag{4.4}$$

Falls $(e^{n+1})^\mathsf{T} y^{k+1} > 1$, gehe nach Schritt 10.

*Schritt 8:* Falls

$$\|H(y^{k+1})\| \leqq \|H(u^k)\| + \varepsilon\tau_k, \tag{4.5}$$

gehe nach Schritt 9. Andernfalls setze $\tau_k := \varkappa\tau_k$ und gehe nach Schritt 5.

*Schritt 9:* Setze $u^{k+1} := y^{k+1}$, $t_{k+1} := (e^{n+1})^\mathsf{T} u^{k+1}$. Falls $t_{k+1} = 1$, setze $N := k + 1$ und stoppe. Andernfalls setze $d^{k+1} := q(u^k, \tau_k)$, $i_{k+1} := i_k$, $k := k + 1$ und gehe nach Schritt 1.

*Schritt 10:* Falls $(v^k)^\mathsf{T} e^{n+1} > 0$, setze $i_k := 1$, $\tau_k := \min\{\bar{\tau}, (1 - t_k)/(e^{n+1})^\mathsf{T} v^k\}$, und gehe nach Schritt 5. Andernfalls setze $\tau_k := \varkappa\tau_k$ und gehe nach Schritt 5.

Offensichtlich ergibt sich bei der Verwendung von Zuwachsfunktionen das Problem, wie ein auf der Hyperebene $t = 1$ liegender Punkt als letzte Näherung für $u^*$ bestimmt werden kann, ohne auf die Endlichkeit des Verfahrens zu verzichten. Eine Möglichkeit bietet sich dadurch, indem als Fortschreitungsrichtung im letzten Schritt (oder in den letzten Schritten) die Tangentenrichtung verwendet wird. Diese im Algorithmus als Phase von „Schlußschritten" realisierte Vorgehensweise ist durch die Parameterbelegung $i_k = 1$ charakterisiert. Andernfalls werden bei $i_k = 0$ sogenannte „Normalschritte" mit der verallgemeinerten Zuwachsfunktion $p$ ausgeführt.

Ein Fortschreiten im Sinne der Orientierung der Raumkurve sichert Schritt 1. Schritt 3 beinhaltet die verfolgte „optimistische" Strategie, bei der im Fall $(e^{n+1})^\mathsf{T} v^k > 0$ (d. h., $v^k$ „zeigt" auf die Hyperebene $t = 1$) unabhängig von der Größe der Schrittweite stets ein Schlußschritt versucht wird. Genügt der mit $\bar{\tau}_k := (1 - t_k)/(e^{n+1})^\mathsf{T} v^k$ auf der Hyperebene $t = 1$ liegende Punkt $y^{k+1} := u^k + \bar{\tau}_k v^k$ der Ungleichung des hinreichend schwachen Anstieges, erfolgt der Abbruch des Algorithmus. Andernfalls wird im Schritt 4 eine Schrittweite $\tau_k$ gewählt und im Schritt 5 in Abhängigkeit des Vorliegens von Schluß- oder Normalschrittphase der Zuwachsfunktionsvektor $q(u^k, \tau_k)$ bestimmt. Erfüllt das im Schritt 7 erhaltene $y^{k+1}$ die Ungleichung des hinreichend schwachen Anstieges im Schritt 8, wird es als neue Näherung $u^{k+1}$ für die Raumkurve akzeptiert und im Schritt 9 ein neuer Einbettungsschritt vorbereitet, falls nicht $t_{k+1} = 1$ gilt und der Algorithmus abbricht. Genügt $y^{k+1}$ der Ungleichung nicht, wird mit einem geometrisch verkleinerten $\tau_k$ ein neuer

Versuch unternommen. Der Fall $(e^{n+1})^{\mathsf{T}}\, y^{k+1} > 1$ leitet über Schritt 10 die Phase der Schlußschritte ein.

Damit ist ein Algorithmus vorgestellt worden, der ganze Klassen von Möglichkeiten zur Verfolgung der Raumkurve umfaßt und den Vorteil der Implementierbarkeit besitzt.

## 5. Ein Konvergenzsatz

Über die Konvergenz des eben diskutierten implementierbaren Algorithmus gibt der folgende Satz Auskunft. Es ist jedoch nur eine Beweisskizze möglich; für die detaillierte Beweisführung sei hier auf [9] verwiesen.

5.1. Satz. *Es sei $H$ eine schwach singuläre Einbettung für $F$ bezüglich eines vorgegebenen $x^0 \in \mathbb{R}^n$ und $p$ eine streng konsistente verallgemeinerte Zuwachsfunktion. Für die $L$-Funktion $w$ gelte zusätzlich*

$$\|\dot{w}(s) - \dot{w}(t)\| \leqq L_2\, |s - t| \tag{5.1}$$

*für alle $s, t \in [0, 1]$. Außerdem gelte $\dot{w}(0)^{\mathsf{T}}\, e^{n+1} > 0$, $w(s)^{\mathsf{T}}\, e^{n+1} < 1$ für alle $s$ mit $0 \leqq s < 1$, und es sei $\operatorname{rg}\big(F'(x^*)\big) = n$. Zu vorgegebenem $\varepsilon > 0$ seien $\tau_{-1}$ und $\bar{\tau}$ gemäß $\alpha_0\varepsilon^2 \leqq \tau_{-1} \leqq \bar{\tau} \leqq \alpha_1\varepsilon^2$ mit positiven Konstanten $\alpha_0$, $\alpha_1$ gewählt.*

*Dann ist der Algorithmus für hinreichend kleines $\varepsilon > 0$ unbeschränkt durchführbar und endet nach endlich vielen Schritten mit $t_N = 1$. Für das zugehörige $x^N$ gilt mit einer positiven Konstanten $c$ die Abschätzung $\|F(x^N)\| \leqq c\varepsilon$.*

Beweisskizze. Zum Beweis des Satzes wird eine Folge $\{s_k\}$ induktiv gemäß

$$\sigma_k := s_{k+1} - s_k := \tau_k\, \|q(u^k, \tau_k)\| / \|\dot{w}(s_k)\|, \qquad s_0 = 0,$$

definiert. Ein nach dem Algorithmus erzeugtes $u^{k+1} := u^k + \tau_k q(u^k, \tau_k)$ betrachtet man dabei als Näherung für $w(s_{k+1})$.

Es wird zunächst gezeigt, daß die $u^k$ für hinreichend kleines $\varepsilon > 0$ wohldefiniert sind, in einer gewissen Umgebung von $D_0$ liegen und die verallgemeinerte Ungleichung des hinreichend schwachen Anstieges erfüllen, wobei ein Fortschreiten im Sinne der Orientierung der Raumkurve gewährleistet ist.

Ein zweiter Beweiskomplex beinhaltet, daß der Algorithmus nach endlich vielen Schritten mit $t = 1$ abbricht. Er beruht im wesentlichen darauf, daß sich die $\sigma_k$ nach unten gleichmäßig durch ein $\underline{\sigma}(\varepsilon)$ abschätzen lassen. Demzufolge muß bei hinreichend vielen Iterationen notwendig $s = 1$ überschritten werden. Es läßt sich aber zeigen, daß für genügend kleines $\varepsilon > 0$ der Fall $s_{k+1} > 1$ nur eintreten kann, wenn gleichzeitig $t_{k+1} = 1$ ist, d. h. der Algorithmus nach diesem Schritt abbricht. Andernfalls, d. h., es wird $t_k = 1$ mit $s_k \leqq 1$ erreicht, ist nichts zu beweisen.

Die Normabschätzung für die letzte Iterierte folgt dann unmittelbar aus der stets erfüllten verallgemeinerten Ungleichung des hinreichend schwachen Anstieges. Q. e. d.

Im letzten Abschnitt werden einige Beispiele für verallgemeinerte Zuwachsfunktionen höherer Ordnung angegeben. Zur Abkürzung der Schreibweise bezeichnet im folgenden die Voraussetzung (V):

(V): (i) Es sei $H$ eine schwach singuläre Einbettung für $F$ bezüglich eines vorgegebenen $x^0 \in \mathbb{R}^n$.

(ii) Für ein gegebenes $m \geqq 1$ sei $H$ $(m+1)$mal stetig auf $D(\varepsilon_0)$ differenzierbar.

## 6. Einige verallgemeinerte Zuwachsfunktionen höherer Ordnung

Die Voraussetzung (V) sei erfüllt und $u_k(\tau)$ wie in Abschnitt 3 definiert. Damit ist die durch $z(u^k, \tau) := u_k(\tau)$ eingeführte Funktion $z$ auf Grund von Satz 3.1 und der Voraussetzung (ii) aus (V) $m$-mal stetig nach dem zweiten Argument auf einer Nullumgebung differenzierbar.

Es gilt

$$H\big(z(u^k, \tau)\big) = H(u^k) \tag{6.1}$$

für $|\tau| \leqq \underline{\tau}$, und durch implizite Differentiation von (6.1) nach $\tau$ erhält man

$$H'\big(z(u^k, \tau)\big)\, z^{(1)}(u^k, \tau) = o, \tag{6.2}$$

wobei $z^{(1)}(u^k, \tau)$ die erste Ableitung von $z$ nach $\tau$ bezeichnet. Aus der Nebenbedingung

$$\big(z(u^k, \tau) - u^k\big)^{\mathsf{T}} v^k = \tau \tag{6.3}$$

zu (6.1) ergibt sich ebenfalls durch Differentiation

$$z^{(1)}(u^k, \tau)^{\mathsf{T}} v^k = 1. \tag{6.4}$$

Offensichtlich folgt daraus

$$z^{(1)}(u^k, 0) = v^k, \tag{6.5}$$

und das Taylor-Polynom erster Ordnung für $z(u^k, \tau)$ lautet daher

$$z_1(u^k, \tau) := z(u^k, 0) + \tau z^{(1)}(u^k, 0) = u^k + \tau v^k. \tag{6.6}$$

Durch weitere Differentiation und sukzessives Einsetzen der bereits bekannten Ableitungen kann nun die Ableitung $z^{(i)}(u^k, 0)$ für $i = 1, \ldots, m$ allein durch $v^k$ und Ableitungen von $H$ an der Stelle $u^k$ ausgedrückt werden, z. B. für $i = 2$:

$$z^{(2)}(u^k, 0) := -H'(u^k)^{+} H''(u^k)\,(v^k)^2 \tag{6.7}$$

Dabei ist $A^{+} := A^{\mathsf{T}}(AA^{\mathsf{T}})^{-1}$ die Moore-Penrose-Pseudoinverse zu $A$.

6.1. Satz. *Die Voraussetzung* (V) *sei erfüllt. Dann ist die durch*

$$p(u, \tau) := \sum_{i=1}^{m} \frac{1}{i!}\, \tau^{i-1} z^{(i)}(u, 0) \tag{6.8}$$

*für* $(u, \tau) \in D(\varepsilon_1) \times [0, \underline{\tau}]$ *definierte Funktion eine verallgemeinerte Zuwachsfunktion* $m$*-ter Ordnung.*

Der Beweis ergibt sich aus der Definition der $z^{(i)}(u, 0)$ über die Taylor-Formel für $H(u + \tau p(u, \tau))$ als Funktion von $\tau$.

Der mit der Notwendigkeit der expliziten Kenntnis höherer Ableitungen verbundene numerische Aufwand ist für einen Algorithmus nicht mehr zu rechtfertigen. Unter Verwendung einer Approximation $\delta^{(i)}z(u; h)$ für $z^{(i)}(u, 0)$ mit dem Diskretisierungsparameter $h = \tau$ läßt sich jedoch die gleiche Ordnung erreichen.

6.2. Satz. *Die Voraussetzung* (V) *sei erfüllt. Zusätzlich gelte*

$$\delta^{(i)}z(u; \tau) - z^{(i)}(u, 0) = o(\tau^{m-i}), \qquad i = 1, \ldots, m, \tag{6.9}$$

*für* $u \in D(\varepsilon_1)$. *Dann ist die durch*

$$q(u, \tau) := \sum_{i=1}^{m} \frac{1}{i!} \tau^{i-1} \delta^{(i)} z(u; \tau) \tag{6.10}$$

*für* $(u, \tau) \in D(\varepsilon_1) \times [0, \underline{\tau}]$ *definierte Funktion eine verallgemeinerte Zuwachsfunktion m-ter Ordnung.*

Beweis. Wegen (6.9) ist mit $p$ gemäß (6.8)

$$p(u, \tau) - q(u, \tau) = o(\tau^{m-1}). \tag{6.11}$$

Die Entwicklung von $H(u + \tau q(u, \tau))$ an der Stelle $(u + \tau p(u, \tau))$ liefert wegen (6.11) und Satz 6.1. sofort das gewünschte Ergebnis. Q. e. d.

Für den wichtigen Spezialfall $m = 2$ erhält man z. B. eine verallgemeinerte Zuwachsfunktion zweiter Ordnung, wenn $z^{(2)}(u^k, 0)$ durch

$$-H'(u^k)^+ \left[\frac{2}{\tau^2} \{H(u^k + \tau v^k) - H(u^k)\}\right] \tag{6.12}$$

approximiert wird.

Ist im Sinne eines Predictorschrittes mit Hilfe einer verallgemeinerten Zuwachsfunktion $q$ der Ordnung $l$ bereits eine Näherung $a^0(u^k, \tau)$ für $z(u^k, \tau)$ erzeugt worden, so erhebt sich die Frage nach ihrer Verbesserung durch die Anwendung z. B. des Newton-Verfahrens als Corrector. Dieses PC-Prinzip bildete bereits die Grundlage der Vorgehensweise in [8], bei der $H(u^k) = o$ vorausgesetzt und $a^0(u^k, \tau) = u^k + \tau v^k$ gewählt wurde. Der anschließende Correctorschritt beinhaltete die exakte Lösung der Aufgabe

$$H(u) = o$$

bei

$$\left(u - a^0(u^k, \tau)\right)^{\mathsf{T}} v^k = 0 \tag{6.13}$$

mittels Newton-Verfahren. Die erforderliche Implementierung dieses infiniten Prozesses erfolgte dabei so, daß ein $\tilde{u}^{k+1}$ als Lösung von (6.13) akzeptiert wurde, wenn $\|H(\tilde{u}^{k+1})\| \leqq \varepsilon$ mit vorgegebenem $\varepsilon > 0$ galt. Für diese Zuwachsfunktion mit variabler, a priori nicht bekannter Correctorschrittanzahl $m_k$ lassen sich keine einheitlichen Ordnungsaussagen angeben. Wird jedoch die Anzahl der durchzuführenden Newton-

Schritte vorgegeben, d. h. ist $m_k = m$ für alle $k$, so sind auch für diese PC-Zuwachsfunktion Ordnungsaussagen möglich. Zur Sicherung der Konsistenz der entstehenden verallgemeinerten Zuwachsfunktion wird dabei das Newton-Verfahren auf die modifizierte Gleichung

$$H(u) = H(u^k) \tag{6.14}$$

bezüglich $u$ mit $a^0(u^k, \tau)$ als Startwert angewandt, wobei alle Newton-Iterierten in der durch $a^0(u^k, \tau)$ verlaufenden und zu $v^k$ orthogonalen Hyperebene liegen sollen.

Ein Newton-Schritt, ausgehend von $a^0(u^k, \tau)$, entspricht dann der Lösung der Aufgabe

$$H\big(a^0(u^k, \tau)\big) + H'\big(a^0(u^k, \tau)\big)\,\big(u - a^0(u^k, \tau)\big) = H(u^k) \tag{6.15}$$

mit der Nebenbedingung

$$\big(u - a^0(u^k, \tau)\big)^{\mathsf{T}}\; v^k = 0\,. \tag{6.16}$$

Über die Lösbarkeit der Aufgabe (6.15), (6.16) gibt das folgende Lemma Auskunft, in dem bekannte Tatsachen aus der Linearen Algebra zusammengefaßt sind.

6.3. Lemma. *Es sei* $A \in \mathscr{L}(\mathbb{R}^{n+1}, \mathbb{R}^n)$ *mit* $\operatorname{rg}(A) = n$, *und sei* $r \in \mathbb{R}^{n+1}$ *mit* $\|r\| = 1$. *Dann ist die Aufgabe*

$$Ax = b \tag{6.17}$$

*unter der Nebenbedingung*

$$x^{\mathsf{T}} r = \beta \tag{6.18}$$

*genau dann für jedes* $\beta \in \mathbb{R}^1$ *eindeutig lösbar, wenn*

$$v^{\mathsf{T}} r \neq 0 \tag{6.19}$$

*mit* $Av = o$, $\|v\| = 1$, *gilt. Ist* (6.19) *erfüllt, hat die Lösung* $y$ *von* (6.17), (6.18) *die Form*

$$y = \beta r + d\,, \tag{6.20}$$

*wobei*

$$d = \left(I - \frac{v r^{\mathsf{T}}}{v^{\mathsf{T}} r}\right)(A^+ b - \beta r)\,. \tag{6.21}$$

Damit ergibt sich für eine Lösung $a^1(u^k, \tau)$ von (6.15), (6.16) die explizite Darstellung

$$a^1 := a^0 - \left(I - \frac{w^0 (v^k)^{\mathsf{T}}}{(w^0)^{\mathsf{T}}\, v^k}\right) H'(a^0)^+\, [H(a^0) - H(u^k)]\,, \tag{6.22}$$

wobei $a^0 := a^0(u^k, \tau)$, $a^1 := a^1(u^k, \tau)$, $H'(a^0)\, w^0 = o$, $\|w^0\| = 1$, gilt.

Falls nun $m \geqq 1$ Newton-Schritte an $a^0 := u^k + \tau_k q(u^k, \tau_k)$ angeschlossen werden sollen, erhält man die Iterierten $a^{i+1}$ für $i = 0, \ldots, m - 1$ gemäß

$$a^{i+1} := a^i - \left(I - \frac{w^i (v^k)^{\mathsf{T}}}{(w^i)^{\mathsf{T}} v^k}\right) H'(a^i)^+\, [H(a^i) - H(u^k)]\,, \tag{6.23}$$

wobei $H'(a^i)\, w^i = o$, $\|w^i\| = 1$, ist.

Bei einem vereinfachten Newton-Verfahren als Corrector ergibt sich

$$a^{i+1} := a^i - \left(I - \frac{w^0 (v^k)^\mathsf{T}}{(w^0)^\mathsf{T} v^k}\right) H'(a^0)^+ [H(a^i) - H(u^k)], \tag{6.24}$$

und mit einem „stark vereinfachten" Newton-Corrector, bei dem $H'(.)^+$ nur an der Stelle $u^k$ benutzt wird, folgt

$$a^{i+1} := a^i - \left(I - v^k (v^k)^\mathsf{T}\right) H'(u^k)^+ [H(a^i) - H(u^k)]. \tag{6.25}$$

Die Näherung $y(u^k, \tau)$ nach (3.4) für $u_k(\tau)$ ergibt sich in allen drei Fällen gemäß

$$y(u^k, \tau) := a^m.$$

Die zugeordneten verallgemeinerten Zuwachsfunktionen werden durch

$$p(u^k, \tau) := \begin{cases} \dfrac{a^m - u^k}{\tau} & \text{für} \quad \tau > 0, \\ q(u^k, 0) & \text{für} \quad \tau = 0 \end{cases}$$

definiert. Dies ist jedoch nur von theoretischem Interesse.

6.4. Satz. *Die Voraussetzung* (i) *aus* (V) *sei erfüllt, $q$ sei eine verallgemeinerte Zuwachsfunktion $l$-ter Ordnung und $m$ eine natürliche Zahl. Dann gelten folgende Aussagen.*

(i) *Die nach* (6.23) *definierte verallgemeinerte Zuwachsfunktion* (*Newton-Corrector*) *hat die Ordnung* $2^m l$.

(ii) *Die nach* (6.24) *definierte verallgemeinerte Zuwachsfunktion* (*vereinfachter Newton-Corrector*) *hat die Ordnung* $(m + 1)\, l$.

(iii) *Die nach* (6.25) *definierte verallgemeinerte Zuwachsfunktion* („*stark vereinfacher" Newton-Corrector*) *hat die Ordnung* $m + l$.

Beweis. Nach Voraussetzung ist

$$H(a^0) - H(u^k) = o(\tau^l). \tag{6.26}$$

Ein allgemeiner Newton-Schritt hat nun die Gestalt

$$a^{i+1} := a^i - \left(I - \frac{w (v^k)^\mathsf{T}}{w^\mathsf{T} (v^k)}\right) H'(a)^+ [H(a^i) - H(u^k)] =: a^i - r \tag{6.27}$$

mit $H'(a)\, w = o$, $\|w\| = 1$. Durch Taylor-Entwicklung ergibt sich

$$\begin{aligned} H(a^{i+1}) &= H(a^i) - H'(a)\, r - \int_0^1 [H'(a^i - \gamma r) - H'(a)]\, r\, d\gamma \\ &= H(u^k) - \int_0^1 [H'(a^i - \gamma r) - H'(a)]\, r\, d\gamma, \end{aligned}$$

also

$$\|H(a^{i+1}) - H(u^k)\| \leqq L_1 \left[\|a^i - a\|\, \|r\| + \frac{1}{2} \|r\|^2\right].$$

Eine differenzierte Betrachtung und Induktion über $i$ liefert die Behauptungen. Q. e. d.

## Literatur

[1] ANSELONE, P., and R. MOORE, An extension of the Newton-Kantorovich method for solving nonlinear equations with an application to elasticity, J. Math. Anal. Appl. **13** (1966), 476–501.
[2] AVILA, J. H., The feasibility of continuation methods for nonlinear equations. SIAM J. Numer. Anal. **11** (1974), 102–122.
[3] BRANIN jr., F. J., Widely convergent method for finding multiple solutions of simultaneous nonlinear equations, IBM J. Res. Develop. **16** (1972), 504–522.
[4] CHUA, L. O., and A. USHIDA, A switching-parameter algorithm for finding multiple solutions of nonlinear resistive circuits, Circuit Theory and Applications **4** (1976), 215–239.
[5] DAVIS, J., The solution of nonlinear operator equations with critical points, Ph. D. Diss., Oregon State Univ., Corvallis, Oregon, 1966.
[6] HASELGROVE, C., Solution on nonlinear equations and of differential equations with two-point boundary conditions, Comput. J. **4** (1961), 255–259.
[7] MENZEL, R., und H. SCHWETLICK, Über einen Ordnungsbegriff bei Einbettungsalgorithmen zur Lösung nichtlinearer Gleichungen, Computing **16** (1976), 187–199.
[8] MENZEL, R., und H. SCHWETLICK, Zur Lösung parameterabhängiger nichtlinearer Gleichungen mit singulären JACOBI-Matrizen, Numer. Math. **30** (1978), 65–79.
[9] MENZEL, R., Über die Lösung nichtlinearer Gleichungssysteme bei regulärer und schwach singulärer Einbettung, Diss., TU Dresden 1978.
[10] MEYER, G., On solving nonlinear equations with a one-parameter operator imbedding, SIAM J. Numer. Anal. **5** (1968), 739–752.
[11] ORTEGA, J. M., and W. C. RHEINBOLDT, Iterative solution of nonlinear equations in several variables, Academic Press, New York, London 1970.
[12] RIKS, E., The application of Newton's method to the problem of elastic stability, J. Appl. Mech. **39** (1972), 1060–1065.
[13] SCHWETLICK, H., Ein neues Prinzip zur Konstruktion implementierbarer, global konvergenter Einbettungsalgorithmen, Beitr. Numer. Math. **4** (1975), 215–228.
[14] SIMPSON, R. B., A method for the numerical determination of bifurcation states of nonlinear systems of equations, SIAM J. Numer. Anal. **12** (1975), 439–451.

Manuskripteingang: 21. 11. 1977

VERFASSER:
Dr. REINHARD MENZEL, Sektion Mathematik der Technischen Universität Dresden

Beiträge zur Numerischen Mathematik
8 (1980), 113–119

# Quadratische Splineinterpolation bei zusammenfallendem Interpolations- und Splinegitter

Holger Mettke

## 1. Einleitung

In den kürzlich erschienenen Arbeiten von Passow [4] und Sharma/Tzimbalario [6] sind Aussagen zur Existenz und Eindeutigkeit quadratischer Interpolationssplines bei zusammenfallendem Interpolations- und Splinegitter hergeleitet worden. Darauf aufbauend soll in der vorliegenden Arbeit für den nichtperiodischen Fall das Konvergenzverhalten untersucht werden. Für stetige und stetig differenzierbare Funktionen $f$ gelingt es erstmals, Konvergenz der Interpolationssplines nachzuweisen, sofern $f$ gewisse Voraussetzungen erfüllt, die in Richtung Monotonie, Konvexität und dergleichen gehen. Insbesondere erhält man dann für zweimal stetig differenzierbare Funktionen Konvergenz 3. Ordnung.

## 2. Definition und Berechnung quadratischer Interpolationssplines

Es sei

$$\pi: a = x_0 < x_1 < \cdots < x_{n-1} < x_n = b$$

ein Splinegitter über dem Intervall $[a, b]$ und

$$h = h(\pi) = \max_{i=1(1)n} h_i, \qquad h_i = x_i - x_{i-1}$$

die Feinheit des Gitters.

Zu gegebenem Ordinatenvektor $\boldsymbol{y} = (y_0, \ldots, y_n)^{\mathsf{T}} \in R^{n+1}$ und $\lambda_0 \in R$ wird eine Funktion $s = s(\boldsymbol{y}, \pi, \lambda_0; \cdot)$ *quadratischer Interpolationsspline* zu $\boldsymbol{y}$ genannt, wenn

(i) $s$ auf $[a, b]$ einmal stetig differenzierbar ist,

(ii) $s$ auf jedem Teilintervall $[x_{i-1}, x_i]$, $i = 1(1)n$, mit einem quadratischen Polynom übereinstimmt sowie

(iii) die Interpolationsbedingungen $s(x_i) = y_i$ für $i = 0(1)n$ und

(iv) die Anfangsbedingung $s'(a) = \lambda_0$ erfüllt sind.

Insbesondere heißt $s = s(f, \pi, \lambda_0; \cdot)$ quadratischer Interpolationsspline zu (einer vorgegebenen Funktion) $f$, wenn $y_i = f(x_i)$, $i = 0(1)\, n$, gilt.

Mit den Abkürzungen und Parametern $\tau_i = (y_i - y_{i-1})/h_i$ und $m_i = s'(x_i)$ erhält man aus den Bedingungen (i)—(iv) für den Ansatz

$$s(x) = a_i x^2 + b_i x + c_i, \qquad x_{i-1} \leqq x \leqq x_i, \tag{1}$$

in eindeutiger Weise

$$a_i = (\tau_i - m_{i-1})/h_i, \tag{2}$$

$$b_i = \tau_i - (x_{i-1} + x_i)\, a_i, \tag{3}$$

$$c_i = y_{i-1} - a_i x_{i-1}^2 - b_i x_{i-1}, \qquad i = 1(1)n. \tag{4}$$

Unter Benutzung der für quadratische Polynome charakteristischen Beziehung

$$m_{i-1} + m_i = 2\tau_i \quad \text{für} \quad i = 1(1)n, \tag{5}$$

die unmittelbar aus (1)—(3) folgt, steht somit für die Berechnung von $s(x)$ eine sehr einfache rekursive Vorschrift zur Verfügung. Demgegenüber ist mit der Berechnungsvorschrift für quadratische Interpolationssplines bei getrennt liegendem Interpolations- und Splinegitter die Lösung eines linearen Gleichungssystems von $n + 1$ Gleichungen mit $n + 1$ Unbekannten verbunden (siehe z. B. [5, 8]).

## 3. Monotonie- und Konvexitätseigenschaften

Die folgende Aussage geht auf Passow [4] zurück. Wegen ihrer Wichtigkeit für die späteren Konvergenzuntersuchungen wird sie hier noch einmal kurz hergeleitet.

Satz. *Es seien $\pi$, $\boldsymbol{y}$ und $\lambda_0$ vorgegeben.*

(i) *Falls für $i = 1(1)n$ die Ungleichungen*

$$y_i - y_{i-1} \geqq 0 \quad \textit{und} \quad \tau_i - \tau_{i-1} \geqq 0 \tag{6}$$

*sowie $0 \leqq \lambda_0 \leqq 2\tau_1$ gelten, ist $s = s(\boldsymbol{y}, \pi, \lambda_0; \cdot)$ monoton wachsend auf $[a, b]$.*

(ii) *Unter den Voraussetzungen*

$$\left.\begin{aligned} &y_i - y_{i-1} \geqq 0 \quad \textit{für} \quad i = 1(1)n, \quad \tau_2 - \tau_1 \geqq 0 \quad \textit{und} \\ &\tau_{i-1} - 2\tau_i + \tau_{i+1} \geqq 0 \quad \textit{für} \quad i = 2(1)n \end{aligned}\right\} \tag{7}$$

*sowie $\max(0, 2\tau_1 - \tau_2) \leqq \lambda_0 \leqq \tau_1$ ist $s = s(\boldsymbol{y}, \pi, \lambda_0; \cdot)$ konvex auf $[a, b]$.*

Beweis. (i) Aus der Beziehung (5) erhält man

$$m_i = \begin{cases} \lambda_0 + 2\{(\tau_2 - \tau_1) + (\tau_4 - \tau_3) + \cdots + (\tau_i - \tau_{i-1})\} & \text{für } i \text{ gerade}, \\ 2\tau_1 - \tau_0 + 2\{(\tau_3 - \tau_2) + (\tau_5 - \tau_4) + \cdots + (\tau_i - \tau_{i-1})\} & \text{für } i \text{ ungerade}. \end{cases}$$

Damit ist

$$m_i \geqq 0 \quad \text{für} \quad i = 0(1)n, \tag{8}$$

und folglich $s'(x) \geqq 0$ für $x \in [a, b]$.

(ii) Für $a_i$ nach (2) gilt unter Beachtung von (5)

$$a_i h_i = \begin{cases} (\lambda_0 - 2\tau_1 + \tau_2) + (\tau_2 - 2\tau_3 + \tau_4) + \cdots + (\tau_{i-2} - 2\tau_{i-1} + \tau_i) & \text{für } i \text{ gerade}, \\ (-\lambda_0 + \tau_1) + (\tau_1 - 2\tau_2 + \tau_3) + \cdots + (\tau_{i-2} - 2\tau_{i-1} + \tau_i) & \text{für } i \text{ ungerade}. \end{cases}$$

Hieraus folgt:

$$a_i \geqq 0 \quad \text{für} \quad i = 1(1)n. \tag{9}$$

Also ist $s$ auf jedem Teilintervall $[x_{i-1}, x_i]$, $i = 1(1)n$, konvex. Aus der stetigen Differenzierbarkeit von $s$ auf $[a, b]$ ergibt sich die Konvexität auf dem gesamten Intervall.

## 4. Konvergenz bei stetigen und differenzierbaren Funktionen

Für $f \in C[a, b]$ bezeichne

$$\|f\| = \max \{|f(x)| : x \in [a, b]\}$$

die Maximumnorm und

$$\omega(f, \delta) = \max \{|f(x) - f(y)| : x, y \in [a, b] \text{ und } |x - y| \leqq \delta\}$$

den Stetigkeitsmodul.

Satz. *Es seien $\pi$ ein Splinegitter über $[a, b]$ der Feinheit $h = h(\pi)$ und $f \in C[a, b]$ derart, daß mit $y_i = f(x_i)$ die Ungleichungen (6) erfüllt sind. Weiter sei $\lambda_0 \in [0, 2\tau_1]$. Dann läßt sich die Abweichung des monotonen quadratischen Interpolationssplines $s = s(f, \pi, \lambda_0; \cdot)$ von $f$ durch*

$$\|s - f\| \leqq \frac{5}{2}\, \omega(f, h) \tag{10}$$

*abschätzen.*

Beweis. Aus (1)—(4) erhält man für $s$ die Darstellung

$$s(x) = \frac{\tau_i}{h_i}(x - x_{i-1})^2 - \frac{m_{i-1}}{h_i}(x - x_{i-1})(x - x_i) + y_{i-1}, \quad x_{i-1} \leqq x \leqq x_i. \tag{11}$$

Infolgedessen gilt unter Beachtung von (8)

$$|s(x) - f(x)| \leqq \frac{\tau_i}{h_i}(x - x_{i-1})^2 + \frac{m_{i-1}}{h_i}|(x - x_{i-1})(x - x_i)| + |f(x_{i-1}) - f(x)|.$$

Wegen $\tau_i \leqq \omega(f, h)/h_i$ und $0 \leqq m_{i-1} \leqq m_{i-1} + m_i = 2\tau_i \leqq 2\omega(f, h)/h_i$ erhält man insgesamt

$$|s(x) - f(x)| \leqq \omega(f, h) + \omega(f, h)/2 + \omega(f, h) = \frac{5}{2}\, \omega(f, h),$$

woraus unmittelbar die Behauptung folgt.

Da eine stetige, monoton wachsende und konvexe Funktion für beliebige Splinegitter über $[a, b]$ die Beziehungen (6) erfüllt, läßt der vorstehende Satz die folgende Aussage zu:

Folgerung. *Es sei $f \in C[a, b]$ monoton wachsend und konvex sowie*

$$0 \leqq \lambda_0 \leqq 2 \inf_{t>0} \frac{f(a+t) - f(a)}{t}.$$

*Dann konvergiert im Fall $h \to 0$ der quadratische Interpolationsspline $s = s(f, \pi, \lambda_0; \cdot)$ auf $[a, b]$ gleichmäßig gegen $f$.*

Bei stetiger Differenzierbarkeit von $f$ erhöht sich die Konvergenzordnung, wobei die maximale Ordnung bei zweimal stetig differenzierbaren Funktionen, deren 2. Ableitungen einer Lipschitz-Bedingung genügen, erreicht wird. Dies bringen die folgenden Sätze zum Ausdruck.

Satz. *Es seien $\pi$ ein Splinegitter über $[a, b]$ der Feinheit $h = h(\pi)$ und $f \in C^1[a, b]$ derart, daß mit $y_i = f(x_i)$ die Ungleichungen (7) erfüllt sind. Weiter sei*

$$\lambda_0 \in [\max(0, 2\tau_1 - \tau_2), \tau_1].$$

*Dann erhält man für den konvexen quadratischen Interpolationsspline $s = s(f, \pi, \lambda_0; \cdot)$ zu $f$:*

$$\|s^{(k)} - f^{(k)}\| \leqq C_k h^{1-k} \omega(f', h) \quad \textit{für} \quad k = 0 \quad \textit{und} \quad k = 1 \tag{12}$$

*mit den Konstanten $C_0 = 3/2$ und $C_1 = 3$.*

Beweis. Aus $s'(x) = (2x - x_{i-1} - x_i)\, a_i + \tau_i$ für $x_{i-1} \leqq x \leqq x_i$ erhält man unter Beachtung von (9) und mit geeignetem $\xi_i \in [x_{i-1}, x_i]$

$$|s'(x) - f'(x)| \leqq h_i a_i + |f'(\xi_i) - f'(x)| \leqq h_i a_i + \omega(f', h).$$

Zur Abschätzung von $h_i a_i$ benötigt man die Ungleichungen $0 \leqq m_0 \leqq m_1 \leqq \cdots \leqq m_n$, die unmittelbar aus der Konvexität von $s$ folgen. Dann gilt nämlich für $i = 2(1)\, n$

$$\begin{aligned} 0 \leqq h_i a_i &= \tau_i - m_{i-1} = \frac{1}{2}(m_i - m_{i-1}) \\ &\leqq \frac{1}{2}(m_i - m_{i-2}) = \tau_i - \tau_{i-1} \\ &\leqq \omega(f', 2h) \leqq 2\omega(f', h). \end{aligned}$$

Diese obere Schranke ist auch für $a_1 h_1$ gültig, denn es ist

$$0 \leqq h_1 a_1 = \tau_1 - \lambda_0 \leqq \tau_1 - (2\tau_1 - \tau_2) = \tau_2 - \tau_1 \leqq 2\omega(f', h).$$

In Bestätigung von (12) für $k = 1$ ergibt sich insgesamt

$$|s'(x) - f'(x)| \leqq 3\omega(f', h) \quad \text{für} \quad x_{i-1} \leqq x \leqq x_i, \quad i = 1(1)\, n.$$

Zu jedem $x \in [a, b]$ existiert ein $x_i$ mit $|x_i - x| \leqq h/2$. Über

$$s(x) - f(x) = \int_{x_i}^{x} \big(s'(t) - f'(t)\big)\, dt$$

ist die Behauptung für $k = 0$ sofort erbracht und damit der Beweis des Satzes vollständig.

Satz. *Es seien $\pi$ ein Splinegitter über $[a, b]$ der Feinheit $h = h(\pi)$ und $f \in C^2[a, b]$ derart, daß mit $y_i = f(x_i)$ die folgenden Ungleichungen erfüllt sind:*

$$y_i - y_{i-1} \geqq 0, \qquad i = 1(1)\, n, \tag{13}$$

$$f'(x_1) - 2\tau_1 + f'(x_0) \geqq 0, \tag{14}$$

$$f'(x_i) - 2\tau_i + 2\tau_{i-1} - f'(x_{i-2}) \geqq 0, \qquad i = 2(1)\, n. \tag{15}$$

*Weiter sei $\lambda_0 = f'(a)$. Dann gilt für den quadratischen Interpolationsspline*

$$s = s(f, \pi, \lambda_0; \cdot)$$

die Ungleichung

$$\|s^{(k)} - f^{(k)}\| \leqq D_k h^{2-k} \omega(f'', h) \quad \textit{für} \ k = 0 \quad \textit{und} \quad k = 1 \tag{16}$$

*mit den Konstanten $D_0 = 3/4$ und $D_1 = 3/2$.*

*Genügt $f''$ einer Lipschitz-Bedingung, so erhält man also*

$$\|s^{(k)} - f^{(k)}\| = O(h^{3-k}) \quad \textit{für} \ k = 0 \ \textit{und} \ k = 1. \tag{17}$$

Beweis. Für $x_{i-1} \leqq x \leqq x_i$ gilt

$$s'(x) = (2x - x_{i-1} - x_i)\, a_i + \tau_i$$

mit $a_i = (\tau_i - m_{i-1})/h_i$.

Wegen

$$\tau_i = f'(x_{i-1}) + \frac{1}{2} f''(\xi_i)\, h_i, \ \xi_i \in [x_{i-1}, x_i],$$

folgt hieraus

$$s'(x) - f'(x) = (2x - x_{i-1} - x_i)\, \frac{f'(x_{i-1}) - m_{i-1}}{h_i}$$
$$+ (x - x_{i-1})\, f''(\xi_i) + f'(x_{i-1}) - f'(x).$$

Ersetzt man noch $f'(x_{i-1}) - f'(x)$ durch $f''(\sigma_i)(x_{i-1} - x)$ mit geeignetem $\sigma_i \in [x_{i-1}, x_i]$, so führt dies zu

$$s'(x) - f'(x) = (2x - x_{i-1} - x_i)\left(\frac{f'(x_{i-1}) - m_{i-1}}{h_i}\right) + (x - x_{i-1})\big(f''(\xi_i) - f''(\sigma_i)\big).$$

Im Fall $i = 1$ entfällt der erste Summand der rechten Seite.

Nun ist unter Beachtung von (5)

$$\begin{aligned} f'(x_{i-1}) - m_{i-1} &= [f'(x_{i-1}) - 2\tau_{i-1} + 2\tau_{i-2} - f'(x_{i-3})] \\ &\quad + [f'(x_{i-3}) - 2\tau_{i-3} - 2\tau_{i-4} - f'(x_{i-5})] + \cdots \\ &\quad + \begin{cases} f'(x_2) - 2\tau_2 + 2\tau_1 - f'(x_0) & \text{für } i \text{ ungerade} \\ f'(x_1) - 2\tau_1 + f'(x_0) & \text{für } i \text{ gerade,} \end{cases} \end{aligned}$$

woraus $f'(x_{i-1}) - m_{i-1} \geqq 0$ folgt. Somit kann man mit geeigneten $\delta_{i-1}, \xi_{i-1} \in [x_{i-2}, x_{i-1}]$ die folgende Abschätzung durchführen:

$$\begin{aligned} 0 \leqq f'(x_{i-1}) - m_{i-1} &= f'(x_{i-1}) - \tau_{i-1} + f'(x_{i-2}) - \tau_{i-1} - f'(x_{i-2}) + m_{i-2} \\ &\leqq \frac{1}{2}\,[f''(\delta_{i-1}) - f''(\xi_{i-1})]\,h_{i-1}. \end{aligned}$$

Insgesamt erhält man also

$$\begin{aligned} |s'(x) - f'(x)| &\leqq \frac{|2x - x_{i-1} - x_i|}{2h_i}\,h_{i-1}\omega(f'', h) + |x - x_{i-1}|\,\omega(f'', h) \\ &\leqq \frac{3}{2}\,h\omega(f'', h), \end{aligned}$$

so daß die Behauptung (16) für $k = 1$ nachgewiesen ist. Der Nachweis für $k = 0$ erfolgt wie vorhin. Schließlich folgt (17) aus der Beziehung $\omega(f'', h) = O(h)$.

Bemerkung. Wie im stetigen Fall kommt man von den Abschätzungen (12) bzw. (16) zu Konvergenzaussagen, wenn man zu Folgen von Splinegittern mit $h \to 0$ übergeht und die entsprechenden Voraussetzungen an $f$ für jedes Splinegitter fordert.

## Literatur

[1] BÖHMER, K., Spline-Funktionen, Teubner-Verlag, Stuttgart 1974.
[2] KAMMERER, W. J., G. W. REDDIN and R. S. VARGA, Quadratic interpolatory splines, Num. Math. 22 (1974), 241–260.
[3] MARSDEN, M. J., Quadratic spline interpolation, Bull. Amer. Math. Soc. 80 (1974), 903–906.

[4] Passow, E., Monotone quadratic spline interpolation, J. Approximation Theory **19** (1977), 143–147.
[5] Schmidt, J. W., und H. Mettke, Konvergenz von quadratischen Interpolations- und Flächenabgleichssplines, Computing **19** (1978), 351–363.
[6] Sharma, A., und J. Tzimbalario, Quadratic splines, J. Approximation Theory **19** (1977), 186–193.
[7] Алберг, Дж., Е. Нильсон и Дж. Уольш, Теория сплайнов и ее приложения, Мир, Москва 1972.
[8] Стечкин, С. Б., и Ю. Н. Субботин, Сплайны в вычислительной математике, Наука, Москва 1976.

Manuskripteingang: 24. 1. 1978

VERFASSER:
Dr. Holger Mettke, Sektion Mathematik der Technischen Universität Dresden

Beiträge zur Numerischen Mathematik
8 (1980), 121–129

# Behandlung spezieller Optimierungsprobleme mit intervallanalytischen Methoden

DIETER OELSCHLÄGEL und HERBERT SÜSSE

Mit Hilfe der Intervallarithmetik sind bis jetzt lineare Optimierungsaufgaben von MACHOST [3], KRAWZCYK [2] und STEWART [7] behandelt worden, während in der nichtlinearen Optimierung von DUSSEL [1] das spezielle Problem der Minimierung einer streng konvexen Funktion auf einem $n$-dimensionalen Quader gelöst worden ist. Der Schwerpunkt der Aufgabenstellung lag bei diesen Arbeiten in der Angabe von sicheren Fehlerschranken für den Optimalpunkt sowie für den optimalen Zielfunktionswert. In der vorliegenden Arbeit wird ein Algorithmus angegeben, der unter bestimmten Voraussetzungen effektiver als der von DUSSEL ist. Weiterhin wird gezeigt, wie mit Hilfe dieses Algorithmus quadratische Optimierungsaufgaben gelöst werden können.

## 0. Bezeichnungen und Definitionen

Die Grundlagen der Intervallarithmetik werden im folgenden als bekannt vorausgesetzt. Mit großen Buchstaben $A, B, C \ldots \in I(R)$ werden reelle, abgeschlossene Intervalle bezeichnet ($I(R)$-Menge aller unabhängigen Intervalle). Kleine Buchstaben $a, b, c, \ldots \in R$ bedeuten reelle Zahlen. Ein Intervallvektor oder Quader wird mit

$$[a] := \begin{pmatrix} A_1 \\ \vdots \\ A_n \end{pmatrix}, \quad [a] \in V_n(I(R)), \ A_i \in I(R), \qquad i = 1, 2, \ldots, n,$$

sowie eine Intervallmatrix mit

$$[A] := (A_{ij}),$$
$$[A] \in M_{m,n}(I(R)), \quad A_{ij} \in I(R), \qquad i = 1, 2, \ldots, m, \qquad j = 1, 2, \ldots, n$$

bezeichnet. Der Betrag eines Intervalles $X = [\underline{x}, \overline{x}]$ wird erklärt durch

$$|X| := \max(|\underline{x}|, |\overline{x}|).$$

Unter dem Durchmesser $d([x])$ eines Intervallvektors versteht man

$$d([x]) := \max_i \big(d(X_i)\big)$$

mit $d(X_i) := \bar{x}_i - \underline{x}_i$, $X_i = [\underline{x}_i, \bar{x}_i]$, $i = 1, 2, \ldots, n$.

Einfache, oft benötigte Rechenregeln sind:

$$d(X) \geqq 0, \tag{1}$$

$$d([x, x]) = 0, \tag{2}$$

$$d(X \pm Y) = d(X) + d(Y), \tag{3}$$

$$d(X \cap Y) \leqq \min \big(d(X), d(Y)\big), \tag{4}$$

$$d(x \cdot X) = |x|\, d(X), \tag{5}$$

$$\text{aus } 0 \in X,\ (\bar{y} \leqq 0) \vee (\underline{y} \geqq 0) \ \text{ folgt } \ d(X \cdot Y) = |Y|\, d(X), \tag{6}$$

$$\text{aus } 0 \in X,\ 0 \in Y \ \text{ folgt } \ d(X \cdot Y) \leqq 2\,|Y|\, d(X). \tag{7}$$

Weiterhin wird der Begriff einer „stetigen Intervallerweiterung $\Phi$" zu einer stetigen Funktion $\varphi$ als bekannt vorausgesetzt.

Zu den Ausführungen dieses Abschnittes vergleiche man [4].

## 1. Minimierung einer streng konvexen Funktion auf einem $n$-dimensionalen Quader

Gegeben sei:

$$\varphi(\hat{x}) = \min_{x \in [x]} \varphi(x)$$

mit $[x]^{\mathsf{T}} := ([\underline{x}_1, \bar{x}_1], [\underline{x}_2, \bar{x}_2], \ldots, [\underline{x}_n, \bar{x}_n])$, $X_i = [\underline{x}_i, \bar{x}_i]$, $i = 1, 2, \ldots, n$. $\varphi(x)$ sei eine streng konvexe Funktion mit $\varphi\colon R^n \to R^1$, sie besitze stetige partielle Ableitungen 1. Ordnung $\varphi_{x_j}$ sowie einschließlich der Ableitungen $\varphi_{x_j}$ stetige Intervallerweiterungen. Gesucht ist ein numerischer Algorithmus, der den eindeutig existierenden Minimalpunkt $\hat{x}$ von (8) sowie $\varphi(\hat{x})$ in sichere Schranken einschließt.

Diese Aufgabe wurde von DUSSEL [1] durch einen Halbierungsalgorithmus gelöst. Dabei werden zyklisch die Kanten des Quaders $[x]$ halbiert und das Kriterium

$$\operatorname{sign} \varphi_{x_j}(\hat{y}) = \operatorname{sign} (\tilde{a}_j - \hat{x}_j) \tag{9}$$

mit $\tilde{a}_j = \dfrac{\underline{x}_j + \bar{x}_j}{2}$ entscheidet, welche der Beziehungen $\tilde{a}_j < \hat{x}_j$, $\tilde{a}_j = \hat{x}_j$, $\tilde{a}_j > \hat{x}_j$ gilt. Dabei ist $\hat{y}$ der Minimalpunkt von $\varphi(x)$ über dem $(n-1)$dimensionalen Quader $H(\tilde{a}_j) := \{x \in [x] \mid x_j - \tilde{a}_j = 0\}$. Durch (9) wird ein rekursiver Prozeß definiert, d. h., zur Berechnung von (9) ist wieder die Bestimmung eines Minimalpunktes notwendig und dazu wiederum die Bestimmung von Minimalpunkten über $(n-2)$dimensionalen Quadern usw. Das Kriterium (9) wird numerisch mit Hilfe der Intervallarithmetik realisiert. Es muß allerdings festgestellt werden, daß der rechentechnische Aufwand sehr groß sein kann und infolge der Rekursivität der Algorithmus für höherdimensionale Probleme nicht geeignet ist. Deshalb soll im folgenden ein Algorithmus angegeben werden, der auch für höherdimensionale Probleme geeignet ist, allerdings sind einige weitere Voraussetzungen an das Problem notwendig.

Mit $\frac{\partial \varphi}{\partial x_i}(x_1, x_2, \ldots, x_n) = \varphi_i(x_1, x_2, \ldots, x_n)$ wird die Äquivalenz der beiden Systeme

$$\begin{aligned} \varphi_1(x_1, \ldots, x_n) &= 0 \Leftrightarrow x_1 = h_1(x_2, \ldots, x_n), \\ \varphi_2(x_1, \ldots, x_n) &= 0 \Leftrightarrow x_2 = h_2(x_1, x_3, \ldots, x_n), \\ &\vdots \\ \varphi_n(x_1, \ldots, x_n) &= 0 \Leftrightarrow x_n = h_n(x_1, x_2, \ldots, x_{n-1}) \end{aligned} \tag{10}$$

gefordert, d. h., $\varphi_i(x_1, x_2, \ldots, x_n) = 0$ sei analytisch nach $x_i$ auflösbar. Weiterhin sollen die $h_i(x_1, \ldots, x_{i-1}, x_{i+1}, \ldots, x_n)$ stetige partielle Ableitungen 1. Ordnung $\frac{\partial h_i}{\partial x_j} = h_{ij}$ nach allen Variablen besitzen. $H_i$ bzw. $H_{ij}$ seien die zugehörigen stetigen Intervallerweiterungen.

Satz 1. *Mit $X_i^0 := X_i$, $i = 1, 2, \ldots, n$, gilt für das Iterationsverfahren*

$$X_i^{k+1} := \begin{cases} Z_i^{k+1}, & \textit{falls } Z_i^{k+1} \neq \emptyset, \\ \underline{x}_i^k, & \textit{falls } \overline{y}_i^{k+1} < \underline{x}_i^k, \quad (11\text{a}) \\ \overline{x}_i^k, & \textit{falls } \underline{y}_i^{k+1} > \overline{x}_i^k, \quad (11\text{b}) \end{cases}$$

$$Z_i^{k+1} := Y_i^{k+1} \cap X_i^k,$$

$$Y_i^{k+1} := H_i(X_1^{k+1}, \ldots, X_{i-1}^{k+1}, X_{i+1}^k, \ldots, X_n^k),$$

$$i = 1, 2, \ldots, n, \quad k = 0, 1, 2, \ldots,$$

1. *$\hat{x} \in [x]^k$ für alle $k$,*
2. *die Beziehung $\hat{x}_i = \underline{x}_i^k$, falls $\overline{y}_i^{k+1} < \underline{x}_i^k$ ist, und $\hat{x}_i = \overline{x}_i^k$, falls $\underline{y}_i^{k+1} > \overline{x}_i^k$ ist.*

*Auf Grund von 2. wird im Fall (11a) $X_i^l := \underline{x}_i^k$ für alle $l > k + 1$ und im Fall (11b) $X_i^l := \overline{x}_i^k$ für alle $l > k + 1$ gesetzt.*

Beweis. Zum Beweis betrachten wir folgendes Iterationsverfahren:

$$x_i^{k+1} := \begin{cases} y_i^{k+1}, & \text{falls } y_i^{k+1} \in X_i^k, \\ \underline{x}_i^k, & \text{falls } y_i^{k+1} < \underline{x}_i^k, \\ \overline{x}_i^k, & \text{falls } y_i^{k+1} > \overline{x}_i^k \end{cases} \tag{11'}$$

mit $y_i^{k+1} := h_i(x_1^{k+1}, \ldots, x_{i-1}^{k+1}, x_{i+1}^k, \ldots, x_n^k)$, $i = 1, 2, \ldots, n$, $k = 0, 1, 2, \ldots$ und $x^0 \in [x]^0$. (11) stellt die Übertragung des Iterationsverfahrens (11') in die Intervallarithmetik dar.

Für ein beliebiges $x^k \in [x]^k$ gilt für das nach (11') berechnete $x^{k+1}$ stets $x^{k+1} \in [x]^{k+1}$, wobei $[x]^{k+1}$ nach (11) berechnet wird. Da die Auflösbarkeit nach (10) gefordert wurde, entspricht (11') einer sukzessiven Minimierung der einzelnen Veränderlichen, d. h., es wird nacheinander einzeln für jede Variable das Minimum über dem zulässigen Bereich bestimmt. Demzufolge gilt

$$\varphi(x^{k+1}) \leqq \varphi(x^k). \tag{12}$$

Im Fall $\hat{x} \in [x]^k$ gilt (12) auch für $x^k = \hat{x}$, d. h. $\varphi(x^{k+1}) \leqq \varphi(x^k) = \varphi(\hat{x})$. Infolge der Eindeutigkeit von $\hat{x}$ sowie $x^{k+1} \in [x]^{k+1} \subseteqq [x]^k$ ist $x^{k+1} = \hat{x}$ und somit $\hat{x} \in [x]^{k+1}$. Da $\hat{x} \in [x]^0$ ist, folgt durch vollständige Induktion $\hat{x} \in [x]^k$ für alle $k$.

Ist $\bar{y}_i^{k+1} < \underline{x}_i^k$, so folgt $y_i^{k+1} < \underline{x}_i^k$ für alle $x^k \in [x]^k$ nach (11'), deshalb auch für $x^k = \hat{x} \in [x]^k$, und somit ist $\hat{x}_i = \underline{x}_i^k$.

Der Fall $\underline{y}_i^{k+1} > \bar{x}_i^k$ wird analog behandelt. Q. e. d.

Die Beziehung $d([x]^{k+1}) \leqq d([x]^k)$ gilt trivialerweise. Es ergibt sich die Frage, wann $\lim_{k\to\infty} d([x]^k) = 0$ ist. Dazu werden die stetigen Intervallerweiterungen $H_i$ zu $h_i$ in folgender Form vorgegeben:

$$\begin{aligned} H_i(X_1^{k+1}, \ldots, X_{i-1}^{k+1}, X_{i+1}^k, \ldots, X_n^k) &:= h_i(x_1^{k+1}, \ldots, x_{i-1}^{k+1}, x_{i+1}^k, \ldots, x_n^k) \\ &+ \sum_{j=1}^{i-1} H_{ij}(X_1^{k+1}, \ldots, X_{i-1}^{k+1}, X_{i+1}^k, \ldots, X_n^k) \cdot (X_j^{k+1} - x_j^{k+1}) \\ &+ \sum_{j=i+1}^{n} H_{ij}(X_1^{k+1}, \ldots, X_{i-1}^{k+1}, X_{i+1}^k, \ldots, X_n^k) \cdot (X_j^k - x_j^k) \end{aligned} \tag{13}$$

mit $x_j^k = \dfrac{\underline{x}_j^k + \bar{x}_j^k}{2}$, $i = 1, 2, \ldots, n$. Bei aufwendiger Berechnung der $H_{ij}$ ist es günstiger, $H_{ij}(X_1^0, \ldots, X_{i-1}^0, X_{i+1}^0, \ldots, X_n^0)$ für alle Iterationen zu benutzen.

Satz 2. *Gilt für die Intervallmatrix*

$$[H] = (H_{ij}) \textit{ mit } H_{ij} = H_{ij}(X_1^0, \ldots, X_{i-1}^0, X_{i+1}^0, \ldots, X_n^0), \quad i, j = 1, 2, \ldots, n,$$

$$q_1 = 2\sum_{j=2}^{n} |H_{1j}|, \qquad q_2 = |H_{21}|\, 2q_1 + 2\sum_{j=3}^{n} |H_{2j}|,$$

$$q_i = 2\sum_{j=1}^{i-1} |H_{ij}|\, q_j + 2\sum_{j=i+1}^{n} |H_{ij}|, \qquad i = 3, \ldots, n \tag{14}$$

*die Beziehung* $q = \max_i q_i < 1$, *so ist* $\lim_{k\to\infty} ([x]^k) = \hat{x}$, *und außerdem gilt die a-priori-Fehlerabschätzung* $d([x]^k) \leqq q^k d([x]^0)$.

Beweis. Auf (11) mit $H_i$ nach (13) werden die Rechenregeln (2), (3), (4), (5), (6) und (7) angewendet:

$$\begin{aligned} d(X_1^{k+1}) \leqq d(Z_1^{k+1}) &\leqq d(Y_1^{k+1}) \\ &\leqq \sum_{j=2}^{n} d\big(H_{1j}(X_2^k, \ldots, X_n^k) \cdot (X_j^k - x_j^k)\big) \\ &\leqq \sum_{j=2}^{n} 2\,|H_{1j}(X_2^k, \ldots, X_n^k)| \cdot d(X_j^k) \end{aligned}$$

$$\begin{aligned}
&\leqq d([x]^k) \cdot \sum_{j=2}^{n} 2\,|H_{1j}(X_2^0, \ldots, X_n^0)| \\
&= q_1 d([x]^k), \\
d(X_i^{k+1}) &\leqq \sum_{j=1}^{i-1} 2\,|H_{ij}(X_1^0, \ldots, X_{i-1}^0, X_{i+1}^0, \ldots, X_n^0)|\, d(X_j^{k+1}) \\
&\quad + \sum_{j=i+1}^{n} 2\,|H_{ij}(X_1^0, \ldots, X_{i-1}^0, X_{i+1}^0, \ldots, X_n^0)|\, d(X_j^k) \\
&\leqq d([x]^k) \sum_{j=1}^{i-1} 2\,|H_{ij}|\, q_j + d([x]^k) \sum_{j=i+1}^{n} 2\,|H_{ij}| \\
&= q_i d([x]^k),
\end{aligned}$$

daraus folgt $d([x]^{k+1}) \leqq q d([x]^k)$ und mit $q < 1$ $\lim\limits_{k\to\infty} ([x]^k) = \hat{x}$. Q. e. d.

Somit sind (10) und (14) erfüllt, dann konvergiert das modifizierte Einzelschrittverfahren (11) mit $H_i$ nach (13) stets gegen den Minimalpunkt $\hat{x}$. Auf einer EDVA erhält man in diesem Fall mit Hilfe einer geeigneten Maschinenintervallarithmetik sichere Schranken für $\hat{x}$ und durch Einsetzen des erhaltenen „kleinsten" Quaders in die Zielfunktion $\varphi(x)$ sichere Schranken für $\varphi(\hat{x})$. Die Iteration (11) wird auf einer EDVA abgebrochen, wenn $[x]^{k+1} = [x]^k$ im Rahmen der Maschinengenauigkeit gilt.

Beispiel 1. $\varphi(x) = x_1^2 + x_2^2 + x_1^2 x_2^2 - 3x_1 + 4x_2 = \min!$ mit $x_1 \in [4, 5]$, $x_2 \in [-1, 2]$.

$$\varphi_{x_1} = 2x_1 + 2x_1x_2^2 - 3 = 0 \Leftrightarrow x_1 = \frac{3}{2 + 2x_2^2}$$

$$\varphi_{x_2} = 2x_2 + 2x_2x_1^2 + 4 = 0 \Leftrightarrow x_2 = -\frac{4}{2 + 2x_1^2}.$$

Nach (11) gilt $Y_1^1 := \dfrac{3}{2 + 2[-1, 2]^2} = \dfrac{3}{[2, 10]} = \left[\dfrac{3}{10}, \dfrac{3}{2}\right]$, wegen $\dfrac{3}{2} < 4$ ist $\hat{x}_1 = 4$; $Y_1^2 := -\dfrac{4}{2 + 32} = -\dfrac{2}{17} \in X_2 \Rightarrow \hat{x}_2 = -\dfrac{2}{17}$, somit ist $\hat{x}^{\mathsf{T}} = \left(4, -\dfrac{2}{17}\right)$.

## 2. Der Spezialfall einer quadratischen Zielfunktion

Im folgenden wird noch auf den Spezialfall eingegangen, daß

$$\varphi(x) = \frac{1}{2}\, x^{\mathsf{T}} C x + p^{\mathsf{T}} x$$

mit einer symmetrischen, streng positiv definiten Matrix $C$ ist.

In diesem Fall ist die Darstellung (10) immer möglich, da eine streng positiv definite Matrix stets positive Hauptdiagonalelemente $c_{ii} > 0$, $i = 1, 2, \ldots, n$ besitzt.

Somit wird

$$H_i(X_1^{k+1}, \ldots, X_{i-1}^{k+1}, X_{i+1}^k, \ldots, X_n^k)$$
$$:= -\frac{1}{c_{ii}}\left(\sum_{j=1}^{i-1} c_{ij}X_j^{k+1} + \sum_{j=i+1}^{n} c_{ij}X_j^k + p_i\right). \tag{15}$$

Das Iterationsverfahren (11) stellt mit $H_i$ nach (15) ein modifiziertes Gauß-Seidel-Verfahren dar.

Satz 3. *Gilt für die symmetrische, streng positiv definite Matrix C mit*

$$q_1 = \sum_{j=2}^{n} \left|\frac{c_{1j}}{c_{11}}\right|, \quad q_2 = \left|\frac{c_{21}}{c_{22}}\right| q_1 + \sum_{j=3}^{n} \left|\frac{c_{2j}}{c_{22}}\right|$$
$$q_i = \sum_{j=1}^{i-1} \left|\frac{c_{ij}}{c_{ii}}\right| q_j + \sum_{j=i+1}^{n} \left|\frac{c_{ij}}{c_{ii}}\right|, \qquad i = 3, \ldots, n \tag{16}$$

*die Beziehung* $q = \max_i q_i < 1$, *so ist* $\lim_{k\to\infty} ([x]^k) = \hat{x}$ *mit der a-priori-Fehlerabschätzung* $d([x]^k) \leqq q^k d([x]^0)$.

Der Beweis wird analog zu dem von Satz 2 geführt, wobei die Rechenregeln (1) bis (5) verwendet werden.

Die nach (16) definierten Größen $q_i$, $i = 1, 2, \ldots, n$, bestimmen mit der Forderung $\max_i q_i < 1$ das bekannte Sassenfeldkriterium für das Gauß-Seidel-Verfahren. Es sei bemerkt, daß das Kriterium (16) nur hinreichend ist, denn bei einer großen Zahl von Testbeispielen lag Konvergenz vor, obwohl das Sassenfeldkriterium nicht erfüllt war.

## 3. Einschließung des Minimalpunktes eines quadratischen Optimierungsproblems

Es wird gezeigt, wie mit Hilfe des Iterationsverfahrens (11) der Minimalpunkt eines beliebigen quadratischen Optimierungsproblems mit streng positiv definiter Matrix in Schranken eingeschlossen werden kann.

Gegeben sei die Problemstellung

$$\varphi(\hat{x}) = \min \varphi(x) \tag{17}$$

mit $Ax \leqq b$, $\dim(A) = (m, n)$, wobei $\varphi(x) = x^{\mathsf{T}}Cx + p^{\mathsf{T}}x$ ist und in den Nebenbedingungen auch etwaige Vorzeichenbedingungen enthalten sein sollen. Die symmetrische Matrix $C$ sei streng positiv definit. Falls der zulässige Bereich nichtleer ist, kann nach HILDRETH und D'ESOPO ein duales Problem

$$\psi(\hat{u}) = \min \psi(u) \tag{17'}$$

mit $u \geqq 0$ und $\psi(u) = \frac{1}{2} u^{\mathsf{T}} G u + h^{\mathsf{T}} u, \quad h = \frac{1}{2} A C^{-1} p + b, \quad G = \frac{1}{2} A C^{-1} A^{\mathsf{T}},$

$$x(u) = -\frac{1}{2} C^{-1}(A^{\mathsf{T}} u + p) \tag{18}$$

gebildet werden, wobei durch (18) der Zusammenhang zwischen primalem und dualem Problem gegeben ist. Die symmetrische Matrix $G$ ist mindestens positiv semidefinit, und es gilt sogar $g_{ii} > 0$ für $i = 1, 2, \ldots, m$.

Wir setzen im folgenden die Eindeutigkeit des Minimalpunktes $\hat{u}$ von (17′) voraus. Schließt man $\hat{u}$ in einen „kleinsten" Quader $[u]$ ein, so erhält man durch

$$[x] := -\frac{1}{2} C^{-1}(A^{\mathsf{T}}[u] + p) \tag{19}$$

einen „kleinsten" Quader $[x]$ mit $\hat{x} \in [x]$.

Satz 4. *Es sei $\hat{u} \in [u]^0$ mit $\underline{u}_i^0 = 0$, $i = 1, 2, \ldots, m$, so gilt für das Iterationsverfahren*

$$U_i^{k+1} := \begin{cases} V_i^{k+1}, & \textit{falls } V_i^{k+1} \neq \emptyset, \\ 0, & \textit{falls } V_i^{k+1} = \emptyset, \end{cases}$$

$$V_i^{k+1} := \left\{ -\frac{1}{g_{ii}} \left( \sum_{j=1}^{i-1} g_{ij} U_j^{k+1} + \sum_{j=i+1}^{n} g_{ij} U_j^k + h_i \right) \right\} \cap U_i^k \tag{20}$$

$$i = 1, 2, \ldots, m, \quad k = 0, 1, 2, \ldots$$

1. *$\hat{u} \in [u]^k$ für alle $k$,*
2. *ist $V_i^{k+1} = \emptyset$, so folgt $\hat{u}_i = 0$.*

*Im Fall $V_i^{k+1} = \emptyset$ wird $U_i^l := 0$ für alle $l > k + 1$ gesetzt.*

Der Beweis wird als Spezialfall des Beweises von Satz 1 geführt. Die Behandlung des dualen Problems zeigt, daß man auch quadratische Optimierungsprobleme mit nur konvexer Zielfunktion mit intervallanalytischen Methoden lösen kann.

Ist der Minimalpunkt nicht eindeutig, dann ist (20) ebenfalls durchführbar. In diesem Falle kann aber notwendig nicht $\lim_{k\to\infty} d([u]^k) = 0$ gelten. Eine hinreichende Bedingung für $\lim_{k\to\infty} d([u]^k) = 0$ ist wiederum das Sassenfeldkriterium. Das Verfahren (20) stellt die Übertragung eines von Hildreth und d'Esopo modifizierten Gauß-Seidel-Verfahrens in die Intervallarithmetik dar. Dabei findet man einen Anfangsvektor $[u]^0$ leicht durch einen in [8] dargestellten Suchalgorithmus, der ebenfalls die Intervallarithmetik verwendet. Bei der praktischen Realisierung kann es mitunter von Vorteil sein, das Verfahren (20) mit dem Halbierungsalgorithmus von Dussel zu koppeln. Dies wäre insbesondere dann der Fall, wenn keine Konvergenz vorliegt.

## 4. Numerisches Beispiel

Es wurden 20 Testbeispiele auf einer EDVA R 300 in ALGOL 60 gerechnet. Die Intervallarithmetik wurde durch Unterprogramme realisiert.

Beispiel. $\varphi(x) = 2x_1^2 + x_2^2 + x_3^2 - 3x_1 + x_2 - 2x_3 = \min!$ mit

$$\begin{aligned} x_1 - 2x_2 + 2x_3 &\leqq 3, \\ -x_1 &\leqq 0, \\ -x_2 &\leqq 0, \\ -x_3 &\leqq 0. \end{aligned}$$

Der exakte Minimalpunkt ist $\hat{x}_1 = \frac{3}{4}$, $\hat{x}_2 = 0$, $\hat{x}_3 = 1$. (17′) wird zu

$$\psi(u) = \frac{1}{4}(-3, 3, -2, 4)\, u + \frac{1}{8} u^{\mathsf{T}} \begin{pmatrix} 17 & -1 & 4 & -4 \\ -1 & 1 & 0 & 0 \\ 4 & 0 & 2 & 0 \\ -4 & 0 & 0 & 2 \end{pmatrix} u = \min!$$

mit $u \geqq 0$.

Mit einem Suchalgorithmus aus [8] wurde der Quader

$$([u]^0)^{\mathsf{T}} := ([0, 1000], [0, 1000], [0, 1000], [0, 1000])$$

mit $\hat{u} \in [u]^0$ ermittelt. Die Matrix ist nur positiv semidefinit, demzufolge kann das Sassenfeldkriterium nicht erfüllt sein.

Mit der Iterationsvorschrift (20) ergab sich nach zwölf Iterationsschritten:

$$\hat{u}_1 \in [0, 0], \qquad \hat{u}_2 \in [0, 0],$$

$$\hat{u}_3 \in [0.99999999, 1.0000001], \qquad \hat{u}_4 \in [0, 0].$$

Der so erhaltene Quader wurde mit (19) zurücktransformiert. Es ergab sich:

$$\hat{x}_1 \in [0.74999993, 0.75000006], \qquad \hat{x}_2 \in [0, 0.00000009],$$

$$\hat{x}_3 \in [0.99999992, 1.0000006] \quad \text{und} \quad \varphi(\hat{x}) \in [-2.1250034, -2.1249998].$$

## Literatur

[1] DUSSEL, R., Einschließung des Minimalpunktes einer streng konvexen Funktion auf einem $n$-dimensionalen Quader, Dissertation, Karlsruhe 1972.

[2] KRAWCZYK, R., Fehlerabschätzung bei linearer Optimierung, in: Interval Mathematics, Lecture Notes in Computer Science 29, ed. K. NICKEL, Springer-Verlag, Berlin—Heidelberg—New York 1975.

[3] MACHOST, B., Numerische Behandlung des Simplexverfahrens mit intervallanalytischen Methoden, Ber. Ges. Math. und Datenverarb. Nr. 30, Bonn 1970.
[4] MOORE, R. E., Intervallanalyse, Oldenbourg Verlag, München 1969.
[5] OELSCHLÄGEL, D., und H. SÜSSE, Intervallarithmetische Methoden in der Optimierung, Wiss. Z. TH Leuna-Merseburg **19** (1977), 303–308.
[6] OELSCHLÄGEL, D., und H. SÜSSE, Fehlerabschätzung beim Verfahren von Wolfe zur Lösung quadratischer Optimierungsprobleme mit Hilfe der Intervallarithmetik, Math. Operationsforsch. und Stat., Ser. Optimization, **9** (1978), 389–396.
[7] STEWART, N. E., Interval arithmetic for guaranteed bounds in linear programming, J. optimization theory and appl. **12** (1973), 1–15.
[8] SÜSSE, H., Intervallarithmetische Behandlung von Optimierungsproblemen und damit verbundener numerischer Aufgabenstellungen, Dissertation, Leuna-Merseburg 1977.

Manuskripteingang: 13. 12. 1977

VERFASSER:
Prof. Dr. DIETER OELSCHLÄGEL, Dr. HERBERT SÜSSE, Sektion Mathematik der Technischen Hochschule „Carl Schorlemmer" Leuna-Merseburg

Beiträge zur Numerischen Mathematik
8 (1980), 131–137

# Ein Existenzsatz für kubische Splinefunktionen

HEINZ-JOACHIM RACK

An Existence Theorem for Cubic Splines.
The solvability of the defining equations for nonperiodic cubic splines of interpolation with general end conditions is characterized in terms of equilateral hyperbolas. From this, four sufficient conditions which can be easily checked are deduced. One of these contains the improved version of the existence theorem of AHLBERG-NILSON-WALSH [1], p. 61. The case of equal intervals is of particular interest. The application of the result to CLAPEYRON's three-moment equations of structural analysis is pointed out.

## 1. Einleitung

Es sei $\Delta_N: a = x_0 < x_1 < \cdots < x_N = b$ eine Zerlegung des Intervalls $[a, b]$. Stellt man einen auf $\Delta_N$ zu vorgeschriebenen Werten interpolierenden kubischen Polynomspline mittels der Momente oder Steigungen dar, so kann die eindeutige Existenz der Darstellung als gleichbedeutend mit dem Nichtverschwinden der Determinante

$$D = D(\eta_0, \mu_N, \eta_1, \ldots, \eta_{N-1}) = \det K \tag{1.1}$$

angesehen werden, wo $K$ die tridiagonale Matrix

$$\begin{bmatrix} 2 & \eta_0 & & & 0 \\ 1-\eta_1 & 2 & \eta_1 & & \\ & \ddots & \ddots & \ddots & \\ & & 1-\eta_{N-1} & 2 & \eta_{N-1} \\ 0 & & & \mu_N & 2 \end{bmatrix} \tag{1.2}$$

bezeichnet (s. [1], S. 16, oder [2], S. 22 bzw. 25). Die erste und letzte Zeile in (1.2) rühren von Randbedingungen an die Splinefunktion, so daß $\eta_0$ und $\mu_N$ freie Parameter sind. Die anderen Nebendiagonalelemente sind durch $\eta_j = h_{j+1}/(h_j + h_{j+1})$ gegeben, $h_j = x_j - x_{j-1}$, also $0 < \eta_j < 1$ für jedes $\Delta_N$.

Nach [1], Theorem 2.9.1, gilt: *Für beliebige $\Delta_N$, $N \geqq 2$, ist $D \neq 0$, falls*

$$\eta_0 < 4 \textit{ und gleichzeitig } \mu_N < 4 \tag{1.3}$$

*gewählt wird.*

In dieser Arbeit nehmen wir die Frage nach der eindeutigen Existenz kubischer Splinefunktionen wieder auf. Es wird nur $N \geqq 3$ betrachtet, und wir bestimmen die Nullstellen von $D$ hinsichtlich $\eta_0$ und $\mu_N$ als Hyperbeln. Zusammen mit der Diagonaldominanz gewisser aus $K$ erzeugter Matrizen erhalten wir daraus in geometrisch durchsichtiger Weise vier hinreichende Bedingungen an $\eta_0$ und $\mu_N$ für das Nichtverschwinden von $D$. Sie hängen nur von den Randintervallen der Zerlegung ab und liefern im allgemeinen Fall einen neuen Beweis für (1.3), wobei dort sogar das Gleichheitszeichen stehen darf. Äquidistante Stützstellen gestatten eine weiterführende Untersuchung der Regularität von $K$ mit Hinblick auf Anwendungen.

## 2. Ergebnisse

Satz. *Für ein vorgegebenes $\Delta_N$ ist $D \neq 0$, falls eine der folgenden Bedingungen erfüllt ist:*

$$\text{(a)} \quad \begin{cases} 4 + 6h_2/h_1 \leqq \eta_0, \\ 4 + 6h_{N-1}/h_N \leqq \mu_N, \end{cases} \qquad \text{(b)} \quad \begin{cases} \eta_0 \leqq 4 + 2h_2/h_1, \\ 4 + 6h_{N-1}/h_N \leqq \mu_N, \end{cases}$$
$$\text{(c)} \quad \begin{cases} \eta_0 \leqq 4 + 2h_2/h_1, \\ \mu_N \leqq 4 + 2h_{N-1}/h_N, \end{cases} \qquad \text{(d)} \quad \begin{cases} 4 + 6h_2/h_1 \leqq \eta_0, \\ \mu_N \leqq 4 + 2h_{N-1}/h_N. \end{cases} \tag{2.1}$$

*Für $N = 3$ muß in* (a) *und* (c) *eines der $\leqq$-Zeichen durch ein $<$-Zeichen ersetzt werden.*

Für ein vorgegebenes $\Delta_N$ ist also der gültige Auswahlbereich für $\eta_0$ und $\mu_N$ und damit die Klasse der kubischen Splinefunktionen grob gesagt viermal größer als in (1.3). Aus (2.1) (c) folgt

Korollar. *Für beliebige $\Delta_N$, $N \geqq 3$, ist $D \neq 0$, falls*

$$\eta_0 \leqq 4 \text{ und gleichzeitig } \mu_N \leqq 4 \tag{2.2}$$

*gewählt wird. Diese Schranke kann nicht weiter heraufgesetzt werden.*

Zum Beweis des Satzes benötigen wir noch die folgende Aussage:

Lemma. *$D = 0$ ist die Gleichung einer Familie gleichseitiger Hyperbeln $H_N(h_1, \ldots, h_N)$ mit den Normalformen*

$$x^2 - y^2 = \frac{8[D(2, N-1)\,D(1, N-2) - D(2, N-2)\,D(1, N-1)]}{[D(2, N-2)]^2\,(1 - \eta_1)\,\eta_{N-1}}. \tag{2.3}$$

*Die Mittelpunkte der Hyperbeln sind*

$$Z_N(h_1, \ldots, h_N) = \left(\frac{2D(1, N-2)}{D(2, N-2)\,(1 - \eta_1)}, \quad \frac{2D(2, N-1)}{D(2, N-2)\,\eta_{N-1}}\right), \tag{2.4}$$

*und ihre linken unteren Scheitelpunkte sind*

$$S_N^1(h_1, \ldots, h_N)$$
$$= \left( \frac{2D(1, N-2)}{D(2, N-2)(1-\eta_1)} - \frac{2\sqrt{[D(2, N-1) D(1, N-2) - D(2, N-2) D(1, N-1)]}}{D(2, N-2)\sqrt{[(1-\eta_1)\eta_{N-1}]}}, \right.$$
$$\left. \frac{2D(2, N-1)}{D(2, N-2)\eta_{N-1}} - \frac{2\sqrt{[D(2, N-1) D(1, N-2) - D(2, N-2) D(1, N-1)]}}{D(2, N-2)\sqrt{[(1-\eta_1)\eta_{N-1}]}} \right).$$

*Die rechten oberen Scheitelpunkte $S_N^2(h_1, \ldots, h_N)$ unterscheiden sich davon nur das Vorzeichen des zweiten Summanden in jeder Komponente. Der Steigungskoeffizient der $x$-Achse ist 1, die Asymptoten an jede Hyperbel sind den $(\eta_0, \mu_N)$-Achsen parallel.*

Es bezeichnet $D(j, k)$ für $j < k$ die Determinante

$$\begin{vmatrix} 2 & \eta_j & & & 0 \\ 1-\eta_{j+1} & 2 & \eta_{j+1} & & \\ & \ddots & \ddots & \ddots & \\ & & 1-\eta_{k-1} & 2 & \eta_{k-1} \\ 0 & & & 1-\eta_k & 2 \end{vmatrix}$$

mit $D(j, j) = 2$ und $D(j, j-1) = 1$.

Beweis des Lemmas. Durch Entwicklung von $D$ erhält man

$$D = 0 \Leftrightarrow \mu_N = \frac{2(1-\eta_1) D(2, N-1)\eta_0 - 4D(1, N-1)}{\eta_{N-1}(1-\eta_1) D(2, N-2)\eta_0 - 2\eta_{N-1}D(1, N-2)}.$$

Eine Transformation von $(\eta_0, \mu_N)$-Achsen auf $(x,y)$-Hauptachsen liefert dann die Behauptung, wenn man berücksichtigt, daß $D(j, k)$ verschieden von Null ist[1]) und daß

$$0 < D(2, N-1) D(1, N-2) - D(2, N-2) D(1, N-1) \tag{2.5}$$

gilt. (2.5) folgt durch Induktion. $N = 3$: $\eta_1(1-\eta_2) > 0$. Es gelte (2.5) für ein $N \geqq 3$: Entwickelt man $D(j, k)$, so folgt

$$D(j, k) = 2D(j, k-1) - D(j, k-2)(1-\eta_k)\eta_{k-1}. \tag{2.6}$$

Multiplikation von (2.5) mit $C = (1-\eta_N)\eta_{N-1}$ liefert

$$0 < [2D(2, N-1) - CD(2, N-2)] D(1, N-1)$$
$$- [2D(1, N-1) - CD(1, N-2)] D(2, N-1).$$

Gemäß (2.6) steht in den eckigen Klammern $D(2, N)$ bzw. $D(1, N)$.

Beweis des Satzes. Es sei $\alpha = \dfrac{2+\eta_1}{1-\eta_1}$, $\beta = \dfrac{3-\eta_{N-1}}{\eta_{N-1}}$, $\gamma = \dfrac{2-\eta_1}{1-\eta_1}$, $\delta = \dfrac{1+\eta_{N-1}}{\eta_{N-1}}$.

---

[1]) Tatsächlich ist $D(j, k)$ sogar positiv (s. [3]). Will man sich auf den Beweisgang für (1.3) stützen, so folgt die Positivität unmittelbar aus [1], Lemma 2.9.1.

Man nehme an $K$ folgende vier Umformungen vor:

(a') Vertauschen der ersten zwei und letzten zwei Spalten und dann Multiplikation der zweiten Spalte mit $\alpha$ und der vorletzten mit $\beta$.

(b') Vertauschen der letzten zwei Spalten und dann Multiplikation der ersten Spalte mit $\gamma$ und der vorletzten mit $\beta$.

(c') Multiplikation der ersten Spalte mit $\gamma$ und der letzten mit $\delta$.

(d') Vertauschen der ersten zwei Spalten und dann Multiplikation der zweiten Spalte mit $\alpha$ und der letzten mit $\delta$.

In der zweiten und vorletzten Zeile der so erzeugten vier Matrizen ist das Hauptdiagonalelement ebenso groß wie die Summe der übrigen Zeilenelemente. Wählt man nacheinander $\eta_0$ und $\mu_N$ derart, daß gilt:

$$\text{(a'')}\ \begin{cases} 2\alpha \leqq |\eta_0|, \\ 2\beta \leqq |\mu_N|, \end{cases} \qquad \text{(b'')}\ \begin{cases} |\eta_0| \leqq 2\gamma, \\ 2\beta \leqq |\mu_N|, \end{cases}$$
$$\text{(c'')}\ \begin{cases} |\eta_0| \leqq 2\gamma, \\ |\mu_N| \leqq 2\delta, \end{cases} \qquad \text{(d'')}\ \begin{cases} 2\alpha \leqq |\eta_0|, \\ |\mu_N| \leqq 2\delta, \end{cases} \tag{2.7}$$

so sind die vier Matrizen schwach diagonaldominant für $N \geqq 4$. Für $N = 3$ muß in (a'') bis (d'') eines der $\leqq$-Zeichen durch ein $<$-Zeichen ersetzt werden.

Die Irreduzibilität der vier Matrizen ergibt sich leicht aus dem starken Zusammenhang der zugehörigen gerichteten Graphen $[\eta_0 \neq 0 \neq \mu_N]$, so daß unter den jeweiligen Bedingungen (2.7) Regularität vorliegt.

Durch (2.7) werden also in der $(\eta_0,\mu_N)$-Ebene jedem[1]) $\Delta_N$ neun achsenparallele blockförmige Bereiche zugeordnet, so daß für alle Punkte daraus, mit Ausnahme der Eckpunkte für $N = 3$, $D \neq 0$ gilt. Andererseits verschwindet jedes feste $D$ gemäß unserem Lemma für die Punkte auf der jeweiligen Hyperbel (2.3). Sie muß folglich innerhalb der zwei im Abstand $2\gamma$ zur $\mu_N$-Achse symmetrischen Streifen der Breite $2(\alpha - \gamma)$ und innerhalb der zwei im Abstand $2\delta$ zur $\eta_0$-Achse symmetrischen Streifen der Breite $2(\beta - \delta)$ verlaufen, die durch (2.7) nicht abgedeckt werden. Ihr Mittelpunkt (2.4) liegt als Schnittpunkt der Asymptoten ganz im Innern des Schnittes zweier Streifen, und wegen $D(j, k) > 0$ liegt er im ersten Quadranten der $(\eta_0,\mu_N)$-Ebene, so daß die Hyperbel nur innerhalb der zwei Streifen aus der oberen und rechten Halbebene verlaufen kann. Man darf deshalb die anderen zwei Streifen, mit Ausnahme ihres Schnittes mit den ebengenannten zwei, zu (2.7) hinnehmen, und das ergibt die vier Bereiche (2.1). Für $N = 3$ verifiziert man unmittelbar, daß die Eckpunkte $(\eta_0, \mu_3) = (2\alpha, 2\beta)$ und $(\eta_0, \mu_3) = (2\gamma, 2\delta)$ stets auf $H_3(h_1, h_2, h_3)$ liegen, d. h., (a) und (c) in (2.1) sind scharf.

[1]) In (2.7) sind die inneren Teilintervalle $h_3, \ldots, h_{N-2}$, $N \geqq 5$, belanglos.

## 3. Äquidistante Stützstellen

Äquidistante Stützstellen ($\eta_j = 1/2$) sind für Anwendungen besonders interessant (s. [1], § 2.4ff.). Die Aussage unseres Lemmas wird besonders übersichtlich:

*Die Normalform der Hyperbeln $H_N$ ist*

$$x^2 - y^2 = \frac{32[u_{N-2}^2 - u_{N-1}u_{N-3}]}{u_{N-3}^2}. \tag{3.1}$$

*Die x-Achse ist die Winkelhalbierende $\eta_0 = \mu_N$, und die Koordinaten der Mittelpunkte $Z_N$ bzw. der Scheitelpunkte $S_N{}^1$ und $S_N{}^2$ sind*

$$\frac{4u_{N-2}}{u_{N-3}} \quad bzw. \quad \frac{4}{u_{N-3}}\left[u_{n-2} \mp \sqrt{[u_{N-2}^2 - u_{N-1}u_{N-3}]}\right]. \tag{3.2}$$

Es bezeichnet $u_n$ den Wert des $n$-ten Tschebyschewschen Polynoms 2. Art mit Höchstkoeffizient 1 an der Stelle 2.

Die Folge der Koordinaten von $S_N{}^1$ ist streng monoton steigend und die von $S_N{}^2$ und $Z_N$ ist streng monoton fallend mit gemeinsamem Grenzwert

$$2\left[2 + \sqrt{3}\right] = 7{,}464101\ldots, \tag{3.3}$$

d. h., die $H_N$ konvergieren für $N \to \infty$ gegen das Paar achsenparalleler Geraden mit Schnittpunkt $\left(2\left[2+\sqrt{3}\right], 2\left[2+\sqrt{3}\right]\right)$.

Die folgende Tabelle gibt die ersten Werte in (3.2) an:

| $N$ | $S_N{}^1$ | $Z_N$ | $S_N{}^2$ | |
|---|---|---|---|---|
| 3 | 6 | 8 | 10 | |
| 4 | 7 | 7,5 | 8 | |
| 5 | 7,33333... | 7,46666... | 7,6 | (3.4) |
| 6 | 7,42857... | 7,46428... | 7,5 | |
| 7 | 7,45454... | 7,46411... | 7,47368... | |

Für die Randbedingung $\eta_0 = \mu_N = \alpha$ [$\alpha$ unabhängig von Abschnitt 2] wird in [1], S. 38, die explizite Inverse von $K$ angegeben. Sie ist definiert, sofern $\alpha$ nicht als Koordinate von $S_N{}^1$ oder $S_N{}^2$ gewählt wird, also jedenfalls definiert für $\alpha$ außerhalb des Intervalls [6, 10].

Bei der in [1, S. 44ff.] durchgeführten numerischen Integration mit kubischen Splinefunktionen treten die Größen $E_0(\alpha)$ und $E_j(\alpha)$[1]) mit gemeinsamem Nenner

$$2 + \alpha\sigma + \sigma^N[2 + \alpha/\sigma] \tag{3.5}$$

auf $\left[\sigma = \sqrt{3} - 2\right]$. Hier gilt: (3.5) verschwindet nur, wenn für $\alpha$ bei ungeraden $N$ die Koordinate von $S_N{}^2$ gewählt wird und sonst die Koordinate von $S_N{}^1$.

---

[1]) Die Größe $E_j(\alpha)$ erscheint in veränderter Form auch auf S. 46 in [1]. Statt $2 + F_N$ muß ihr Nenner aber $2 + \alpha F_N$ heißen.

## 4. Abbildung

Die Abbildung zeigt im ersten Quadranten der $(\eta_0,\mu_N)$-Ebene die Hyperbeln (3.1) für $N = 3, 4, 5$ sowie den allgemeingültigen Bereich (1.3) bzw. (2.2) und die vier Bereiche (2.1) für Zerlegungen mit $h_1 = h_2$ und $h_{N-1} = h_N$.

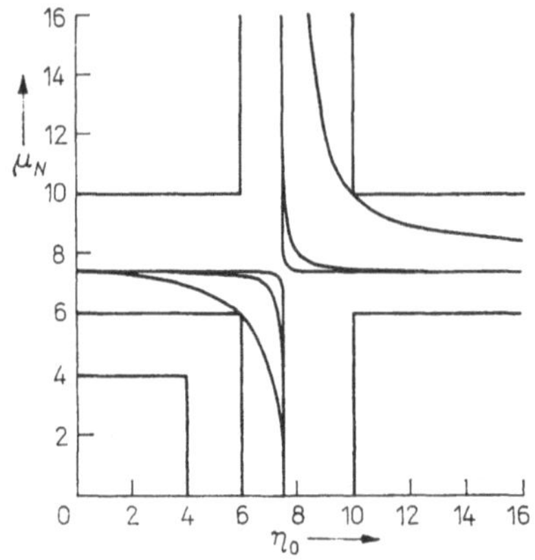


## 5. Schlußbemerkungen

Eine tabellarische Übersicht von speziellen Randbedingungen für kubische Splinefunktionen findet man in [4, S. 577]. Die zugehörige Koeffizientenmatrix hat die Form (1.2) mit $\eta_0 = \mu_N$ oder läßt sich leicht darauf zurückführen.

Die hier betrachteten allgemeinen Randbedingungen mit den freien Parametern $\eta_0$ und $\mu_N$ werden auch in [5, S. 342] vorgeschlagen, und zwar im Zusammenhang mit der Auflösung tridiagonaler Gleichungssysteme, die von gewissen linearen Differenzengleichungen 2. Ordnung herrühren. Interessanterweise führen die in [5] als Beispiel herangezogenen Clapeyronschen Dreimomentengleichungen der Baustatik, die zur Berechnung der Stützmomente eines durchlaufenden Trägers dienen, auf die Matrix (1.2). Unser Ergebnis läßt sich somit auch auf dieses Problem übertragen. Die Ähnlichkeit geht aber noch weiter, da bei vorgegebener Zerlegung neben der Koeffizientenmatrix auch die rechten Seiten der Gleichungssysteme übereinstimmen.

## Literatur

[1] Ahlberg, J. H., E. N. Nilson and J. L. Walsh, The Theory of Splines and Their Applications, Academic Press, New York—London 1967 (Russ. Übers.: Алберг, Дж., Э. Нильсон и Дж. Уолш, Теория сплайнов и ее приложения, Мир, Москва 1972).

[2] BÖHMER, K., Spline-Funktionen, Teubner, Stuttgart 1974.
[3] FURTWÄNGLER, PH., Über einen Determinantensatz, Sitzungsber. Österr. Akad. Wiss. IIa **145** (1936), 527–528.
[4] LUCAS, TH. R., Error bounds for interpolating cubic splines under various end conditions, SIAM J. Numer. Anal. **11** (1974), 569–584.
[5] WILLERS, F. A., Methoden der praktischen Analysis, 3. Aufl., W. de Gruyter, Berlin 1957.

Manuskripteingang: 4. 4. 1977

VERFASSER:
Prof. Dr. HEINZ-JOACHIM RACK, Fachbereich VI (Mathematik) der Pädagogischen Hochschule Ruhr, Dortmund

Beiträge zur Numerischen Mathematik
8 (1980), 139–146

# Asymptotisch optimale Fehlerschranken für eine Klasse von Newton-like-Verfahren

KLAUS R. SCHNEIDER

Es seien $X$ und $Y$ Banachräume, $D_0$ sei eine konvexe Menge in $X$. $F$ sei ein nichtlinearer Operator mit dem Definitionsgebiet $D_0$, der $D_0$ in $Y$ abbildet. Wir betrachten in $D_0$ die Gleichung

$$F(x) = 0. \tag{1}$$

Über die Existenz, Eindeutigkeit und iterative Approximation einer Lösung von (1) wurde kürzlich von GRAGG und TAPIA [1] unter gewissen Differenzierbarkeitseigenschaften von $F$ ein Satz bewiesen, dessen Bedeutung in der Angabe von bestmöglichen oberen und unteren Schranken für den Fehler der Newton-Iterierten dieser Lösung liegt. Ihr Resultat kann wie folgt formuliert werden:

Satz 1. *Unter den Voraussetzungen*

1.1. *$F$ besitzt in $D_0$ eine lipschitzstetige Fréchet-Ableitung $F'(x)$, die zur Menge* $\mathrm{Lip}_\lambda D_0$ *gehört, d. h., es gilt*

$$\|F'(x) - F'(y)\| \leqq \lambda \|x - y\| \qquad \forall\, x, y \in D_0. \tag{2}$$

1.2. *Es existiert ein $x_0' \in D_0$, so daß der Operator $F'(x_0')$ eine Inverse besitzt, die $Y$ in $X$ abbildet und folgenden Bedingungen genügt:*

$$\left.\begin{aligned} &\|F'(x_0')^{-1}\| \leqq \varkappa', \qquad \|F'(x_0')^{-1} F(x_0')\| \leqq \eta', \\ &h' = 2\varkappa'\lambda\eta' \leqq 1, \qquad S(x_0', t_*') = \{x : \|x_0' - x\| < t_*'\} \subset D_0, \\ &t_*' = \frac{2\eta'}{h'}\left(1 - \sqrt{1 - h'}\right). \end{aligned}\right\} \tag{3}$$

*gilt:*

1. *Die Newton-Iterierten*

$$x'_{n+1} = x_n' - F'(x_n')^{-1} F(x_n'), \qquad n = 0, 1, \ldots \tag{4}$$

*existieren und gehören zur Sphäre $S(x_0', t_*')$.*

2. *Die Folge $\{x_n'\}$ konvergiert stark gegen ein Element $x_*'$, das zur abgeschlossenen Menge $\overline{S(x_0', t_*')}$ gehört und der Gleichung (1) genügt.*

3. $x_*'$ *ist die einzige Lösung der Gleichung* (1) *in der Menge*

$$S(x_0', t'_{**}) \cap D_0, \qquad t'_{**} = \frac{2\eta'}{h'}\left(1 + \sqrt{1 - h'}\right), \tag{5}$$

*falls* $h'$ *kleiner als* 1 *ist. Im Fall* $h' = 1$ *stellt* $x_*'$ *die einzige Lösung von* (1) *in der Sphäre* $S(x_0', 2\eta')$ *dar.*

4. *Unter Verwendung der Bezeichnung*

$$\theta' = \frac{1 - \sqrt{1 - h'}}{1 + \sqrt{1 - h'}}, \tag{6}$$

*gelten für die Newton-Iterierten* $x_n'$ *folgende bestmöglichen Fehlerschranken*

$$\|x_*' - x_n'\| \leqq 4\sqrt{1 - h'}\, \frac{\theta'^{2^n}}{1 - \theta'^{2^n}}\, \frac{\eta'}{h'}, \tag{7}$$

$$\frac{2\, \|x'_{n+1} - x_n'\|}{1 + \{1 + 4\theta'^{2^n}/(1 + \theta'^{2^n})^2\}^{1/2}} \leqq \|x_*' - x_n'\| \tag{8}$$

Bemerkung 1.1. GRAGG und TAPIA geben ein Beispiel an, bei dem in der Abschätzung (7) für alle Iterierten $x_n$ das Gleichheitszeichen steht, so daß die Bezeichnung bestmögliche Fehlerschranke voll gerechtfertigt ist.

Im Fall der Abschätzung (8) konstruieren sie zu gegebenem $n$ eine Funktion, so daß (8) für die $n$-te Iterierte dieser Funktion die bestmögliche Fehlerschranke darstellt. Eine für eine einzige Iterierte bestmögliche Fehlerschranke kann aber nur sehr bedingt als optimale Fehlerschranke bezeichnet werden.

Das Ziel der folgenden Untersuchungen besteht darin, für das modifizierte Newton-Verfahren

$$x_{n+1} = x_n - \Gamma_n F(x_n), \qquad n = 0, 1, \ldots \tag{9}$$

unter der Voraussetzung, daß die Operatoren $\Gamma_n(Y \to X)$ lineare invertierbare Operatoren sind, die den Bedingungen

$$\|\Gamma_n\| \leqq \varkappa, \qquad \|\Gamma_n^{-1}\| \leqq \beta, \qquad n = 0, 1, \ldots \tag{10}$$

$$\|\Gamma_n - F'(x_n')^{-1}\| \leqq \delta\, \|x_n' - x'_{n-1}\|^2, \quad 0 < \delta < 1, \quad n = 1, 2, \ldots \tag{11}$$

genügen, Fehlerschranken abzuleiten, die für $\delta \to 0$ in die Abschätzungen (7) und (8) übergehen.

Satz 2. *Unter den Voraussetzungen*

2.1. $F$ *besitzt in* $D_0$ *eine Fréchet-Ableitung, die zur Menge* $\mathrm{Lip}_\lambda\, D_0$ *gehört.*

2.2. *Es gibt ein* $x_0 \in D_0$, *so daß* $F'(x_0)^{-1}$ *existiert und die Bedingungen erfüllt sind:*

$$\|F'(x_0)^{-1}\| \leqq \varkappa, \qquad \|\Gamma_0 F(x_0)\| \leqq \eta, \qquad h = 2\varkappa\eta\lambda \leqq (1 - \delta)^2, \tag{12}$$

$$\|\Gamma_0 - F'(x_0)^{-1}\| \leqq \frac{\lambda\eta}{2\beta\nu}\left[\frac{1}{(1 - \delta)\left((1 - \delta)^2 - \varkappa\lambda\eta\right)} - 1\right]. \tag{13}$$

$$S(x_0, t_*) \subset D_0,\ t_* = \frac{2\eta}{h}\left(1 - \delta - \sqrt{(1-\delta^2) - h}\right), \tag{14}$$

*dabei ist $\nu$ durch*

$$\nu = \max_{x \in S(x_0, t_*)} \|F'(x)\| \tag{15}$$

*definiert.*

2.3. *$\Gamma_n(Y \to X)$ sind lineare invertierbare Operatoren, die den Relationen* (10) *und* (11) *genügen. Dabei ist $\delta$ nicht größer als die kleinste positive Nullstelle einer Funktion $f(\delta)$, die im folgenden Beweis definiert wird*

*gilt:*

1. *Es existieren die in* (9) *definierten modifizierten Newton-Iterierten $x_n$ und gehören zur Sphäre $S(x_0, t_*)$.*

2. *Die Folge $\{x_n\}$ konvergiert stark gegen ein Element $x_*$, das zur abgeschlossenen Menge $\overline{S(x_0, t_*)}$ gehört und der Gleichung* (1) *genügt.*

3. *$x_*$ ist die einzige Lösung der Gleichung* (1) *in der Menge*

$$S(x_0, t_{**}) \cap D_0, \qquad t_{**} = \frac{2\eta}{h}\left(1 - \delta + \sqrt{(1-\delta)^2 - h}\right). \tag{16}$$

4. *Unter Verwendung der Bezeichnung*

$$\theta = \frac{(1-\delta) - \sqrt{(1-\delta)^2 - h}}{(1-\delta) + \sqrt{(1-\delta)^2 - h}} \tag{17}$$

*gilt für die modifizierten Newton-Iterierten $x_n$ die folgende asymptotisch bestmögliche Fehlerschranke:*

$$\|x_* - x_n\| \leqq \frac{4\eta}{h}\sqrt{(1-\delta)^2 - h}\,\frac{\theta^{2^n}}{1-\theta^{2^n}}. \tag{18}$$

Beweis. Zum Beweis benutzen wir im wesentlichen die von L. W. Kantorowitsch [2, S. 564ff.] entwickelte Methode der Majorantenfunktionen. Wir führen die Majorantenfunktion

$$\psi(t) \equiv \frac{\varkappa\lambda}{2} t^2 - (1-\delta)\, t + \eta \tag{19}$$

ein, die wegen (12) die beiden in (14) und (16) definierten reellen Nullstellen $t_*$ und $t_{**}$ besitzt. Mit $\{t_n\}$ bezeichnen wir die durch

$$t_{n+1} = t_n - \frac{\psi(t_n)}{\psi'(t_n)}, \qquad t_0 = 0 \tag{20}$$

rekursiv definierte Folge der Newton-Iterierten für die Funktion $\psi(t)$. Beachten wir, daß die Rekursionsformel (20) bezüglich einer nichtsingulären linearen Transformation $s = at + b$ $(a \neq 0)$ invariant und die Newton-Folge für das quadratische

Polynom $p(s) \equiv s^2 - 1$ explizit bekannt ist [1],

$$s_n = \left\{1 + \left(\frac{s_0 - 1}{s_0 + 1}\right)^{2^n}\right\} \Big/ \left\{1 - \left(\frac{s_0 - 1}{s_0 + 1}\right)^{2^n}\right\}, \tag{21}$$

so können wir unter Verwendung der Transformation

$$s = \frac{-h}{2\eta \sqrt{(1-\delta)^2 - h}}\, t + \frac{1-\delta}{\sqrt{(1-\delta)^2 - h}} \tag{22}$$

die Folge der Newton-Iterierten für das Polynom $\psi(t)$ ebenfalls explizit angeben:

$$t_n = \frac{(1-\delta)\, 2\eta}{h} - \frac{2\eta}{h} \sqrt{(1-\delta)^2 - h}\, \frac{1 + \theta^{2^n}}{1 - \theta^{2^n}}. \tag{23}$$

Aus (17) und (23) folgen unter der Voraussetzung $\eta \neq 0$ die Relationen

$$0 < t_1 < \cdots < t_n < t_{n-1} < \cdots < t_*. \tag{24}$$

Wir zeigen jetzt, daß die Glieder der Folge $\{x_n\}$ für $n \geqq 1$ definiert sind, in der Sphäre $S(x_0, t_*)$ liegen und der Abschätzung

$$\|x_{n+1} - x_n\| \leqq t_{n+1} - t_n \tag{25}$$

genügen.

Bezeichnen wir mit $U$ den Operator $F'(x) - F'(x_0)$, so gilt für $\|x - x_0\| < \dfrac{2\eta}{h}$ nach (2) und (12)

$$\|U\| \leqq \lambda \|x - x_0\| < \frac{2\eta\lambda}{h} = \frac{1}{\varkappa} \leqq \frac{1}{\|F'(x_0)^{-1}\|}. \tag{26}$$

Nach einem Lemma von Banach [2, S. 140] besitzt folglich der Operator $F'(x) = F'(x_0) + U$ in $S\left(x_0, \dfrac{2\eta}{h}\right)$ eine Inverse.

Für $n = 1$ und $t_0 = 0$ haben wir nach (9), (12), (11), (19), (20) und (24)

$$\|x_1 - x_0\| = \|\Gamma_0 F(x_0)\| \leqq \eta < \frac{\eta}{1-\delta} = t_1 - t_0 < t_*. \tag{27}$$

Unsere Behauptung ist also für $n = 1$ richtig. Wir beweisen sie auch noch für $n = 2$. Zu diesem Zweck benutzen wir die Umformung

$$\begin{aligned} \|x_{n+1} - x_n\| &= \|\Gamma_n F(x_n)\| \\ &= \big\|\Gamma_n\{F(x_n) - F(x_{n-1}) - F'(x_{n-1})(x_n - x_{n-1}) \\ &\quad + \left(F'(x_{n-1}) - \Gamma_{n-1}^{-1}\right)(x_n - x_{n-1})\}\big\|. \end{aligned} \tag{28}$$

Bekanntlich gilt für einen Operator $F$, dessen Fréchet-Ableitung zur Menge $\mathrm{Lip}_\lambda\, D_0$ gehört, für $x, y \in D_0$ die Abschätzung [3, S. 73]

$$\|F(x) - F(y) - F'(y)(x - y)\| \leqq \frac{\lambda}{2} \|x - y\|^2.$$

Unter Verwendung dieser Ungleichung erhalten wir aus (28)

$$\|x_{n+1} - x_n\| \leqq \frac{\lambda}{2} \|\Gamma_n\| \|x_n - x_{n-1}\|^2 + \|\Gamma_n\|$$
$$+ \|\Gamma_{n-1}^{-1}\| \|F'(x_{n-1})\| \|\Gamma_{n-1} - F'(x_{n-1})^{-1}\| \|x_n - x_{n-1}\|. \tag{29}$$

Setzen wir in (29) $n = 1$ und beachten die Abschätzungen (10), (14) und (27), so folgt aus (29)

$$\|x_2 - x_1\| \leqq \frac{\lambda}{2} \varkappa\eta^2 + \varkappa\beta\eta\nu \|\Gamma_1 - F'(x_0)^{-1}\|. \tag{30}$$

Durch Verwendung von (13) folgt daraus

$$\|x_2 - x_1\| \leqq \frac{\varkappa\lambda}{2} \frac{\eta^2}{(1-\delta)^2} \Bigg/ \left[(1-\delta) - \frac{\varkappa\lambda\eta}{1-\delta}\right] = \frac{\psi(t_1)}{-\psi'(t_1)} = t_2 - t_1. \tag{31}$$

Somit haben wir

$$\|x_0 - x_2\| \leqq \sum_{k=0}^{1} \|x_{k+1} - x_k\| \leqq \sum_{k=0}^{1} (t_{k+1} - t_k) = t_2 < t_*,$$

d. h., $x_2$ liegt in der Sphäre $S(x_0, t_*)$.

Wir nehmen jetzt an, daß $x_1, x_2, \ldots, x_n$ definiert sind, in $S(x_0, t_*)$ liegen und der Relation (25) genügen. Unter Verwendung von (29), (10), (11) und (14) haben wir dann

$$\|x_{n+1} - x_n\| \leqq \frac{\lambda}{2} \varkappa \|x_n - x_{n-1}\|^2 + \varkappa\beta\nu\delta \|x_n - x_{n-1}\| \|x_{n-1} - x_{n-2}\|^2. \tag{32}$$

Nach Induktionsvoraussetzung gilt also

$$\|x_{n+1} - x_n\| \leqq \frac{\lambda\varkappa}{2} (t_n - t_{n-1})^2 + \varkappa\beta\nu\delta(t_n - t_{n-1})(t_{n-1} - t_{n-2})^2. \tag{33}$$

Wir behaupten jetzt, daß es ein $\delta_0 > 0$ gibt, so daß für $0 < \delta \leqq \delta_0$ die Abschätzung

$$\frac{\lambda\varkappa}{2} (t_n - t_{n-1})^2 + \varkappa\beta\nu\delta(t_n - t_{n-1})(t_{n-1} - t_{n-2})^2 \leqq \frac{\psi(t_n)}{-\psi'(t_n)} = t_{n+1} - t_n \tag{34}$$

gilt.

Nach der Taylorentwicklung für $\psi(t)$ und unter Beachtung der Relationen (19) und (20) erhalten wir

$$\psi(t_n) = \psi(t_{n-1}) + \psi'(t_{n-1})(t_n - t_{n-1}) + \frac{\psi''(t_{n-1})}{2} (t_n - t_{n-1})^2$$
$$= \frac{\varkappa\lambda}{2} (t_n - t_{n-1})^2. \tag{35}$$

Damit ist (34) äquivalent zu

$$\frac{\lambda}{2} (t_n - t_{n-1}) + \beta\delta\nu(t_{n-1} - t_{n-2})^2 \leqq \frac{\lambda(t_n - t_{n-1})}{2(1 - \delta - \varkappa\lambda t_n)}. \tag{36}$$

Wegen $1 - \delta - \varkappa\lambda t_n > 0$ für alle $n$ ist (36) mit

$$-(\delta + \varkappa\lambda t_n)(t_n - t_{n-1}) + (1 - \delta - \varkappa\lambda t_n)\,\frac{2\beta}{\lambda}\,\beta\delta\nu\,(t_{n-1} - t_{n-2})^2 \leqq 0$$

äquivalent. Durch Einsetzen von (23) erhalten wir

$$-\frac{(\delta + \varkappa\lambda t_n)}{1 + \theta^{2^{n-1}}} + \frac{(1 - \delta - \varkappa\lambda t_n)\,8\beta\delta\nu\eta\,\sqrt{(1-\delta)^2 - h}}{(1 - \theta^{2^{n-1}})\,h\lambda} \leqq 0. \tag{37}$$

Die Relationen (37) und (34) sind für $n \geqq 2$ zueinander äquivalent. Wir sehen sofort daß (37) und somit (34) für $\delta = 0$, also für das Newton-Verfahren, erfüllt ist.

Da $t_n$ monoton wächst und $\theta^{2^n}$ monoton fällt, falls $n$ wächst, folgt aus der Gültigkeit von (37) für $n = 2$ die Gültigkeit für $n \geqq 2$. Für $n = 2$ kann (37) in der Form

$$-(\delta + \varkappa\lambda t_2)\,(1 - \delta)\,h\lambda + (1 - \delta - \varkappa\lambda t_2)\,4\beta\delta\nu[2(1-\delta)^2 - h] \leqq 0 \tag{38}$$

geschrieben werden. Ersetzen wir noch $t_2$ durch den Ausdruck

$$t_2 = \frac{\eta}{1 - \delta}\left(1 + \frac{h}{2[2(1-\delta)^2 - h]}\right), \tag{39}$$

so stellt die linke Seite von (38) bei gegebenen Werten $\varkappa$, $\lambda$ und $\eta$ eine Funktion von $\delta$ dar, die wir mit $f(\delta)$ bezeichnen wollen. Im Intervall $0 \leqq \delta < 1$ ist $f(\delta)$ analytisch und genügt den Relationen $f(0) < 0$, $\lim_{\delta \to 1} f(\delta) = +\infty$. Bezeichnen wir die erste positive Nullstelle von $f(\delta)$ mit $\delta_0$, so ist die Ungleichung (38) für alle $\delta$, die der Ungleichung $0 \leqq \delta \leqq \delta_0$ genügen, erfüllt. Somit gilt auch (34) für $0 \leqq \delta \leqq \delta_0$. Unter der Bedingung $0 \leqq \delta \leqq \delta_0$ folgt also aus unserer Induktionsvoraussetzung

$$\|x_{n+1} - x_n\| \leqq t_{n+1} - t_n.$$

Damit erhalten wir weiter

$$\|x_0 - x_{n+1}\| \leqq \sum_{k=0}^{n} \|x_{k+1} - x_k\| \leqq \sum_{k=0}^{n} (t_{k+1} - t_k) = t_n < t_*,$$

d. h., $x_{n+1}$ liegt in $S(x_0, t_*)$.

Aus der Eigenschaft, daß die Folge $\{t_n\}$ beschränkt ist und die Folge $\{x_n\}$ majorisiert, folgt unmittelbar, daß die Folge $\{x_n\}$ gegen ein in $\overline{S(x_0, t_*)}$ gelegenes Element konvergiert. Aus der Abschätzung

$$\|F(x_n)\| \leqq \|\Gamma_n^{-1}\|\,\|x_{n+1} - x_n\| \leqq \beta\,\|x_{n+1} - x_n\|$$

erhalten wir durch den Grenzübergang $n \to \infty$, daß $x_*$ eine Lösung von (1) ist. Die Eindeutigkeitsbehauptung kann z. B. aus den Untersuchungen über das vereinfachte Newton-Verfahren übernommen werden [2, S. 569]. Die Fehlerabschätzung (18) erhalten wir aus der Ungleichung

$$\|x_{n+p} - x_n\| \leqq t_{n+p} - t_n$$

durch den Übergang $p \to \infty$. Lassen wir in (18) $\delta$ gegen Null streben, so erhalten wir unter Beachtung von (17) genau die Abschätzung (7), q. e. d.

Satz 3. *Unter den Voraussetzung von Satz 2 gilt die Abschätzung*

$$\frac{2\,\|x_{n+1}-x_n\|}{\bar{h}_n}\left(-(1+\nu\delta\,\|x_n-x_{n-1}\|^2)+\{(1+\nu\delta\,\|x_n-x_{n-1}\|^2)^2+\bar{h}_n\}^{1/2}\right) \tag{40}$$

$$\leqq \|x_* - x_n\|,$$

*wobei* $\bar{h}_n$ *durch*

$$\bar{h}_n = 2\varkappa\lambda\,\|x_{n+1}-x_n\| \tag{41}$$

*definiert ist.*

Beweis. Nach (28), (11) und (15) gilt

$$\begin{aligned}\|x_{n+1}-x_n\| &= \|\Gamma_n F(x_n)\|\\ &\leqq \|\Gamma_n F'(x_n)\,(x_*-x_n)\| + \left\|\Gamma_n\big(F(x_*)-F(x_n)-F'(x_n)\,(x_*-x_n)\big)\right\|\\ &\leqq \big(\|F'(x_n)\|\,\|\Gamma_n - F'(x_n)^{-1}\|+1\big)\,\|x_*-x_n\| + \frac{\varkappa\lambda}{2}\,\|x_*-x_n\|^2\\ &\leqq (\nu\delta\,\|x_n-x_{n-1}\|^2+1)\,\|x_*-x_n\| + \frac{\varkappa\lambda}{2}\,\|x_*-x_n\|^2.\end{aligned} \tag{42}$$

Da das Polynom

$$s^2 + \frac{2}{\varkappa\lambda}\,(1+\nu\delta\,\|x_n-x_{n-1}\|^2)\,s - \frac{2}{\varkappa\lambda}\,\|x_{n+1}-x_n\| \tag{43}$$

genau eine positive Nullstelle $s^+$ besitzt,

$$\begin{aligned} s^+ = \frac{2\,\|x_{n+1}-x_n\|}{\bar{h}_n}\Big(&-(1+\nu\delta\,\|x_n-x_{n-1}\|^2)\\ &+\{(1+\nu\delta\,\|x_n-x_{n-1}\|^2)^2+\bar{h}_n\}^{1/2}\Big),\end{aligned} \tag{44}$$

folgt aus (42) bis (44) die Abschätzung (40), q. e. d.

Bemerkung 3.1. Lassen wir in (40) $\delta$ gegen Null gehen, so erhalten wir

$$\frac{2\,\|x'_{n+1}-x_n'\|}{1+\sqrt{1+\bar{h}_n}} \leqq \|x_*-x_n'\|. \tag{45}$$

Beachten wir, daß sich die Abschätzung (8) auch in der Gestalt

$$\frac{2\,\|x'_{n+1}-x_n'\|}{1+\sqrt{1+h_n}} \leqq \|x_*-x_n'\| \tag{46}$$

angeben läßt [1], wobei die Relationen

$$\begin{aligned} &h_n = 2\varkappa_n\lambda\,\|x_{n+1}-x_n\|, \qquad \|F'(x_n')^{-1}\| \leqq \varkappa_n,\\ &\varkappa_{n+1} = \frac{2\varkappa_n}{2-h_n}, \qquad \varkappa_0 = \varkappa', \qquad h_0 = h'\end{aligned} \tag{47}$$

gelten, so führt ein Vergleich von (45) und (46) auf einen Vergleich von $\varkappa_n$ mit $\varkappa$. Wie man zeigen kann, konvergiert die monoton wachsende Folge $\varkappa_n$ für $h' < 1$, während sie für $h' = 1$ divergiert. Gilt $\lim_{n\to\infty} \varkappa_n = \varkappa_* > \varkappa$, so gibt es eine natürliche Zahl $n_0$, so daß für $n \geqq n_0$ die Abschätzung (45) besser ist als (46). Im Fall $h' = 1$ gibt es stets ein derartiges $n_0$.

Bemerkung 3.2. Unter einer zusätzlichen Bedingung über die Anfangsnäherung $x_0$ ist es möglich, eine untere Schranke für den Fehler $\|x_* - x_n\|$ anzugeben, die für $\delta \to 0$ in die Schranke (8) übergeht. Auf Grund der Bemerkung 1.1 über die „Optimalität" der Abschätzung (8) soll auf die Angabe dieser Schranke verzichtet werden.

## Literatur

[1] Gragg, W. B., and R. A. Tapia, Optimal error bounds for the Newton-Kantorovich theorem, SIAM J. Numer. Anal. **11** (1974), 10–13.

[2] Kantorowitsch, L. W., und G. P. Akilow, Funktionalanalysis in normierten Räumen, Akademie-Verlag, Berlin 1964 (Übers. a. d. Russ.).

[3] Ortega, J. M., and W. C. Rheinboldt, Iterative solutions of nonlinear equations in several variables, Academic Press, New York 1970.

Manuskripteingang: 8. 9. 1977

VERFASSER:

Dr. Klaus R. Schneider, Zentralinstitut für Mathematik und Mechanik der Akademie der Wissenschaften der DDR, Berlin

Beiträge zur Numerischen Mathematik
8 (1980), 147–153

# Über die Konstruktion von im allgemeinen unstetigen inversen Operatoren

JÜRGEN SCHULZ

## 1. Einleitung

In der Arbeit [1] des Autors wird die Lösbarkeit von Operatorgleichungen der Gestalt

$$Ax = x - Bx = y \tag{1}$$

mit Hilfe der Neumannschen Reihe

$$\sum_{n=0}^{\infty} B^n y \tag{2}$$

untersucht. Dabei wurden unter gewissen Voraussetzungen an den Operator $B$ die Bedingungen $B^n y \to 0$ und $y \in \operatorname{im} A$[1]) auch als hinreichend für die Konvergenz der Reihe (2) erkannt.

An dieser Stelle sollen die Ergebnisse, die für die Gleichung (1) und der Reihe (2) gewonnen wurden, auf Operatorgleichungen der Form

$$Ax = x + \sum_{k=1}^{m} a_k B^k x = y \tag{3}$$

und einer geeignet gewählten Reihe

$$\sum_{k=0}^{\infty} c_k B^k y \tag{4}$$

übertragen werden.

Zunächst wird den Untersuchungen ein allgemeines Schema vorangestellt, das im gewissen Sinne Gemeinsamkeiten mit der Methode der approximativen Regularisierbarkeit ([1]) aufweist.

---

[1]) im $A$ bezeichnet den Bildbereich des Operators $A$.

## 2. Ein allgemeines Schema

Es seien $X$ und $Y$ lineare topologische Räume und $L(X, Y)$ die Menge aller linearen stetigen Operatoren, die $X$ in $Y$ abbilden. Zum Operator $A \in L(X, Y)$ möge eine Folge $\{R_n\}$ von linearen Operatoren existieren, die $Y$ in $X$ abbilden, so daß für die Operatoren $B_n = I - R_n A$ und $C_n = I - A R_n$ ($I$ — identischer Operator[1])) gilt:

(V 1) *Zum Nullraum* $\ker A$[2]) *des Operators* $A$ *gebe es ein direktes algebraisches Komplement* $X'$ *in* $X$, *auf dem die Operatorfolge* $\{B_n\}$ *in der Topologie von* $X$ *stark konvergiert.*

(V 2) *Aus der Konvergenz der Folge* $\{R_n y\}$ $(y \in Y)$ *in der Topologie von* $X$ *möge stets folgen:* $C_n y \to 0$ *in der Topologie von* $Y$.

Folgerung (1). *Unter der Voraussetzung* (V 1) *existiert ein linearer Operator* $P: X \to X$, *für den gilt:*

$$\lim_{n\to\infty} B_n x = x - Px \quad \textit{für alle} \quad x \in X.$$

Folgerung (2). *Unter der Voraussetzung* (V 1) *gilt für alle* $x \in X$:

$$\lim_{n\to\infty} R_n A x = Px. \tag{5}$$

Hieraus ergibt sich schon der für das Weitere wichtigste

Satz (1). *Die Voraussetzungen* (V 1) *und* (V 2) *seien erfüllt. Die Folge* $\{R_n y\}$ $(y \in Y)$ *konvergiert genau dann, wenn* $y \in \operatorname{im} A$ *ist. Dabei ist der Grenzwert* $x$ *dieser Folge eine Lösung der Gleichung* $Ax = y$.

Beweis. Es sei $x = \lim_{n\to\infty} R_n y$. Da der Operator $A$ stetig und (V 2) erfüllt ist, folgt:

$$Ax = \lim_{n\to\infty} A R_n y = y - \lim_{n\to\infty} C_n y = y,$$

d. h., $y \in \operatorname{im} A$ und $x$ ist Lösung der Gleichung $Ax = y$.

Nun sei umgekehrt $y \in \operatorname{im} A$, d. h. $y = Ax'$ $(x' \in X)$. Aus (5) ergibt sich sofort $\lim_{n\to\infty} R_n y = \lim_{n\to\infty} R_n A x' = Px'$, was zu beweisen war.

Folgerung (3). *Unter den Voraussetzungen* (V 1) *und* (V 2) *ist der Operator* $P$ *ein Projektor*[3]) *im Raum* $X$ *mit* $\ker A = \ker P$.

Beweis. Es sei $x \in X$ beliebig gewählt und $y = Ax$. Aus Satz (1) und Folgerung (2) kann man ableiten, daß $APx = Ax$ ist. Also gilt $A = AP$, und damit ist $\ker P \subset \ker A$. Andererseits ergibt sich ebenfalls aus der Folgerung (2), daß $\ker A \subset \ker P$ ist, d. h. $\ker A = \ker P$. Weiterhin folgt aus $A = AP$ sofort $x - Px \in \ker A$ und aus der Gleichheit der Kerne dann $P^2 = P$.

---

[1]) Da keine Verwechslung zu befürchten ist, unterscheiden wir die identischen Operatoren in den einzelnen Räumen nicht.

[2]) $\ker A = \{x \in X : Ax = 0\}$.

[3]) Der lineare Operator $P: X \to X$ heißt Projektor, wenn gilt: $P^2 = P$.

Mit diesen Fakten können wir das Ergebnis von Satz (1) wie folgt präzisieren:

Folgerung (4). *Die Voraussetzungen von Satz* (1) *seien erfüllt. Dann gilt: Der Grenzwert* $x$ *der Folge* $\{R_n y\}$ $(y \in Y)$ *ist die einzige Lösung der Gleichung* $Ax = y$ *mit* $x \in \operatorname{im} P$.

Beweis. Aus Satz (1) und der Folgerung (2) erhält man $x = \lim_{n\to\infty} R_n y = \lim_{n\to\infty} R_n A x = Px$, und unter Beachtung von Folgerung (3) ergibt sich die Behauptung.

Bemerkung (1). *Für die Gültigkeit der Aussage von Satz* (1) *sind die Voraussetzungen* (V 1) *und* (V 2) *auch notwendig.*

Bemerkung (2). *Wir können den auf* $\operatorname{im} A$ *durch* $\lim_{n\to\infty} R_n y$ *erklärten Grenzoperator, der im allgemeinen unstetig ist, als Inverse des Operators* $A: \operatorname{im} P \to A$ *auffassen.*

Bemerkung (3). *Ist* $X = Y$ *und kommutieren alle Operatoren* $R_n$ *mit* $A$, *so ist dieses Schema ein Spezialfall der in* [1] *definierten approximativen Regularisierbarkeit.*

Als Realisierung dieses Schemas wollen wir die schon in [1] behandelte Gleichung (1) nochmals betrachten. Es sei $X$ ein linearer topologischer Raum und $B \in L(X, X) = L(X)$ mit der Eigenschaft

(E 1) *Zum Nullraum des Operators* $A = I - B$ *existiere ein direktes algebraisches Komplement* $X'$ *in* $X$, *auf dem die Operatorfolge* $\{B^n\}$ $(B^0 = I)$ *stark konvergiert.*

Setzen wir $R_n = \sum_{k=0}^{n} B^k$, dann erfüllen die Operatoren $B_n = C_n = I - R_n A = B^{n+1}$ die Voraussetzungen (V 1) und (V 2), so daß sich Satz (1) für diesen Fall so formulieren läßt (diese Aussage findet man auch in [1]):

Satz (1'). *Die Neumannsche Reihe* $\sum_{k=0}^{\infty} B^k y$ $(y \in X)$ *konvergiert genau dann, wenn* $y \in \operatorname{im} A$ *ist. Dabei ist die Summe* $x$ *dieser Reihe die einzige Lösung der Gleichung* (1) *mit* $x \in \operatorname{im} P$.

Bemerkung (4). *Aus den Folgerungen* (1) *und* (3) *ergibt sich ein interessantes Resultat: Wenn in einem linearen topologischen Raum die Folge der Potenzen eines linearen stetigen Operators* $B$ *stark konvergiert, so ist der Grenzoperator ein Projektor.*

Für den Fall, daß $X$ z. B. ein Banachraum ist, folgt dies aus einem bekannten Satz von Banach-Steinhaus (vgl. [2]).

## 3. Der Fall eines Operatorpolynoms in B

Es sei $X$ ein linearer topologischer Raum, $B \in L(X)$ und $A$ das durch (3) gegebene Operatorpolynom in $B$ mit Koeffizienten $a_i$ $(i = 1, \ldots, m)$ aus dem Bereich der komplexen Zahlen. Über die iterative Vorschrift $c_0 = 1$ und

$$c_k = -\sum_{j=1}^{\min(k,m)} a_j c_{k-j} \qquad (k = 1, 2, \ldots) \tag{6}$$

sei dem Operator $A$ die Folge $\{c_k\}$ komplexer Zahlen zugeordnet. Setzen wir nun für $n > 2m$ $R_n = \sum_{k=0}^{n} c_k B^k$, so läßt sich nach einiger Rechnung zeigen, daß

$$I - AR_n = I - R_n A = -\sum_{l=1}^{m} \sum_{j=1}^{m} a_j B^j (c_{n+l-j} B^{n+l-j}) \tag{7}$$

ist. In Analogie zum Beispiel der Neumannschen Reihe setzen wir voraus:

(E 2) *Zum Kern des Operators $A$ existiere ein direktes algebraisches Komplement $X'$ in $X$, auf dem die Operatorfolge $\{c_n B^n\}$ stark konvergiert.*

Wie man sich leicht aus (7) überzeugt, erfüllen die Operatoren $I - R_n A$ und $I - AR_n$ die Bedingungen (V 1) und (V 2), so daß aus Satz (1) folgt:

Satz (1''). *Die Reihe $\sum_{k=0}^{\infty} c_k B^k y$ $(y \in X)$ konvergiert genau dann, wenn $y \in \operatorname{im} A$ ist. Dabei ist die Summe $x$ dieser Reihe die einzige Lösung der Gleichung* (3) *mit $x \in \operatorname{im} P$.*

Berücksichtigt man die Bemerkung (3), so kann man der Arbeit [1] über die approximative Regularisierbarkeit entnehmen, daß gilt: a) $A = AP = PA$, b) $\operatorname{im} A \subset \operatorname{im} P$, c) $\overline{\operatorname{im} A} = \overline{\operatorname{im} P}$, und insbesondere sei hervorgehoben die

Folgerung (5). *Wenn die Folge $\{c_n B^n\}$ auf ganz $X$ stark gegen den Nulloperator konvergiert, so ist:* $\ker A = \{0\}$ *und* $\overline{\operatorname{im} A} = X$.

Wenden wir uns nun der Konvergenz der Folge $\{c_n B^n\}$ zu. Da es sich erweist, daß die Eigenschaften der dem Operator $A$ zugeordneten Folge $\{c_k\}$ stark von den Nullstellen des Polynoms $z + \sum_{i=1}^{m} a_i z^i$ abhängen, untersuchen wir zunächst, wie sich die $c_k$ ändern, wenn wir dem Polynom noch eine Nullstelle der Form $(1 - \tau z)$ hinzufügen. Zu diesem Zwecke bezeichnen wir mit $A^{(m)} = I + \sum_{i=1}^{m} a_i B^i$ und die dem Operator $A^{(m)}$ über (6) zugeordnete Folge mit $\{c_k^{(m)}\}$. Weiter sei $A^{(m+1)} = A^{(m)}(I - \tau B)$.
Dann gilt:

Lemma (1). Die dem Operator $A^{(m+1)}$ zugeordnete Folge $\{c_k^{(m+1)}\}$ erfüllt die Gleichung $c_k^{(m+1)} = \sum_{l=0}^{k} c_l^{(m)} \tau^{k-l}$ $(k = 0, 1, \ldots)$.

Bemerkung (5). *Offenbar folgt aus Lemma* (1) *sofort:*

$$c_k^{(m)} B^k = c_k^{(m+1)} B^k - \tau B(c_{k-1}^{(m+1)} B^{k-1}).$$

Mit Hilfe der vollständigen Induktion kann man aus Lemma (1) für den Operator $A^{(m)} = \prod_{i=1}^{m} (I - \alpha_i B)$ mit $\alpha_i \neq \alpha_j$ $(i \neq j)$ nachstehendes Lemma ableiten.

Lemma (2). *Die diesem Operator $A^{(m)}$ zugeordnete Folge $\{c_k^{(m)}\}$ hat die Gestalt*

$$c_k^{(m)} = \sum_{i=1}^{m} b_i^{(m)} \alpha_i^{k+1} \qquad (k = 0, 1, \ldots),$$

*wobei die Zahlen $b_i^{(m)}$ nicht von $k$ abhängen.*

*Gilt zusätzlich* $|\alpha_i| \leqq 1$ $(i = 1, \ldots, m)$, *so ist die Folge* $\{c_k^{(m)}\}$ *beschränkt.*

Im Fall einer $m$-fachen Nullstelle kann man folgendes aussagen:

Lemma (3). *Sei* $A^{(m)} = (I - \alpha B)^m$. *Dann gilt:*

$$c_k^{(m)} = \alpha^k \sum_{l=0}^{m-1} e_l^{(m)} k^l \qquad (k = 0, 1, \ldots),$$

*wobei die Zahlen* $e_l^{(m)}$ *nicht von* $k$ *abhängen.*

Wir wollen nun zwei Beispiele anführen:

Beispiel (1). Es sei $H$ ein Hilbertraum und $B \in L(H)$ ein positiver Operator mit $\|B\| = 1$. Dann ist auch $I - B$ ein positiver Operator mit $\|I - B\| = 1$. Der Arbeit [1] entnimmt man, daß die Operatorfolge $\{B^n\}$ auf dem orthogonalen Komplement $H_1$ von $\ker (I - B)$ stark gegen den Nulloperator konvergiert. Betrachten wir nun den Operator $A = \prod_{i=1}^{m} (I - \alpha_i B)$ mit $|\alpha_i| \leqq 1$ und $\alpha_i \neq \alpha_j$ $(i \neq j)$. Wir setzen

$$A' = \begin{cases} A(I - B), & \text{wenn } \alpha_i \neq 1 \text{ für alle } i = 1, \ldots, m, \\ A, & \text{wenn ein Index } i \text{ mit } \alpha_i = 1 \text{ existiert.} \end{cases}$$

Da offenbar $\ker (I - B) \subset \ker A'$ ist, erfüllt das orthogonale Komplement $H_2$ von $\ker A'$ die Inklusion $H_2 \subset H_1$. Nach Lemma (2) ist die dem Operator $A'$ zugeordnete Folge $\{c_k'\}$ beschränkt, so daß für alle $x \in H_1$ und damit für alle $x \in H_2$ gilt: $\|c_k' B^k x\| = |c_k'| \, \|B^k x\| \to 0$ für $k \to \infty$. Ist $A' = A$, so ist für $A$ die Eigenschaft (E 2) erfüllt. Ist aber $A' = A(I - B)$, so folgt aus Bemerkung (5) für die dem Operator $A$ zugeordneten Folge $\{c_k\}$, daß $c_k B^k x \to 0$ für alle $x \in H_2$ gilt.

Beispiel (2). Es sei $X$ ein abzählbar-normierter Raum mit der wachsenden Folge $\{\|x\|_p\}$ paarweise koordinierter Normen (vgl. [3]) und $B \in L(X)$ mit der Eigenschaft

$$\|B^n x\|_p \leqq C_p (1 + n)^{-q} \|x\|_{p+q} \quad \text{für alle } x \in X \tag{8}$$

und für alle $p, q, n = 0, 1, \ldots$ $(C_p = \text{const.})$. Dann gilt: Der Operator $A = (I - \alpha B)^m$ mit $|\alpha| \leqq 1$ ist in $X$ invertierbar, und die Reihe $\sum_{k=0}^{\infty} c_k B^k$ (im Sinne der starken Konvergenz) ist die stetige Inverse für $A$.

Beweis. Offenbar folgt aus (8) und dem Lemma (3):

$$\|c_n B^n x\|_p = |c_n| \, \|B^n x\|_p \leqq \sum_{l=0}^{m-1} |e_l| \, n^{m-1} C_p (1 + n)^{-m} \|x\|_{p+m} \to 0$$

für $n \to \infty$. Aus Satz (1'') und der Folgerung (5) ergibt sich dann, daß die Reihe $\sum_{k=0}^{\infty} c_k B^k y$ genau dann konvergiert, und zwar gegen die eindeutig bestimmte Lösung der Gleichung $Ax = y$, wenn $y \in \operatorname{im} A$ ist. Außerdem ist $\overline{\operatorname{im} A} = X$. Wir zeigen, daß $\operatorname{im} A$ abgeschlossen ist: Es sei $y \in \operatorname{im} A$ und $x = \sum_{k=0}^{\infty} c_k B^k y$. Aus (8) und Lemma (3) folgt: $\|x\|_p \leqq \sum_{k=0}^{\infty} |c_k| \, \|B^k y\|_p \leqq \sum_{l=0}^{m-1} |e_l| \, C_p \sum_{k=0}^{\infty} k^{m-1} (1 + k)^{-m-1} \|y\|_{p+m+1}$. Hieraus ergibt sich die Behauptung.

## 4. Eine andere notwendige und hinreichende Bedingung für die Konvergenz der Reihe (4)

Es sei $X$ ein linearer topologischer Raum, $B \in L(X)$, $y_0$ ein festes Element aus $X$, $X_0$ die lineare Hülle der Menge $\{B^n y_0\}_{n=0}^{\infty}$ und $X_1 = \overline{X}_0$. Weiterhin bezeichne $B_1$ die Einschränkung des Operators $B$ auf den für $B$ invarianten Teilraum $X_1$. Wir wollen uns damit beschäftigen, inwieweit die Bedingung $c_n B^n y_0 \to 0$ hinreichend für die Konvergenz der Reihe (4) ist. Es sei $A$ der durch Gleichung (3) gegebene Operator und $A_1$ dessen Einschränkung auf $X_1$. Dann gilt:

Hilfssatz (1). *Wenn $c_n B^n y_0 \to 0$ in der Topologie von $X$, so gilt:* $\overline{\operatorname{im} A_1} = X_1$.

Beweis. Es sei $B_0$ die Einschränkung von $B_1$ bzw. $A_1$ auf die Teilmenge $X_0$. Offenbar ist $B_0$ und damit $A_0$ ein stetiger Operator in $X_0$, für den gilt: $c_n B_0^n x \to 0$ für alle $x \in X_0$. Aus der Folgerung (5) und der Beziehung $\operatorname{im} A_0 \subset \operatorname{im} A_1$ ergibt sich: $X_0 = \overline{\operatorname{im} A_0} \cap X_0 \subset \overline{\operatorname{im} A_0} \subset \overline{\operatorname{im} A_1} \subset X_1$ und wegen $\overline{X}_0 = X_1$ dann die Behauptung. Damit kann man nun folgenden wichtigen Satz beweisen:

Satz (2). *Der Operator $A_1$ sei ein eindeutiger Homomorphismus*[1]) *mit abgeschlossenem Bild* im $A_1$. *Dann gilt: Die Reihe*

$$\sum_{n=0}^{\infty} c_n B^n y_0 \tag{9}$$

*konvergiert genau dann, wenn*

$$c_n B^n y_0 \to 0 \quad \text{für } n \to \infty. \tag{10}$$

Beweis. Da die Notwendigkeit offensichtlich ist, wenden wir uns dem Beweis der Hinlänglichkeit zu. Es sei also (10) erfüllt. Wegen Hilfssatz (1) ist $A_1$ ein stetiger Isomorphismus von $X_1$ in sich, so daß die zu $A_1$ stetige Inverse $A_1^{-1}$ existiert. Benutzen wir die Bezeichnungen von Abschnitt 2 und beachten Gleichung (7), so gilt:

$$\begin{aligned}\sum_{k=0}^{n} c_k B^k y_0 &= A_1^{-1}(A_1 R_n)\, y_0 = A_1^{-1}(I - C_n)\, y_0 \\ &= A_1^{-1} y_0 - A_1^{-1} C_n y_0 \to A_1^{-1} y_0 \quad \text{für } n \to \infty.\end{aligned}$$

Was zu beweisen war.

Folgerung (6). *Es sei $X$ ein separierter lokalkonvexer Raum und $B \in L(X)$ ein vollstetiger Operator. Dann gilt: Die Reihe* (9) *konvergiert genau dann, wenn* (10) *erfüllt ist.*

Beweis. Offenbar ist mit $B$ auch $B_1$ vollstetig und damit der Operator $T_1 = \sum_{i=1}^{m} a_i B_1^i$. Bekanntlich besitzt der Operator $A_1 = I + T_1$ ein abgeschlossenes Bild (vgl. dazu [4]). Und da nach Hilfssatz (1) im $A_1 = X_1$ ist, erfüllt $A_1$ alle Voraussetzungen von Satz (2).

---

[1]) Der Operator $A \in L(X)$ heißt Homomorphismus, wenn für jede offene Menge $U \subset X$ auch $A(U)$ in im $A$ offen ist.

Folgerung (7). *Es sei $X$ ein Fréchetraum und $B \in L(X)$ ein semicompakter* (auch Kato-Operator [5]) *oder ein co-semicompakter Operator* (vgl. [6–8]). *Dann gilt die Aussage von Satz* (2).

Beweis. Bekanntlich ist die Einschränkung $B_1$ wieder ein semi- bzw. ein co-semicompakter Operator und damit auch $T_1$. Den Arbeiten [5, 7–9] entnimmt man, daß der Operator $A_1$ die Bedingungen von Satz (2) erfüllt.

## Literatur


[1] Schulz, J., Über die Konvergenz der Neumannschen Reihe in linearen topologischen Räumen, Beiträge zur Analysis **12** (1978), 177–183.

[2] Kantorowitsch, L. W., und G. P. Akilow, Funktionalanalysis in normierten Räumen, Akademie-Verlag, Berlin 1964 (Übers. a. d. Russ.).

[3] Gelfand, I. M., und G. E. Schilow, Verallgemeinerte Funktionen (Distributionen), Teil II, 2. Aufl., VEB Deutscher Verlag der Wissenschaften, Berlin 1969 (Übers. a. d. Russ.).

[4] Edwards, R. E., Functionalanalysis — Theory and Application, Holt, Rinehart and Winston, New York—London 1965.

[5] Kato, T., Perturbation theory for nullity, deficience and other quantities of linear operators, J. Anal. Math. VI (1958), 261–322.

[6] Pełczyński, A., On strictly singular and strictly cosingular operators. I, II, Bull. Acad. Polon. Sci. **13** (1965), 31–36, 37–41.

[7] Владимирский, Ю. Н., Строго сингулярные операторы в пространствах Фреше, сб. „Мат. исслед." **4** (1970), 2, 79–88.

[8] Владимирский, Ю. Н., Ф-операторы в локально выпуклых пространствах, Докл. АН СССР **184** (1968), 514–517.

[9] Гохберг, И. Ц., и М. Г. Крейн, Основные положения о дефектных числах, корневых числах и индексах линейных операторов, Усп. мат. наук **12**: 2 (1957), 43–118.


Manuskripteingang: 2. 1. 1978

VERFASSER:

Dr. Jürgen Schulz, Sektion Mathematik der Technischen Hochschule Karl-Marx-Stadt

Beiträge zur Numerischen Mathematik
8 (1980), 155–166

# Quadratur mehrdimensionaler singulärer Parameterintegrale und ihre Anwendung zur Lösung partieller Differentialgleichungen

WOLFGANG SPRÖSSIG

## 0. Einführung

Es sei $\Omega \subset R^n$ ein beschränktes Gebiet, $\partial\Omega = \Gamma$ eine stückweise glatte Ljapunoff-Fläche. Mit $\{D_i\}_{i=1}^n$ bezeichnen wir eine Familie orthogonaler Matrizen der Ordnung $k$ ($k \geqq n$), deren Elemente die Zahlen 0, 1 und $-1$ sein können und die paarweise die Eigenschaft

$$D_i^* D_j + D_j^* D_i = 0, \qquad i \neq j, \tag{1}$$

besitzen. Mit * wird die jeweils transponierte Matrix gekennzeichnet. Offenbar wird Beziehung (1) auch durch die Familie $\{D_i^*\}_{i=1}^n$ erfüllt. Wir bilden $D(a) = \sum_{i=1}^n a_i D_i$, $a = (a_1, \ldots, a_n)$. Setzen wir anstelle von $a$ den formalen Vektor $\frac{\partial}{\partial t} = \left(\frac{\partial}{\partial t_1}, \ldots, \frac{\partial}{\partial t_n}\right)$ ein, so erhält man eine Klasse elliptischer Differentialoperatoren 1. Ordnung, die räumliche Analoga zum komplexen Cauchy-Riemann-Operator darstellen. Ausführlich wurden die Eigenschaften dieser Operatoren in den Arbeiten [1, 2, 3] und [4] studiert. Beispielsweise hat der in [2] konstruierte Operator $D\left(\frac{\partial}{\partial t}\right)$ ($n = 3$, $k = 4$) die Form

$$D\left(\frac{\partial}{\partial t}\right) = \begin{Vmatrix} 0 & \frac{\partial}{\partial t_1} & \frac{\partial}{\partial t_2} & \frac{\partial}{\partial t_3} \\ \frac{\partial}{\partial t_1} & 0 & -\frac{\partial}{\partial t_3} & \frac{\partial}{\partial t_2} \\ \frac{\partial}{\partial t_2} & \frac{\partial}{\partial t_3} & 0 & -\frac{\partial}{\partial t_1} \\ \frac{\partial}{\partial t_3} & \frac{\partial}{\partial t_2} & \frac{\partial}{\partial t_1} & 0 \end{Vmatrix} \tag{2}$$

In diesem Fall ist $D^2\left(\frac{\partial}{\partial t}\right) = -\Delta$. In [5] wird ein rechtsinverser Operator $T$ zum Operator $D\left(\frac{\partial}{\partial t}\right)$ gegeben und zur Lösungsdarstellung für partielle Differentialgleichungen benutzt. Der Operator $T$ hat dabei die Gestalt

$$(Tf)(t) = \frac{1}{|S_1|} \int\limits_{\Omega} \frac{D^*(\theta)}{|t - \tau|^{n-1}} f(\tau)\, d\Omega_\tau \tag{3}$$

mit $\theta = -(\theta_1, \ldots, \theta_n)$, $\theta_i = \dfrac{\tau_i - t_i}{|\tau - t|}$, $i = 1, \ldots, n$, $|S_1|$ bezeichnet den Flächeninhalt der Einheitssphäre $S_1$. Der mehrdimensionale schwach singuläre Integraloperator $T$ genügt außerdem den Gleichungen

$$\left(TD\left(\frac{\partial}{\partial \cdot}\right)\varphi\right)(t) + (\mathring{S}\varphi)(t) = \begin{cases}\varphi(t), & t \in \Omega, \\ 0, & t \notin \Omega,\end{cases} \tag{4}$$

wobei

$$(\mathring{S}\varphi)(t) = \frac{1}{|S_1|} \int\limits_{\Gamma} \frac{D^*(\theta)\, D(\alpha)}{|t - \tau|^{n-1}} \varphi(\tau)\, d\Gamma_\tau \tag{5}$$

ist und $\alpha = (\alpha_1, \ldots, \alpha_n)$ den Vektor der Richtungskosinus der äußeren Normalen an $\Gamma$ im Punkt $\tau \in \Gamma$ darstellt. Der Operator $\mathring{S}$ ist ein räumliches Analogon zum komplexen Cauchyschen Integral.

In der vorliegenden Arbeit werden Quadraturformeln für die Operatoren $T$ und $\mathring{S}$ konstruiert, falls $D\left(\dfrac{\partial}{\partial t}\right)$ die Form (2) hat. Die gewonnenen Formeln werden angewandt, um näherungsweise Lösungen von partiellen Differentialgleichungen, gewissen Randwertaufgaben für partielle Differentialgleichungen sowie mehrdimensionalen singulären Integralgleichungen zu erhalten. Hierzu werden die in den Arbeiten [4—8] angegebenen expliziten Lösungsdarstellungen wesentlich ausgenutzt.

## 1. Eine Quadraturformel für den $T$-Operator

Es sei $f(t) \in C^{(4)}(\Omega)$, $\Omega \subset R^3$ ein konvexes beschränktes Gebiet, $t \in \Omega$. Das schwach singuläre Integral (3) kann durch Einführung von Kugelkoordinaten in das iterierte Integral

$$(Tf)(t) = \frac{1}{|S_1|} \int\limits_{S_1} d\theta \int\limits_0^{R(\theta)} D^*(\theta)\, f(t + r\theta)\, dr \tag{6}$$

transformiert werden, wenn man $r = |t - \tau|$ setzt. In den Punkt $t$, wo im Integranden des Integrals (3) eine Polstelle der Ordnung 2 auftritt, legt man den Ursprung des neuen Koordinatensystems. Die Matrix $D(\theta)$ habe die von A. W. Bizadse angegebene Form

$$D(\theta) = \begin{Vmatrix} 0 & \theta_1 & \theta_2 & \theta_3 \\ \theta_1 & 0 & -\theta_3 & \theta_2 \\ \theta_2 & \theta_3 & 0 & -\theta_1 \\ \theta_3 & -\theta_2 & \theta_1 & 0 \end{Vmatrix}.$$

Aus (6) folgt unmittelbar

$$(Tf)(t) = \frac{1}{4\pi} \int_0^\pi d\varphi \int_0^{2\pi} d\psi \sin\psi \int_0^{R(\theta)} D^*(\theta)\, f(t + r\theta)\, dr. \tag{7}$$

Für $\theta = \theta(\varphi, \psi) = -\big(\theta_1(\varphi, \psi), \theta_2(\varphi, \psi), \theta_3(\varphi, \psi)\big)$ gilt

$$\theta_1 = \sin\varphi \cos\psi, \qquad \theta_2 = \sin\varphi \sin\psi,$$

$$\theta_3 = \cos\varphi \qquad (0 \leqq \varphi \leqq \pi, \quad 0 \leqq \psi \leqq 2\pi).$$

Wir zerlegen die Intervalle $[0, \pi]$, $[0, 2\pi]$ bzw. $[0, R(\theta)]$ in $2k$, $2l$ bzw. $2m$ gleiche Teile. Es bezeichnen $\varphi_i = \frac{\pi i}{2k}$ $(0 \leqq i \leqq 2k)$, $\psi_j = \frac{\pi j}{l}$ $(0 \leqq j \leqq 2l)$ bzw. $r_s = r_s(\theta) = \frac{R(\theta)\, s}{2m}$ $(0 \leqq s \leqq 2m)$ die den obigen Intervallen entsprechenden Unterteilungspunkte. Ferner sei $\alpha^p = (\alpha_0{}^p, \ldots, \alpha_{2p}^p)$ mit

$$\alpha_q{}^p = C_p \begin{cases} 1, & q = 0, \quad q = 2p, \\ 4, & q = 1, 3, \ldots, 2p - 1, \\ 2, & q = 2, 4, \ldots, 2p - 2 \end{cases}$$

und

$$C_p = \begin{cases} \dfrac{\pi}{6k}, & p = k, \\[2ex] \dfrac{1}{12l}, & p = l, \\[2ex] \dfrac{R(\theta)}{6m}, & p = m. \end{cases}$$

Wir können nunmehr mit der Quadratur beginnen, indem wir die Keplersche Faßregel auf das Integral $F = F(t, \varphi, \psi) = \int_0^{R(\theta)} f(t + r\theta)\, dr$ anwenden. Es gilt

$$F = (J_{\alpha^m} f)(t, \varphi, \psi) + (E_{\alpha^m} f)(t, \varphi, \psi).$$

Hierbei ist der Operator $J_{\alpha^m}$ durch die Formel

$$(J_{\alpha^m} f)(t, \varphi, \psi) = \sum_{s=0}^{2m} \alpha_s{}^m f(t + r_s\theta)$$

gegeben; $E_{\alpha^m} f$ bezeichnet den auftretenden Fehler.

Wir setzen $g(t, \varphi, \psi) = A(\varphi, \psi) \cdot F(t, \varphi, \psi)$, wobei $A = A(\varphi, \psi) = D^*(\sin\varphi \cdot \theta)$ ist, und wenden die Keplersche Faßregel auf das Integral $h(t, \varphi) = \frac{1}{4\pi} \int_0^{2\pi} g(t, \varphi, \psi)\, d\psi$ an. Wir erhalten $h(t, \varphi) = (J_{\alpha^l} g)(t, \varphi) + (E_{\alpha^l} g)(t, \varphi)$. Für $J_{\alpha^l} g$ gilt die Formel

$$(J_{\alpha^l} g)(t, \varphi) = \sum_{j=0}^{2l} \alpha_j{}^l g_j(t, \varphi) \quad \text{mit} \quad g_j(t, \varphi) = g(t, \varphi, \psi_j).$$

$E_{\alpha^l} g$ ist wiederum der auftretende Fehler. Schließlich wenden wir die Keplersche Faßregel auf das Integral $k(t) = \int_0^\pi h(t, \varphi)\, d\varphi$ an. Es gilt

$$k(t) = (J_{\alpha^k} h)(t) + (E_{\alpha^k} h)(t)$$

mit $(J_{\alpha^k} h)(t) = \sum_{i=0}^{2k} \alpha_i^k h_i(t)$, $h_i(t) = h(t, \varphi_i)$. Für $(Tf)(t)$ erhalten wir nunmehr folgende Darstellung:

$$\begin{aligned}(Tf)(t) &= \int_0^\pi \mathrm{d}\varphi \frac{1}{4\pi} \int_0^{2\pi} A(\varphi, \psi) \left[(J_{\alpha^m} f)(t, \varphi, \psi) + (E_{\alpha^m} f)(t, \varphi, \psi)\right] d\psi \\ &= \int_0^\pi (J_{\alpha^l} A J_{\alpha^m} f)(t, \varphi)\, d\varphi + \int_0^\pi (E_{\alpha^l} A J_{\alpha^m} f)(t, \varphi)\, d\varphi \\ &\quad + \frac{1}{4\pi} \int_0^\pi d\varphi \int_0^{2\pi} (A E_{\alpha^m} f)(t, \varphi, \psi)\, d\psi \\ &= (J_{\alpha^k} J_{\alpha^l} A J_{\alpha^m} f)(t) + (E_{\alpha^k} J_{\alpha^l} A J_{\alpha^m} f)(t) \\ &\quad + \int_0^\pi (E_{\alpha^l} A J_{\alpha^m} f)(t, \varphi)\, d\varphi + \frac{1}{4\pi} \int_0^\pi d\varphi \int_0^{2\pi} (A E_{\alpha^m} f)(t, \varphi, \psi)\, d\psi .\end{aligned}$$

Es sei weiter $\theta^{ij} = \theta(\varphi_i, \psi_j)$, $A_{ij} = D^*(\sin \psi_j \theta^{ij})$ und $f_{ijs}(t) = f(t + r_s \theta^{ij})$. In dieser Bezeichnungsweise stellt

$$(H_T f)(t) = (J_{\alpha^k} J_{\alpha^l} A J_{\alpha^m} f)(t) = \sum_{i=0}^{2k} \sum_{j=0}^{2l} \sum_{s=0}^{2m} \alpha_i^k \alpha_j^l \alpha_s^m A_{ij} f_{ijs}(t) \tag{8}$$

für den Operator $T$ eine Quadraturformel bezüglich der Vektorfunktion $f$ im Punkt $t$ dar. Mit

$$\begin{aligned}(E_T f)(t) &= (E_{\alpha^k} J_{\alpha^l} A J_{\alpha^m} f)(t) + \int_0^\pi (E_{\alpha^l} A J_{\alpha^m} f)(t, \varphi)\, d\varphi \\ &\quad + \frac{1}{4\pi} \int_0^\pi d\varphi \int_0^{2\pi} (A E_{\alpha^m} f)(t, \varphi, \psi)\, d\psi\end{aligned}$$

bezeichnen wir den Fehler dieser Quadraturformel. Wir werden uns im folgenden mit der Abschätzung dieses Fehlers beschäftigen. Unter Benutzung der in [9] angegebenen Abschätzung und infolge $|A| \leq 2$ erhalten wir

$$\left| \frac{1}{4\pi} \int_0^\pi d\varphi \int_0^{2\pi} A(\varphi, \psi)_1' (E_{\alpha^m} f)(t, \varphi, \psi)\, d\psi \right|$$

$$\le \frac{m^{-4}}{4\pi} \int_0^{\pi} d\varphi \int_0^{2\pi} |A| \frac{R^5(\theta)}{2880} \max_{r \le R(\theta)} |f_r^{(4)}(t + r\theta)| \, d\psi \tag{9}$$

$$\le \frac{m^{-4}\pi^2}{2880} (\operatorname{diam} \Omega)^5 \max_{r \le R(\theta)} |f_r^{(4)}(t + r\theta)| = M_{f^1}(m, t).$$

In analoger Weise ergibt sich

$$\left| \int_0^{\pi} (E_{\alpha^l} A J_{\alpha^m} f)(t, \varphi) \, d\varphi \right| \le \frac{\pi}{90} \left(\frac{\pi}{2l}\right)^4 \int_0^{\pi} \max_{\psi} |(A J_{\alpha^m} f)^{(4)}|_{\psi} \, d\varphi$$

$$\le \frac{\pi^6 l^{-4}}{1440} \max_{\varphi, \psi} \left| \left( A \sum_{s=0}^{2m} \alpha_s^m(\theta) \, f(t + r_s\theta) \right)_{\psi}^{(4)} \right|$$

$$\le l^{-4} \max_{\varphi, \psi} \left| \left( A(\varphi, \psi) \, R(0) \, f(t + r_s\theta) \right)_{\psi}^{(4)} \right| = M_{f^2}(l, t).$$

Schließlich folgt für den dritten Fehleranteil:

$$|(E_{\alpha^k} J_{\alpha^l} A J_{\alpha^m} f)(t)| \le \frac{\pi^5 k^{-4}}{2880} \max_{\varphi} |J_{\alpha^l} A (J_{\alpha^m} f)_{\varphi}^{(4)}|$$

$$\le \frac{k^{-4}}{1440} \max_{\varphi, j, s} \left| \left( R(\theta^j) \, A(\varphi, \psi_j) \, f(t + r_s\theta^j) \right)_{\varphi}^{(4)} \right| = M_{f^3}(k, t), \tag{11}$$

wobei $\theta^j(\varphi, \psi) = \theta(\varphi, \psi_j)$.

Wir haben damit folgendes Lemma bewiesen:

Lemma. *Es sei $\Omega \subset R^3$ ein beschränktes, konvexes Gebiet mit glattem Rand $\Gamma$, $f(t) \in C^4(\Omega)$. Das schwachsinguläre Integral $(Tf)(t)$ $(t \in \Omega)$ kann durch die Quadraturformel $(H_T f)(t)$* (vgl. (8)) *näherungsweise bestimmt werden. Der Absolutbetrag des Fehlers $E_T f(t)$ genügt wegen* (9), (10) *und* (11) *der Ungleichung*

$$|(E_T f)(t)| \le M_{f^1}(m, t) + M_{f^2}(l, t) + M_{f^3}(k, t) \equiv M_f(t).$$

*Mit $h = \min[k, l, m]$ gilt $\|E_T f\|_{(C\bar{\Omega})} = O(h^{-4})$.*

## 2. Bemerkungen, Verallgemeinerungen, Folgerungen

**2.1. Aufpunkt $t \notin \bar{\Omega}$.** Für das Integral (3) erhalten wir in diesem Fall

$$(Tf)(t) = \frac{1}{|S_1|} \int_{S_1^{\nabla}} d\theta \int_{R_1(\theta)}^{R_2(\theta)} D^*(\theta) \, f(t + r\theta) \, dr, \tag{12}$$

wobei $S_1^{\nabla}$ ein Sektor der Einheitssphäre ist, in welchem das Gebiet $\Omega$ enthalten ist. Sein Öffnungswinkel hängt wesentlich vom Abstand $d(t, \Omega)$ ab. Bei der Quadratur hat man sich in jeder Richtung $\theta^{ij}$ zwei Zahlen $R^1(\theta^{ij})$ und $R^2(\theta^{ij})$ vorzugeben, die den Schnittstellen der Strahlen $\theta^{ij}$ mit $\partial\Omega = \Gamma$ entsprechen. Die bei der Quadratur von (12) entstehende Formel unterscheidet sich nur unwesentlich von (8). Man hat lediglich anstelle der Intervalle $[0, \pi]$, $[0, 2\pi]$ und $[0, R(\theta)]$ die Intervalle $[\varphi^1, \varphi^2]$, $[\psi^1(\varphi), \psi^2(\varphi)]$ und $[R^1(\theta), R^2(\theta)]$ zu setzen.

**2.2. Nichtkonvexe Gebiete.** Wir schwächen die Voraussetzung der Konvexität des Gebietes $\Omega$ ab, indem wir $\Omega$ als endliche Vereinigung konvexer Gebiete darstellen. Also sei $\Omega = \sum_{i=1}^{N} \Omega_i$ und $t \in \Omega_1$. Man führt zunächst die Quadratur über das Gebiet $\Omega_1$ durch, indem man nach der Formel (8) rechnet: anschließend quadriert man gemäß der Formel (12) über den Gebieten $\Omega_2, \ldots, \Omega_N$, wobei $\theta$ in den jeweiligen Kugelsektoren $S_1^{\nabla_2}, \ldots, S_1^{\nabla_N}$ enthalten ist. Addiert man die Quadraturformeln für die Teilgebiete, so erhält man eine Quadraturformel für das Integral $(Tf)(t)$ über ganz $\Omega$.

Es können darüber hinaus auch Gebiete behandelt werden, die sich nicht als endliche Vereinigung von konvexen Gebieten darstellen lassen. Beispiele hierfür sind Gebiete mit Löchern. Hat man ein Gebiet $\Omega$ mit einem Loch $\Omega_0$, so stellt man zunächst fest, unter welchem räumlichen Winkel $w$ das Loch $\Omega_0$ vom Punkt $t$ aus gesehen wird. Man erhält eine Zerlegung des Gebietes $\Omega$ in die beiden Teilgebiete $\Omega \cap S_1^{\nabla_w}$ und $\Omega \setminus \Omega \cap S_1^{\nabla_w}$, wobei $S_1^{\nabla_w}$ den Kugelsektor mit dem Öffnungswinkel $w$ bezeichnet. Durch das Loch $\Omega_0$ wird das Gebiet $\Omega \cap S_1^{\nabla_w}$ wiederum in zwei Teilgebiete, sagen wir $A$ und $B$, zerlegt. Für $\Omega$ erhalten wir die Darstellung $\Omega = \Omega_1 \cup \Omega_2$ mit $\Omega_1 = \Omega \cup S_1^{\nabla_w} \setminus A$ und $\Omega_2 = (\Omega \setminus \Omega \cap S_1^{\nabla_w}) \cap A$. Je nach Lage des Punktes $t$ hat man nach Formel (12) bzw. im Sinne dieses Abschnitts zu quadrieren.

**2.3. Stückweise glatter Rand.** Wir wollen voraussetzen, daß der Rand $\Gamma$ unseres Gebietes $\Omega$ sich aus endlich vielen glatten Teilen zusammensetzt. Diese Voraussetzung erweist sich als sehr sinnvoll, wenn man für das Gebiet $\Omega$ einen realen Körper zugrunde legt, denn man kann nicht von allen Punkten der Körperoberfläche gleiche Glattheit erwarten. Vielmehr treten durch die Konstruktion bedingte Glattheitsunterschiede auf. Die Teile der Oberfläche von unterschiedlicher Glattheit werden durch Kurven getrennt. Diese können z. B. als Kanten, die auch Ecken enthalten können, an der Oberfläche sichtbar werden.

Legen wir zur Berechnung des Vektors $(Tf)(t)$ die Kugelkoordinatendarstellung (6) zugrunde, so entsteht durch das die Glattheitsunterschiede der Oberfläche repräsentierende Kurvensystem eine Zerlegung der Einheitssphäre $S_1$ in endlich viele Sektoren $S_1^{\nabla_i}$, $i = 1, \ldots, n$. Anstelle der Formel (6) hat man für das Integral

$$(Tf)(t) = \frac{1}{|S_1|} \sum_{i=1}^{n} \int_{S_1^{\nabla_i}} d\theta \int_0^{R(\theta)} f(t + r\theta)\, dr$$

eine Quadratur im Sinne des Abschnitts 2.1 anzuwenden.

B e m e r k u n g. Es sei $(Tf)(t)$ bereits berechnet worden. Wir suchen $(Tf)(t')$, wobei $t'$ ein weiterer Punkt ist. Offenbar gilt $\tau - t' = (\tau - t) - (t' - t)$, wenn wir die Punktdifferenzen als Vektoren ansehen. Der Vektor $\tau - t$ ist durch die Kugelkoordinaten $(\theta, R(\theta))$ bestimmt. Durch Rücktransformation auf kartesische Koordinaten nach den Beziehungen $\tau_1 - t_1 = r \sin\varphi \cos\psi$, $\tau_2 - t_2 = r \sin\varphi \sin\psi$, $\tau_3 - t_3 = r\cos\varphi$ erhalten wir die kartesischen Koordinaten von $\tau - t'$. Nach den Formeln

$$\sum_{i=1}^{3} (\tau_i - t_i')^2 = |t' - \tau|^2 = r^2,$$

$$\frac{\tau_3 - t_3'}{r'} = \cos\varphi', \qquad \frac{1}{\sin\varphi'} \frac{\tau_2 - t_2'}{r'} = \sin\psi'$$

bei $\sin\varphi' \neq 0$ erfolgt wiederum die Transformation in Kugelkoordinaten.

Definition [2]. Es sei $\Omega \subset R^n$ ein beschränktes Gebiet, $\partial\Omega = \Gamma$, $\bar{\Omega} = \Omega \cup \Gamma$, $f(t) = f(t_1, \ldots, t_n)$ eine im Gebiet $\Omega$ erklärte Vektorfunktion, die dort die partiellen Ableitungen $\frac{\partial f}{\partial t_i}$, $i = 1, \ldots, n$, besitzt. Falls in jedem Punkt $t' \in \Gamma$ die Grenzwerte $\lim\limits_{\substack{t \to t' \\ s}} \frac{\partial f}{\partial t_i}$ entlang eines beliebigen Weges $s \in \Omega$ existieren, so sagen wir, $\frac{\partial f}{\partial t_i}$, $i = 1, \ldots, n$, ist im abgeschlossenen Gebiet $\bar{\Omega}$ definiert, wobei man bei $t = t'$ $\left(\frac{\partial f}{\partial t_i}\right)(t') = g_i(t')$ setzt.

Folgerung 1. *Es sei $f \in C^{(5)}(\bar{\Omega})$. Für das Integral $(\mathring{S}f)(t)$ gilt die Quadraturformel*

$$(H_{\mathring{S}} f)(t) = \begin{cases} f(t) - \left(H_T D\left(\frac{\partial}{\partial \cdot}\right) f\right)(t), & t \in \Omega, \\ -\left(H_T D\left(\frac{\partial}{\partial \cdot}\right) f\right)(t), & t \notin \bar{\Omega}. \end{cases} \tag{13}$$

*Ist $t \in \Gamma = \partial\Omega$, so gilt für das singuläre Integral $(Sf)(t) = \frac{2}{|S_1|} \int\limits_\Gamma \frac{D^*(\theta)\, D(\alpha)}{|t - \tau|^{n-1}} f(\tau)\, d\Gamma$, die Quadraturformel*

$$(H_S f)(t) = f(t) + 2\left(H_T D\left(\frac{\partial}{\partial \cdot}\right) f\right)(t). \tag{14}$$

Beweis. Die Formel (13) folgt unmittelbar aus der räumlich verallgemeinerten Formel von Borel-Pompeju (4) sowie dem obigen Lemma. Bei der Herleitung der Formel (14) hat man auf die Formel (4) die verallgemeinerte Randwertformel von Plemelj-Sochotzki anzuwenden (vgl. [4]) sowie obiges Lemma.

Wir führen folgende abkürzende Bezeichnungen ein: Für $p, q \in N$, $1 \leqq q \leqq p$, setzen wir $\lambda_q = (i_q, j_q, s_q)$ $\mu_q = (k_q, l_q, m_q)$, wobei $\lambda_1 = (i, j, s)$ $\mu_1 = (k, l, m)$ ist. Weiterhin gelte

$$B_{\lambda_q}^{\mu_q} \equiv \alpha_{i_q}^{k_q} \cdot \alpha_{j_q}^{l_q} \cdot \alpha_{s_q}^{m_q} A_{i_q j_q}.$$

Mit $\lambda = (\lambda_1, \ldots, \lambda_p)$, $\mu = (\mu_1, \ldots, \mu_p)$, $B_\lambda^\mu = B_{\lambda_1}^{\mu_1} \cdot \cdots \cdot B_{\lambda_p}^{\mu_p}$ erhalten wir für

$$(H_T{}^p f)(t) = \overbrace{H_T(H_T(\cdots H_T f))}^{p\text{-mal}} = \sum_{\lambda=0}^{\mu} B_\lambda{}^\mu f_\lambda(t). \tag{15}$$

Hierbei ist $f_\lambda(t) \equiv f_{\lambda_1 \ldots \lambda_p}(t) = f(t + \sum_{q=1}^{p} r_{s_q} \theta^{i_q j_q})$. $H_T{}^p f$ stellt eine Quadraturformel für den Vektor $T^p f$ dar, während $T^p f - H_T{}^p f = E_T{}^p f$ deren Fehler bezeichnet.

Definition. Wir nennen den Operator $H_T{}^p$ *Quadraturoperator* zum Operator $T^p$.

Bemerkung. Der Quadraturoperator $H_T{}^p$ ist in allen Räumen der Skala $C^m(\bar{\Omega})$ stetig. Ohne weiteres zeigt man die Abschätzung

$$\|H_T{}^p f\|_{C^m(\bar{\Omega})} \leqq (8 \operatorname{diam} \Omega)^p \|f\|_{C^m(\bar{\Omega})},$$

wenn nur $f \in C^m(\bar{\Omega})$ ist.

Folgerung 2. *Es sei* $f \in C^{(5)}(\bar{\Omega})$. *Für* $T^p f$ *gilt die Darstellung*

$$T^p f = H_T{}^p f + E_T{}^p f \tag{16}$$

*mit* $E_T{}^p f = \sum_{\alpha+\beta=p-1} T^\alpha E_T H_T{}^\beta f$. *Es gelten die Fehlerabschätzungen*

$$|(E_T{}^p f)(t)| \leqq \sum_{\alpha+\beta=p-1} (\operatorname{diam} \Omega)^\alpha M_{H_T{}^\beta f}(t) \tag{17}$$

*und*

$$\|E_T{}^p f\|_{C(\bar{\Omega})} = O(h^{-4}), \tag{18}$$

*wobei* $h = \min[k, l, m]$ *ist.*

Beweis. Formel (16) zeigt man leicht durch vollständige Induktion nach $p$. Die Abschätzungen (17) und (18) folgen aus dem in Abschnitt 1 gezeigten Lemma sowie der Ungleichung $\|T\|_{C(\bar{\Omega})} \leqq \operatorname{diam} \Omega$ (vgl. [5]).

## 3. Anwendungen

In diesem Abschnitt wollen wir an einer Reihe von Beispielen die Wichtigkeit obiger Quadraturformeln aufzeigen. Das Gebiet $\Omega \subset R^n$ und die rechten Seiten nachfolgender Gleichungen seien stets so beschaffen, daß sie deren Anwendung gestatten.

**3.1.** Wir betrachten die Gleichung

$$\Delta^p \varphi = f \quad \text{(polyharmonische Gleichung)} \tag{19}$$

mit einer auf $\Omega$ vorgegebenen $n$-dimensionalen Vektorfunktion $f$. Die gesuchte Vektorfunktion $\varphi$ hat nach [5] die Darstellung

$$\varphi = \Phi_0 + T\Phi_1{}^* + TT^*\Phi_2 + \cdots + \underbrace{TT^*T \cdot \cdots \cdot T}_{2p-1}\Phi^*_{2p-1} + \underbrace{TT^* \cdot \cdots \cdot T^*}_{2p} f.$$

Dabei ist $T^* \cdot = \dfrac{1}{|S_1|} \displaystyle\int_\Omega \dfrac{D(\theta)}{|t-\tau|^{n-1}} \cdot d\Omega_\tau$.

Die Vektorfunktionen $\Phi_i$, $i = 0, 2, \ldots, 2p - 2$, sind $D$-analytisch und $\Phi_i^*$, $i = 1, 3, \ldots, 2p - 1$, $D^*$-analytisch [5]. Wir führen folgende Bezeichnungen ein:

$$\overline{T}^s = \begin{cases}(TT^*)^q\,T, & s = 2q+1,\\ (TT^*)^q, & s = 2q,\end{cases} \qquad \overline{H}_T{}^s = \begin{cases}(H_T H_{T^*})^q H_T, & s = 2q+1,\\ (H_T H_{T^*})^q, & s = 2q,\end{cases}$$

$\overline{E}_T{}^s = \overline{T}^s - \overline{H}_T{}^s$. Bei Vorgabe der Vektorfunktionen $\Phi_i$, $\Phi_{i+1}^*$, $i = 0, 2, 4, \ldots, f$, ist die Vektorfunktion $\tilde{\varphi}$

$$\tilde{\varphi} = \sum_{s=0}^{2p-1} \overline{H}_T{}^s \Phi_s + H_T{}^{2p} f, \qquad \Phi_s = \begin{cases}\Phi_s, & s = 2q,\\ \Phi_s{}^*, & s = 2q+1\end{cases}$$

eine Näherungsfunktion für die Vektorfunktion $\varphi$. Es gilt

$$\overline{E}_T{}^s = (H_T - T)\,\overline{T}^{s-1} + H_T(\overline{H}_T{}^{s-1} - \overline{T}^{s-1}) = E_T \overline{T}^{s-1} + H_T \overline{E}_T{}^{s-1}.$$

Durch sukzessive Anwendung dieser Formel erhalten wir schließlich

$$\overline{E}_T{}^S = \sum_{\alpha+\beta=s-1} \overline{H}_T{}^\alpha E_T \overline{T}^\beta$$

und somit

$$\varphi - \tilde{\varphi} = \sum_{s=1}^{2p-1} \overline{E}_T{}^s \Phi_s + E_T{}^{2p} f.$$

Aus dieser Darstellung folgt wegen (17) leicht die Fehlerabschätzung

$$|\varphi(t) - \tilde{\varphi}(t)| \leqq \sum_{s=1}^{2p-1} \sum_{\alpha+\beta=s-1} (\operatorname{diam} \Omega)^\alpha M_{\overline{H}_T{}^\beta \Phi_s}(t) + \sum_{\alpha+\beta=2p-1} (\operatorname{diam} \Omega)^\alpha M_{H_T{}^\beta f}(t)$$

und aus (18)

$$\|\varphi - \tilde{\varphi}\|_{C(\bar{\Omega})} = O(h^{-4}).$$

**3.2.** In der räumlichen Elastizitätstheorie für ein beschränktes Gebiet $\Omega$ gilt die Grundgleichung

$$\Delta u + \frac{m}{m-2} \operatorname{grad} \operatorname{div} u = f \tag{20}$$

mit dem Vektor $f = (0, f_1, f_2, f_3)$ der auf $\Omega$ wirkenden Kraft, der Poissonschen Zahl $m$ ($m > 2$) und dem Verschiebungsvektor $u = (0, u_1, u_2, u_3)$. Wir ordnen $u$ dem vierkomponentigen Vektor $U = (u_0, u)$ zu, wobei $\Delta u_0 = 0$ ist. Setzen wir für $D\left(\frac{\partial}{\partial t}\right)$ das System (2), so erhalten wir aus (20) die Gleichung

$$D\left(\frac{\partial}{\partial t}\right) M D\left(\frac{\partial}{\partial t}\right) U = -f \tag{21}$$

mit $M_1\varphi = \left(\frac{2m-2}{m-2}\varphi_0, \varphi_1, \varphi_2, \varphi_3\right)$, $\varphi = (\varphi_0, \varphi_1, \varphi_2, \varphi_3)$. Mithin folgt nach [5] für die allgemeine Lösung von (21)

$$U = \Phi_0 + TM_1{}^{-1}\Phi_1 - TM_1{}^{-1}Tf,$$

wobei $D\left(\frac{\partial}{\partial t}\right)\Phi_i = 0$, $i = 0, 1$, ist. Wie sich leicht ergibt, ist $u = U - u_0$ Lösung von (20). Die Vektorfunktion

$$\tilde{U} = \Phi_0 + H_T M_1^{-1}\Phi_1 - H_T M_1^{-1} H_T f$$

ist bei vorgegebenen Vektoren $\Phi_0$, $\Phi_1$ und $f$ eine Näherungslösung für $U$. Es gilt

$$\begin{aligned} U - \tilde{U} &= E_T(M_1^{-1}\Phi_1) + H_T M_1^{-1} H_T f - T M_1^{-1} T f \\ &= E_T[M_1^{-1}(\Phi_1 - Tf)] - H_T(M_1^{-1} E_T f). \end{aligned}$$

Hieraus gewinnt man die Abschätzung

$$|U(t) - \tilde{U}(t)| \leqq M_{M_1^{-1}(\Phi_1 - Tf)}(t) + 8 \operatorname{diam} \Omega \, \|M_1^{-1}\| \, M_f(t),$$

somit auch $\|U - \tilde{U}\|_{G(\bar{\Omega})} = O(h^{-4})$ (vgl. (17) und (18)).

**3.3.** Wir betrachten folgende Randwertaufgabe:

$$\begin{aligned} D\left(\frac{\partial}{\partial t}\right) u - D(\lambda)\, u &= f \quad \text{in } \Omega, \\ u &= g \quad \text{auf } \Gamma. \end{aligned} \tag{22}$$

Hierbei sind $f$ und $g$ auf $\Omega$ definierte und genügend glatte Vektorfunktionen und $\lambda$ ein konstanter Vektor. Für $D\left(\frac{\partial}{\partial t}\right)$ werde das System (2) genommen. Im Fall der Lösbarkeit (Lösbarkeitsbedingungen in [7]) wird die Lösung durch die Formel (vgl. [6, 7])

$$u = e^{-(\lambda,t)}[\mathring{S} e^{(\lambda,\cdot)} g + T e^{(\lambda,\cdot)} f]$$

angegeben. Die Vektorfunktion

$$\tilde{u}(t) = e^{-(\lambda,t)}[H_{\mathring{S}}(e^{(\lambda,\cdot)} g) + H_T(e^{(\lambda,\cdot)} f)]$$

ist eine Näherungslösung der Randwertaufgabe (22). Es gilt

$$\begin{aligned} u(t) - \tilde{u}(t) &= e^{-(\lambda,t)}[(\mathring{S} - H_{\mathring{S}})\,(e^{(\lambda,\cdot)} g) + E_T(e^{(\lambda,\cdot)} f)] \\ &= e^{-\lambda,t)} \left[ E_T \left( D\left(\frac{\partial}{\partial \cdot}\right) e^{(\lambda,\cdot)} g + e^{(\lambda,\cdot)} f \right) \right] \end{aligned}$$

und

$$|u(t) - \tilde{u}(t)| \leqq e^{-(\lambda,t)} M_F(t),$$

also

$$\|u - \tilde{u}\|_{C(\bar{\Omega})} = O(h^{-4}).$$

**3.4.** Gesucht wird ein in $\Omega$ harmonischer Vektor $u$, der auf dem Rand $\Gamma$ den Bedingungen

$$u = g_0,$$

$$D\left(\frac{\partial}{\partial t}\right) u = g_1$$

genügt. Sind $g_0, g_1$ auf ganz $\bar{\Omega}$ definierte und dort genügend glatte Vektorfunktionen, so wird die Lösung im Fall der Lösbarkeit durch die Gleichung

$$u = \mathring{S}g_0 + TD\left(\frac{\partial}{\partial\cdot}\right)g_1 \tag{23}$$

angegeben. Formel (23) und Lösbarkeitsbedingungen siehe in [7]. $\tilde{u} = H_T(g_0) + H_T\left(D\left(\frac{\partial}{\partial\cdot}\right)g_1\right)$ löst näherungsweise unser Problem. Der Vektor $u - \tilde{u}$ hat die Gestalt

$$u - \tilde{u} = E_{\mathring{S}}(g_0) + E_T\left(D\left(\frac{\partial}{\partial\cdot}\right)g_1\right) = E_T\left(D\left(\frac{\partial}{\partial\cdot}\right)(g_0 + g_1)\right).$$

Es gelten die Abschätzungen

$$|u(t) - \tilde{u}(t)| \leqq M_G(t)$$

und

$$\|u - \tilde{u}\|_{C(\bar{\Omega})} = O(h^{-4}).$$

3.5. Wir suchen Lösungen der singulären Integralgleichung

$$APu + BQu = f \tag{24}$$

auf $\Gamma$, wobei $A(t)$ und $B(t)$ Matrixfunktionen sind, die den Bedingungen

(i) $A^{-1}(t)$ existiert auf $\Gamma$,
(ii) $f(t)$, $B^{-1}(t)$ existieren auf $\bar{\Omega}$ und sind dort genügend glatt,
(iii) es gilt $QB^{-1}AP = 0$

genügen. Aus [4] und [11] und dem Lemma folgt, daß

$$\tilde{u} = \frac{1}{2}\left(B^{-1}(t) + A^{-1}(t)\right)f(t) + \frac{1}{2}\left((A^{-1}B)(t) - I\right)H_S(B^{-1}f)(t)$$

eine Näherungslösung von (24) ist. Ferner ist

$$u - \tilde{u} = \frac{1}{2}(A^{-1}B - I)\,E_S(B^{-1}f) - (A^{-1}B - I)\,E_T\left(D\left(\frac{\partial}{\partial\cdot}\right)B^{-1}f\right),$$

und es folgen die Abschätzungen

$$|u(t) - \tilde{u}(t)| \leqq (|A^{-1}B| + 1)\,M_{D\left(\frac{\partial}{\partial\cdot}\right)B^{-1}f}(t)$$

und

$$\|u - \tilde{u}\|_{C(\Gamma)} = O(h^{-4}).$$

Bemerkung. Die im Lemma und seinen Folgerungen angegebenen Quadraturformeln können zur Lösung allgemeiner Randwertaufgaben der Form

$$D^p\left(\frac{\partial}{\partial t}\right)u + Bu = f \quad \text{in } \Omega,$$

$$D^k\left(\frac{\partial}{\partial t}\right)u = g_k \quad \text{auf } \Gamma,$$

$$k = 0, 1, \ldots, p-1,$$

wobei $B$ ein gewisser (nicht notwendig linearer und beschränkter) Operator ist, angewendet werden. Die technische Ausführung der Quadratur hängt dann wesentlich von den Quadratureigenschaften dieses Operators ab.

## Literatur

[1] Moisil, G., und N. Theodorescu, Fonctions holomorphes dans l'espace, Mathematica **5** (1931), 141–159.

[2] Bizadse, A. W., Grundlagen der Theorie der analytischen Funktionen, VEB Deutscher Verlag der Wissenschaften, Berlin 1973 (Übers. a. d. Russ.).

[3] Stein, E., und G. Weiss, Generalizations of the Cauchy-Riemann equations and representations of the rotation group, Amer. J. Math. **90** (1968), 163–169.

[4] Sprössig, W., Analoga zu funktionentheoretischen Sätzen im $R^n$. — Anwendungen auf mehrdimensionale singuläre Integralgleichungen, Beiträge zur Analysis **12** (1978), 113 bis 126.

[5] Sprössig, W., Räumliches Analogon zum komplexen $T$-Operator, Beiträge zur Analysis **12** (1978), 127–137.

[6] Sprössig, W., Räumliches Analogon zur Volterraschen Integralgleichung, Wiss. Z. TH Karl-Marx-Stadt, H. **4** (1977), 535–537.

[7] Sprössig, W., Lösungsdarstellungen einer speziellen Klasse von Operatorgleichungen, Mathematische Nachrichten (im Druck).

[8] Оболашвили, Е. И., Пространственные голоморфные векторы, Дифф. уравн. **16** (1975) 1, 108–115.

[9] Poloshi, G. N., Mathematisches Praktikum, B. G. Teubner-Verlagsgesellschaft, Leipzig 1963 (Übers. a. d. Russ.).

[10] Соболь, И. М., Многомерные квадратурные формулы и функции Хаара, Наука, Москва 1969.

[11] Бицадзе, А. В., О двухмерных интегралах типа Коши, Сообщ. АН Груз. ССР **16** (1955), 177–184.

Manuskripteingang: 27. 5. 1977

VERFASSER:

Dr. Wolfgang Sprössig, Sektion Mathematik der Technischen Hochschule Karl-Marx-Stadt

Beiträge zur Numerischen Mathematik
8 (1980), 167–175

# Differenzenverfahren für die stationäre Wärmeleitungsgleichung mit nichtlinearem Anteil vom Strahlungstyp — Methode der monotonen Operatoren

WILFRIED WEINELT

Als Verallgemeinerung der energetischen Methode zum Nachweis der Stabilität von Differenzenschemata im Fall linearer Aufgaben wird hier gezeigt, daß aus der starken Monotonie des Differenzenoperators und der Approximation der ursprünglichen Aufgabenstellung die Konvergenz der Näherungslösung gegen die exakte Lösung folgt. Diese ,,Methode der monotonen Operatoren" wird hier vorgestellt am Beispiel der infolge Wärmeabstrahlung nichtlinearen stationären zweidimensionalen Aufgabe zur Wärmeleitung.

## 1. Einleitung

In der technischen Literatur (z. B. in [2]) wird die Wärmeabstrahlung nach STEFAN-BOLTZMANN gewöhnlich mittels eines Zusatztermes $-\beta u^4$ ($u$ Temperatur, $\beta > 0$ Abstrahlungskoeffizient) in der Wärmebilanzgleichung auf der Seite der Wärmequellen berücksichtigt.

Das folgende spezielle eindimensionale Beispiel zur Wärmeleitung in einem homogenen Stab mit Abstrahlung durch den Mantel[1])

$$\begin{aligned} &-u''(x) + (100u)^4 = 2 - 12x + 12x^2 + \bigl(100x^2(1-x)^2 - 10^{-8}\bigr)^4 = f(x), \\ &u(0) = u(1) = 10^{-10} \end{aligned} \tag{1}$$

hat als eine Lösung die Funktion

$$u(x) = -\bigl(x(1-x)\bigr)^2 + 10^{-10},$$

die im Intervall (0, 1) auch negative Werte annimmt; und dies, obwohl die Wärmequellen $f(x)$ und die Randtemperaturen $u(0)$ und $u(1)$ positiv sind.

Diesen Widerspruch zum 3. Hauptsatz der Thermodynamik suchen wir dadurch zu beseitigen, daß statt $\beta u^4$ die in $u$ monotone Funktion

$$\beta u^4 \cdot \theta(u), \qquad \theta(u) = \begin{cases} 1 & \text{für } u > 0, \\ 0 & \text{für } u \leq 0 \end{cases} \tag{2}$$

[1]) Zugunsten der Einfachheit des Beispiels wurde auf eine technisch motivierte Wahl der Koeffizienten der Gleichung verzichtet.

in die Wärmebilanz aufgenommen wird (d. h., für etwaige im Modell auftretende negative Temperaturen wird wenigstens die Wärmeabstrahlung „abgeschaltet").

Daß damit der Widerspruch beseitigt ist und eindeutige Lösbarkeit vorliegt, wird in Abschnitt 3 für das diskretisierte Modell gezeigt, nachdem in Abschnitt 2 die Aufgabenstellung in etwas verallgemeinerter Form vorgestellt worden ist.

## 2. Aufgabenstellung

Es sei $\Omega = \{x \mid x = (x_1, x_2),\ 0 < x_i < a_i,\ i = 1, 2\} \subset R_2$ ein rechteckiges Gebiet und $\Gamma$ dessen Rand. Statt der Funktionen $u^4 \cdot \theta(u)$ betrachten wir allgemeiner stetige und in $u$ monotone Funktionen $\chi = \chi(x, u)$ und $\chi_1 = \chi_1(x, u)$:

$$\begin{aligned} &\big(\chi(x, u_1) - \chi(x, u_2)\big)(u_1 - u_2) \geqq 0 \qquad (x \in \Gamma), \\ &\big(\chi_1(x, u_1) - \chi_1(x, u_2)\big)(u_1 - u_2) \geqq 0 \qquad (x \in \Omega). \end{aligned} \tag{3}$$

Vorgelegt wird die Randwertaufgabe 3. Art

$$-\Delta u + \chi_1(x, u) = f(x) \qquad (x \in \Omega), \tag{4}$$

$$\frac{\partial u}{\partial n} + \alpha(x)\, u + \chi(x, u) = g(x) \qquad (x \in \Gamma). \tag{5}$$

Dabei sind $\Delta$ der zweidimensionale Laplace-Operator, $n$ die äußere Normale und $\alpha(x) \geqq \alpha_0 > 0$ der Quotient aus Wärmeübergangszahl und Wärmeleitkoeffizient.

Mit $\chi_1 = 0$ und $\chi$ gemäß (2), wobei $\beta$ den Quotienten aus Wärmeabstrahlungs- und Wärmeleitkoeffizient darstellt, wird durch (4), (5) die stationäre Wärmeleitung im homogenen, unendlich langen Zylinder (Querschnitt $\Omega$) beschrieben, bei dem Unabhängigkeit von der dritten Koordinate $x_3$ vorliegt und am Rande Wärmeübergang und Wärmeabstrahlung berücksichtigt werden.

Handelt es sich bei dem wärmeleitenden Medium um eine dünne Platte, so beschreibt $\chi_1$ gemäß (2) eine zusätzliche Abstrahlung durch Grund- und Deckfläche.

Bemerkung 1. Der Einfachheit der Darlegung wegen wird der lineare Anteil der Randbedingungen (5) als von 3. Art vorausgesetzt. Jedoch lassen sich gemischte Randbedingungen ($\alpha = 0$ auf Teilen des Randes bzw. Randbedingungen 1. Art) in analoger Weise erfassen und behandeln.

## 3. Differenzenverfahren

Wir verwenden das gleichmäßige Gitter

$$\omega = \{x \mid x = (x_{1i_1}, x_{2i_2}),\ x_{ji_j} = i_j h_j,\ i_j = 1, \ldots, N_j - 1,\ N_j h_j = a_j,\ j = 1, 2\}$$

mit dem Rand

$$\gamma = \gamma_1 \cup \gamma_2, \qquad \gamma_j = \gamma_j^+ \cup \gamma_j^-,$$
$$\gamma_j^{\pm} = \{x \mid x = (x_{1i_1}, x_{2i_2}), x_j = (a_j \pm a_j)/2, x_{3-j} = i_{3-j}h_{3-j},$$
$$i_{3-j} = 1, \ldots, N_{3-j} - 1\}, \qquad j = 1, 2.$$

Weiterhin verwenden wir Bezeichnungen und grundlegende Formeln aus der Theorie der Differenzenverfahren [3, 4].

Wir approximieren (4), (5) durch das Differenzenschema

$$\Lambda y + \chi_1(x, y) = f(x) \ (x \in \omega), \ \Lambda = \Lambda_1 + \Lambda_2, \ \Lambda_j y = -y_{\bar{x}_j x_j}, \ j = 1, 2, \tag{6}$$

$$\lambda_j^{\pm} y + \frac{2}{h_j} \chi(x, y) = \frac{2}{h_j} g(x) \qquad (x \in \gamma_j^{\pm}, \quad j = 1, 2),$$
$$\lambda_j^+ y = \frac{2}{h_j} y_{\bar{x}_j} + \frac{2\alpha}{h_j} y, \qquad \lambda_j^- y = -\frac{2}{h_j} y_{x_j} + \frac{2\alpha}{h_j} y. \tag{7}$$

Satz 1. *Das Differenzenschema* (6), (7) *besitzt genau eine Lösung.*

Beweis. Im Raum $L_2(\bar{\omega})$ der auf $\bar{\omega} = \omega \cup \gamma$ definierten Gitterfunktionen mit dem Skalarprodukt

$$\langle u, v \rangle = \sum_{x \in \omega} h_1 h_2 u(x)\, v(x) + \sum_{x \in \gamma} \frac{1}{2} h_1 h_2 u(x)\, v(x)$$

definieren wir den Operator

$$Ay = \begin{cases} \Lambda y + \chi_1(x, y) & \text{für } x \in \omega, \\ \lambda_j^{\pm} y + \dfrac{2}{h_j} \chi(x, y) & \text{für } x \in \gamma_j^{\pm} \quad (j = 1, 2). \end{cases}$$

Das Differenzenschema (6), (7) ist offenbar der Operatorgleichung

$$Ay = F, \quad F(x) = \begin{cases} f(x) & \text{für } x \in \omega, \\ \dfrac{2}{h_j} g(x) & \text{für } x \in \gamma_j \quad (j = 1, 2) \end{cases} \tag{8}$$

äquivalent, die wir zunächst in $L_2(\bar{\omega})$ betrachten. Der Operator $A$ ist (für jedes $y \in L_2(\bar{\omega})$) stetig und, wie wir anschließend zeigen, stark monoton [1]. Daraus folgt die eindeutige Lösbarkeit von (8) (vgl. z. B. [1], Satz von Browder-Minty).

Die Eigenschaft der starken Monotonie erhalten wir aus

$$\langle Ay - Az, y - z \rangle$$
$$= \sum_{x \in \omega} h_1 h_2 \{\Lambda(y - z)\,(y - z) + \big(\chi_1(x, y) - \chi_1(x, z)\big)\,(y - z)\}\,(x)$$
$$+ \sum_{j=1}^{2} \left\{ \sum_{x \in \gamma_j^+} \frac{1}{2} h_1 h_2 \lambda_j^+(y - z)\,(y - z)\,(x) \right.$$

$$+\sum_{x\in\gamma_j^-}\frac{1}{2}h_1h_2\lambda_j^-(y-z)(y-z)(x)$$

$$+\sum_{x\in\gamma_j}h_{3-j}\bigl(\chi(x,y)-\chi(x,z)\bigr)(y-z)(x)\Bigr\}\tag{9}$$

$$=\sum_{j=1}^{2}\Bigl\{\|(y-z)_{\bar{x}_j}]\!]_j^2+\sum_{x\in\gamma_j}h_{3-j}\alpha(x)(y-z)^2(x)\Bigr\}$$

$$+\sum_{x\in\omega}h_1h_2\bigl(\chi_1(x,y)-\chi_1(x,z)\bigr)(y-z)(x)$$

$$+\sum_{j=1}^{2}\sum_{x\in\gamma_j}h_{3-j}\bigl(\chi(x,y)-\chi(x,z)\bigr)(y-z)(x)$$

$$\geqq\min\{1,\alpha_0\}\sum_{j=1}^{2}\{\|(y-z)_{\bar{x}_j}]\!]_j^2+\sum_{x\in\gamma_j}h_{3-j}(y-z)^2(x)\}\quad\bigl(y,z\in L_2(\bar{\omega})\bigr).$$

Hierbei wurden die diskrete 1. Greensche Formel [3] und die Eigenschaften (3) der Funktionen $\chi$, $\chi_1$ benutzt; es bedeutet dabei

$$\|w]\!]_j^2=\sum_{\omega\cup\gamma_j^+}h_1h_2w^2(x)\qquad\bigl(w\in L_2(\bar{\omega})\bigr).$$

Der in der Abschätzung (9) rechts auftretende Ausdruck

$$\|w\|_{(1)}^2=\sum_{j=1}^{2}\Bigl\{\|w_{\bar{x}_j}]\!]_j^2+\sum_{x\in\gamma_j}h_{3-j}w^2(x)\Bigr\}$$

stellt das Quadrat einer Norm dar; diese wird durch das Skalarprodukt

$$(v,w)=\sum_{j=1}^{2}\Bigl\{\langle v_{\bar{x}_j},w_{\bar{x}_j}]_j+\sum_{x\in\gamma_j}h_{3-j}v(x)\,w(x)\Bigr\},$$
$$\langle v,w]_j=\sum_{\omega\cup\gamma_j^+}h_1h_2vw\tag{10}$$

erzeugt. Der Raum der Gitterfunktionen mit diesem Skalarprodukt und dieser Norm heiße $W_1^2(\bar{\omega})$.

Somit gilt

$$\langle Ay-Az,y-z\rangle\geqq\min\{1,\alpha_0\}(y-z,y-z)$$
$$\geqq\text{const}\,\langle y-z,y-z\rangle.$$

Die zuletzt genannte Konstante könnte man als von $h_1$, $h_2$ unabhängig finden; da wir sie aber später nicht benötigen, benutzen wir hier lediglich die Tatsache, daß Normen in endlichdimensionalen Räumen äquivalent sind. Die starke Monotonie von $A$ ist damit gezeigt, und der Satz ist bewiesen.

Im Spezialfall (2) (bezüglich der nichtlinearen Anteile $\chi$, $\chi_1$) erfüllt (6), (7) in folgendem Sinne den 3. Hauptsatz der Thermodynamik: Nichtnegative Wärmequellen und nichtnegative Außentemperatur ziehen stets nach sich, daß für die Lösung von (6), (7) gilt $y(x) \geqq 0$ $(x \in \bar{\omega})$. Um dies zu zeigen, bemerken wir zuerst, daß die genannten Voraussetzungen $f(x) \geqq 0$, $g(x) \geqq 0$ in (6), (7) (oder (8)) bedeuten. Sodann notieren wir das Differenzenschema in der kanonischen Form [3]. Zunächst tun wir dies für den linearisierten Fall $(\chi = \chi_1 = 0)$:

$$a(x)\, y(x) - \sum_{\xi \in S'(x)} b(x, \xi)\, y(\xi) = F(x) \qquad (x \in \bar{\omega}). \tag{11}$$

$S(x)$ ist dabei die Menge der Gitterpunkte des Differenzensternes in $x$, $S'(x) = S(x) \setminus \{x\}$, während $a$ und $b$ die Koeffizienten der Gleichung (8) (mit $\chi = \chi_1 = 0$) darstellen. Bekanntlich [3] ist dieses Schema monoton, d. h., es genügt dem Maximumprinzip. Da nun das nichtlineare Schema (6), (7) eine eindeutige Lösung $y = y^*$ besitzt, genügt ebendiese Lösung dem Gleichungssystem (11), in dem lediglich die Koeffizienten $a(x)$ ersetzt worden sind durch

$$a^*(x) = a(x) + \beta\big(y^*(x)\big)^3 \cdot \theta(y^*) \geqq a(x),$$

d. h. einem erst recht monotonen Differenzenschema. Aus dem Maximumprinzip folgt dann sofort die Behauptung.

Wir wenden uns nun der Abschätzung der Konvergenzgeschwindigkeit des Differenzenverfahrens zu. Derartige Abschätzungen in der $W_2^1$-Norm wurden im linearen Fall und bei Randbedingungen 1. Art in [5] erhalten.

Satz 2. *Das Differenzenschema* (8) (bzw. die äquivalente Form (6), (7)) *ist stabil: Für die den rechten Seiten $F^1$ und $F^2$ jeweils entsprechenden Lösungen $y^1$ und $y^2$ gilt die Abschätzung*

$$\|y^2 - y^1\|_{(1)} \leqq K \,\|F^2 - F^1\|_* . \tag{12}$$

*Dabei ist* $\|\cdot\|_{(1)}$ *die von* (10) *erzeugte Norm,* $K = 2^{-3/2} \max\{1, \alpha_0^{-1}\}$ *und*

$$\|F\|^{*2} = \sum_{j=1}^{2} \bar{a}_j \sum_{0<x_{3-j}<a_{3-j}} h_{3-j} \left\{ \sum_{\substack{x' = (x_1', x_2') \in \bar{\omega}: \\ 0 \leqq x_j' \leqq a_j,\, x_{3-j}' = x_{3-j}}} h_j\, |F(x')| \right\}^2,$$

$$\bar{a}_j = \max\{a_j, 2\}. \tag{13}$$

Beweis. Wir haben nach (9)

$$\sum_{j=1}^{2} \left\{ \|(y^2 - y^1)_{\bar{x}_j}]|_j^2 + \sum_{\gamma_j} h_{3-j} (y^2 - y^1)^2 \right\}$$
$$\leqq \max\{1, \alpha_0^{-1}\} \cdot \langle Ay^2 - Ay^1, y^2 - y^1 \rangle,$$

so daß wegen $Ay^i = F^i$ $(i = 1, 2)$, mit der von (10) erzeugten Norm und mit $C = \max\{1, \alpha_0^{-1}\}$ gilt

$$\|y^2 - y^1\|_{(1)}^2 \leqq C \langle F^2 - F^1, y^2 - y^1 \rangle .$$

Daraus folgt

$$\|y^2 - y^1\|_{(1)} \leqq C\, \frac{\langle F^2 - F^1, y^2 - y^1 \rangle}{\|y^2 - y^1\|_{(1)}} \leqq C \max_{w \in W_2^1(\bar{\omega})} \frac{\langle F^2 - F^1, w \rangle}{\|w\|_{(1)}} .$$

Unter Beachtung von (8) gilt

$$\frac{|\langle F^2 - F^1, w\rangle|^2}{\|w\|^2_{(1)}} = \frac{1}{\|w\|^2_{(1)}} \left\{\sum_{\omega} h_1 h_2 (f^2 - f^1)\, w + \sum_{j=1}^{2} \sum_{\gamma_j} h_{3-j}(g^2 - g^1)\, w\right\}.$$

Wir stellen nun $f^2 - f^1$ dar in der Gestalt $f^2(x) - f^1(x) = \eta^1_{x_1}(x) + \eta^2_{x_2}(x)$ $\big(x = (x_1, x_2) \in \omega\big)$ mit

$$\eta^j(x) = \frac{1}{4} \sum_{\substack{x' = (x_1', x_2') \in \bar{\omega}: \\ 0 \leqq x_j' < x_j,\, x_{3-j}' = x_{3-j}}} h_j(F^2 - F^1)\,(x') - \frac{1}{4} \sum_{\substack{x' = (x_1', x_2') \in \bar{\omega}: \\ x_j \leqq x_j' \leqq a_j,\, x_{3-j}' = x_{3-j}}} h_j(F^2 - F^1)\,(x')$$

$$= \eta_-^j(x) - \eta_+^j(x) \qquad (x \in \omega \cup \gamma_j).$$

Damit werten wir aus

$$\sum_{\omega} h_1 h_2 (f^2 - f^1)\, w = \sum_{j=1}^{2} \sum_{0 < x_{3-j} < a_{3-j}} h_{3-j} \sum_{0 < x_j < a_j} h_j \eta^j_{x_j} w$$

$$= \sum_{j=1}^{2} \sum_{0 < x_{3-j} < a_{3-j}} h_{3-j} \left\{\eta^j w|_{x_j = a_j} - \eta^j|_{x_j = h_j} \cdot w|_{x_j = 0} - \sum_{0 < x_j \leqq a_j} h_j \eta^j w_{\bar{x}_j}\right\}$$

$$= \sum_{j=1}^{2} \left\{\sum_{\gamma_j} h_{3-j}\big(\bar{\eta}^j - (g^2 - g^1)\big)\, w - \langle \eta^j, w_{\bar{x}_j}]_j\right\}$$

mit den auf $\gamma_j$ definierten Funktionen

$$\bar{\eta}^j(x_{3-j}) = \eta_-^j(x) + \eta_+^j(x) = \frac{1}{4} \sum_{\substack{x' = (x_1', x_2') \in \bar{\omega}: \\ 0 \leqq x_j' \leqq a_j,\, x_{3-j}' = x_{3-j}}} h_j(F^2 - F^1)\,(x') \qquad (j = 1, 2).$$

Bezeichnen wir noch

$$\eta_*^j(x_{3-j}) = \frac{1}{4} \sum_{\substack{x' = (x_1', x_2') \in \bar{\omega}: \\ 0 \leqq x_j' \leqq a_j,\, x_{3-j}' = x_{3-j}}} h_j\, |F^2 - F^1|\,(x') \qquad (j = 1, 2),$$

für die offenbar gilt

$$|\bar{\eta}^j(x_{3-j})| \leqq \eta_*^j(x_{3-j}), \qquad |\eta^j(x)| \leqq \eta_*^j(x_{3-j}) \qquad (j = 1, 2),$$

so erhalten wir folgende Abschätzung:

$$\frac{|\langle F^2 - F^1, w\rangle|^2}{\|w\|^2_{(1)}}$$

$$= \frac{1}{\|w\|^2_{(1)}} \left|\sum_{j=1}^{2} \left\{-\langle \eta^j, w_{\bar{x}_j}]_j + \sum_{\gamma_j} h_{3-j} \bar{\eta}^j w\right\}\right|^2$$

$$\leqq \frac{2}{\|w\|^2_{(1)}} \left|\sum_{j=1}^{2} \langle \eta^j, w_{\bar{x}_j}]_j\right|^2 + \frac{2}{\|w\|^2_{(1)}} \left|\sum_{j=1}^{2} \sum_{\gamma_j} h_{3-j} \bar{\eta}^j w\right|^2$$

$$\leqq \frac{2}{\|w\|^2_{(1)}} \left\{\sum_{j=1}^{2} \|\eta^j]\!]_j^2 \cdot \sum_{j=1}^{2} \|w_{\bar{x}_j}]\!]_j^2 + 2 \sum_{j=1}^{2} \sum_{\gamma_j^+} h_{3-j} (\bar{\eta}^j)^2 \cdot \sum_{j=1}^{2} \sum_{\gamma_j} h_{3-j} w^2\right\}$$

$$\leqq 2 \sum_{j=1}^{2} \bar{a}_j \sum_{\gamma_j^+} h_{3-j} (\eta_*^j)^2.$$

Dabei ist $\bar{a}_j = \max\{a_j, 2\}$, und es wurde benutzt

$$\|\eta^j]\!]_j^2 \leqq \sum_{\omega\cup\gamma_j^+} h_1 h_2 (\eta_*^j)^2 = a_j \sum_{\gamma_j^+} h_{3-j}(\eta_*^j)^2.$$

Somit ist schließlich

$$\|y^2 - y^1\|_{(1)} \leqq C \left\{2 \sum_{j=1}^{2} \bar{a}_j \sum_{\gamma_j^+} h_{3-j}(\eta_*^j)^2\right\}^{1/2},$$

woraus mit der Bedeutung von $\eta_*^j$ die Behauptung des Satzes folgt.

Bemerkung 2. Aus der Herleitung folgt, daß (13) eine obere Schranke für das Quadrat der Norm im dualen Raum $W_2^{-1}(\bar{\omega})$ (bezüglich des Raumes $W_2^1(\bar{\omega})$) darstellt. Durch die Einführung von $\eta_*^j$ wurde eine relativ grobe Schranke angegeben, die für die Ziele der Arbeit ausreicht.

Nun sei $u = u(x)$ $(x \in \bar{\omega})$ die Einschränkung der Lösung der Aufgabe (4), (5) (bezüglich der Existenz sehe man [1]) auf das Gitter $\bar{\omega}$. Unter der Voraussetzung hinreichender Glattheit ist bekannt [3], daß das Differenzenschema (8) (bzw. (6), (7)) durch folgenden Approximationsfehler $\Psi$ charakterisiert ist:

$$Au = F(x) + \Psi(x), \quad \Psi(x) = \begin{cases} \psi(x) & \text{für } x \in \omega, \\ \dfrac{2}{h_j}\psi_\gamma(x) & \text{für } x \in \gamma_j \ (j = 1, 2), \end{cases} \tag{14}$$

$$\psi(x) = O(h^2) \quad (x \in \omega), \qquad \psi_\gamma(x) = O(h) \quad (x \in \gamma), \quad h = \max\{h_1, h_2\}.$$

Bemerkung 3. Da bei der Diskretisierung der Funktionen $\chi(x, u)$ und $\chi_1(x, u)$ kein Fehler entsteht, resultieren die Approximationsfehler $\Psi(x)$ $(x \in \bar{\omega})$ allein aus der Ersetzung der Differentialquotienten in (4), (5) durch die entsprechenden Differenzenquotienten in (6), (7). Im Fall $u \in C^3(\bar{\Omega})$ liefert uns die Taylorformel $\psi(x) = O(h)$, $\psi_\gamma(x) = O(h)$, während bei $u \in C^4(\bar{\Omega})$ die Angaben (14) zutreffen. Für die anschließende Folgerung (15) ist die schwächere der beiden genannten Voraussetzungen an $u$ hinreichend.

Aus (8), (12), (13) und (14) folgt somit

$$\|y - u\|_{(1)} \leqq K \, \|\Psi\|_* = O(h). \tag{15}$$

Damit ist bewiesen

Satz 3. *Aus der Stabilität* (12) *des Differenzenschemas* (8) *und der Approximation der Aufgabe* (4), (5) *durch das Differenzenschema* (8) *gemäß* (14) *folgt die Konvergenz* (15) *der Näherungslösung.*

Bemerkung 4. Ist in der Differentialgleichung (4) der Laplace-Operator $\Delta$ durch einen allgemeineren Differentialausdruck (mit variablen Koeffizienten) der Gestalt

$$-\sum_{j=1}^{2} \frac{\partial}{\partial x_j}\left(k_j(x)\frac{\partial u}{\partial x_j}\right) + q(x)\,u(x),$$

$$k_j(x) \geqq c > 0 \qquad (j = 1, 2), \quad q(x) \geqq 0$$

ersetzt, so wird man (6) (und entsprechend (8)) abändern, indem man setzt

$$A_j y = -(a^j y_{\bar{x}_j})_{x_j}, \quad a^j(x) = k_j(x_j - h_j/2, x_{3-j}) \qquad (j = 1, 2),$$

während der Anteil $q(x)\,u(x)$ zu $\chi_1(x, u)$ gerechnet werde. In der Abschätzung (9) entsteht dadurch auf der rechten Seite als zusätzlicher Faktor die Konstante $c$, die infolgedessen auch die Konstante $K$ in (12), (13) in $K/c$ abändert. Alle weiteren Resultate bleiben unverändert gültig.

Bemerkung 5. Sind, etwa unter den Bedingungen der Bemerkung 4, alle Eingangsgrößen der Aufgabe (4), (5) (und somit auch die Lösung) von der Koordinate $x_2$ unabhängig:

$$-\big(k(x)\,u'\big)' + \chi_1\big(x, u(x)\big) = f(x) \qquad \big(x \in (0, a)\big), \tag{4'}$$

$$\begin{aligned} &-u'(0) + \alpha(0)\,u(0) + \chi\big(0, u(0)\big) = g(0), \\ &+u'(a) + \alpha(a)\,u(a) + \chi\big(a, u(a)\big) = g(a), \end{aligned} \tag{5'}$$

so lautet das zugehörige Differenzenschema

$$\begin{aligned} &-(\bar{a} y_{\bar{x}})_x + \chi_1(x, y) = f(x), \qquad \bar{a}(x) = k(x - h/2), \\ &x \in \omega = \{x_i = ih,\ i = 1, 2, \ldots, N-1,\ Nh = a\}, \end{aligned} \tag{6'}$$

$$\begin{aligned} &-y_{x,0} + \alpha_0 y_0 + \chi(0, y_0) = g(0), \\ &+y_{\bar{x},N} + \alpha_N y_N + \chi(a, y_N) = g(a), \end{aligned} \tag{7'}$$

und die Behauptungen der Sätze sind ebenfalls gültig. Die Norm in $W_2{}^1(\bar{\omega})$ ist dabei

$$\|w\|_{(1)}^2 = \|w_{\bar{x}}]\!]^2 + w_0{}^2 + w_N{}^2.$$

Zur Lösung des nichtlinearen Differenzenschemas (8) wird man Iterationsverfahren benutzen. Im Fall differenzierbarer Funktionen $\chi$, $\chi_1$ und hinreichend guter Startnäherung kann das Newtonverfahren verwendet werden. Hier wird, falls der Einfachheit halber die Nichtlinearitäten

$$\chi = 0, \qquad \chi_1 = \beta y^4 \theta(y), \qquad \beta > 0, \tag{16}$$

betrachtet werden, ein globalkonvergentes Iterationsverfahren erwähnt, das insbesondere zur Erzeugung der Anfangsnäherung für das Newtonsche Verfahren dienen kann.

Es sei $A_0$ der lineare Anteil des Operators $A$ in (8), d. h., $A_0$ entsteht aus $A$ durch Nullsetzen von $\chi$ und $\chi_1$. Damit lautet der Iterationsprozeß

$$A_0 y^{(0)} = F, \quad A_0 \frac{y^{(n+1)} - y^{(n)}}{\tau} + A y^{(n)} = F \qquad (n = 0, 1, \ldots;\ 0 < \tau \leqq 1). \tag{17}$$

Mit dem Operator

$$By = \begin{cases} \beta y^4 \theta(y) & \text{für } x \in \omega, \\ 0 & \text{für } x \in \gamma \end{cases}$$

ist in jedem Schritt das lineare Differenzenschema

$$A_0 v^{(n+1)} = F - By^{(n)}, \qquad y^{(n+1)} = (1 - \tau)\, y^{(n)} + \tau v^{(n+1)}$$

zu lösen. Aus dem Maximumprinzip folgt nun, daß sowohl für die exakte Lösung $y^*$ von (8) als auch für jede Iterierte $y^{(n)}$ gilt

$$y^*(x) \leqq y^{(0)}(x), \qquad y^{(n)}(x) \leqq y^{(0)}(x) \qquad (x \in \overline{\omega},\ n > 0).$$

Mit den Größen $Y_0 = \max\limits_{\overline{\omega}} y^{(0)}$, $\Delta_0 = 4\beta Y_0^3 \theta(Y_0)$ und $\delta_0$ als unterer Schranke für den in $L_2(\overline{\omega})$ symmetrischen, positiv definiten Operator $A_0$ erhält man dann über

$$|By^{(n)}(x) - By^*(x)| \leqq \Delta_0\, |y^{(n)}(x) - y^*(x)|$$

die folgende Abschätzung:

$$\langle A_0(y^{(n+1)} - y^*),\, y^{(n+1)} - y^* \rangle$$

$$\leqq (1 - 2\tau + K_0\tau^2)\, \langle A_0(y^{(n)} - y^*),\, y^{(n)} - y^* \rangle, \quad K_0 = 1 + \frac{\Delta_0}{\delta_0}\left(2 + \frac{\Delta_0}{\delta_0}\right).$$

Für $\tau_0 = K_0^{-1}$ entsteht die Konvergenzaussage

$$\|y^{(n+1)} - y^*\|_{(1)} \leqq (1 - K_0^{-1})^{1/2}\, \|y^{(n)} - y^*\|_{(1)}. \qquad (18)$$

Satz 4. *Der Iterationsprozeß* (17) *zur Lösung des Differenzenschemas* (8), (16) *ist für* $\tau = K_0^{-1}$ *gemäß* (18) *linear konvergent.*

## Literatur


[1] Gajewski, H., K. Gröger und K. Zacharias, Nichtlineare Operatorgleichungen und Operatordifferentialgleichungen, Akademie-Verlag, Berlin 1974.
[2] Михеев, М. А., и И. М. Михеева, Основы теплопередачи, Москва 1973.
[3] Самарский, А. А., Введение в теорию разностных схем, Наука, Москва 1971.
[4] Самарский, А. А., Теория разностных схем, Наука, Москва 1977.
[5] Самарский, А. А., и И. В. Фрязинов, О разностных схемах решения задачи Дирихле, Ж. вычисл. мат. и мат. физ. **11** (1971), 385—410.


Manuskripteingang: 31. 1. 1978

VERFASSER:
Dr. Wilfried Weinelt, Sektion Mathematik der Technischen Hochschule Karl-Marx-Stadt

Beiträge zur Numerischen Mathematik
8 (1980), 177–180

# Numerische Lösung der Wärmeleitungsgleichung mit nichtlinearem Anteil für Rechteckgebiete durch Differenzenmethoden

WILFRIED WEINELT und GÜNTHER WINDISCH

Ausgehend von Untersuchungen zum räumlich eindimensionalen Fall in [3] und den Ergebnissen der Arbeit [2] wird mit der „Methode der monotonen Operatoren" ein implizites Differenzenverfahren für die instationäre Wärmeleitungsgleichung mit nichtlinearem Anteil für Rechteckgebiete untersucht. Für das betrachtete Differenzenverfahren wird Stabilität und Konvergenz nachgewiesen.

## 1. Einleitung

Unter Verwendung der Symbolik aus der Arbeit [2] wird ein Wärmeleitproblem mit nichtlinearen Anteilen betrachtet. Die nichtlinearen Anteile in der Wärmeleitgleichung bzw. in den Randbedingungen bestehen aus monotonen Funktionen in der Temperatur $u$ und sind z. B. bei der Berücksichtigung von Wärmestrahlung ein Zusatzterm der Form $-\beta u^4$ ($\beta > 0$ Abstrahlungskoeffizient). Die numerische Lösung des Wärmeleitproblems erfolgt durch ein implizites Differenzenverfahren. Liegen positive Wärmequellglieder und positive Umgebungstemperaturen vor, so kann unter Benutzung der gleichen Methodik wie in [2] gezeigt werden, daß in Übereinstimmung mit dem 3. Hauptsatz der Thermodynamik keine negativen Temperaturen auftreten.

## 2. Aufgabenstellung

Es sei $\Omega = \{x : x = (x_1, x_2),\ 0 < x_i < a_i,\ i = 1, 2\}$ ein Rechteckgebiet, und $\Gamma$ sei dessen Rand. Für das Zeitintervall $0 \leqq t \leqq T$ werde folgende Anfangs-Randwert-Aufgabe betrachtet:

$$\left.\begin{aligned} &\frac{\partial u}{\partial t} - \Delta u + \chi_1(x, t, u) = f(x, t), \quad x \in \Omega \\ &\frac{\partial u}{\partial \bar{n}} + \alpha(x, t)\, u + \chi(x, t, u) = g(x, t), \quad x \in \Gamma \end{aligned}\right\} 0 < t \leqq T, \tag{1}$$

$$u|_{t=0} = \varphi(x), \qquad x \in \bar{\Omega}.$$

Dabei bedeuten $\Delta$ den zweidimensionalen Laplaceoperator, $\bar{n}$ die äußere Normale und $\alpha(x, t) \geqq \alpha_0 > 0$ den Quotienten aus Wärmeübergangszahl und Wärmeleitzahl. Die Funktionen $\chi_1 = \chi_1(x, t, u)$ und $\chi = \chi(x, t, u)$ seien stetig und in $u$ monoton:

$$\left.\begin{array}{ll}\big(\chi_1(x, t, u_1) - \chi_1(x, t, u_2)\big)(u_1 - u_2) \geqq 0, & x \in \Omega \\ \big(\chi(x, t, u_1) - \chi(x, t, u_2)\big)(u_1 - u_2) \geqq 0, & x \in \Gamma\end{array}\right\} 0 \leqq t \leqq T.$$

Die Aufgabe (1) habe eine hinreichend glatte Lösung $u$.

Bemerkung 1. Die Annahme von Randbedingungen ausschließlich 3. Art im linearen Teil der Randbedingungen vereinfacht die Darlegungen, ist aber nicht wesentlich.

## 3. Differenzenverfahren

Das Zeitintervall $[0, T]$ wird durch das gleichmäßige Gitter

$$\bar{\omega}_\tau = \{t_n : t_n = n \cdot \tau,\ n = 0, \ldots, N_3,\ N_3 \cdot \tau = T\}$$

diskretisiert. Unter Verwendung des gleichmäßigen Rechteckgitters $\bar{\omega} = \omega + \gamma$ aus [2] und unter Abänderung der rechten Seite $g(x,t)$ der Randbedingung zu $g(x,t) - \frac{h_j}{2} y_{\bar{t}}$ auf $\gamma_j$, $j = 1, 2$, um eine Größe der Ordnung $O(h_j)$ approximieren wir die Aufgabe (1) in der Zeitschicht $t_n$, $n = 1, \ldots, N_3$, durch folgendes System von Differenzengleichungen:

$$\begin{aligned} & y_{\bar{t}} + \Lambda y + \chi_1(x, t, y) = f(x, t), \qquad x \in \omega, \\ & \lambda_j^{\pm} y + \frac{2}{h_j} \chi(x, t, y) = \frac{2}{h_j} g(x, t) - y_{\bar{t}}, \qquad x \in \gamma_j^{\pm}, \quad j = 1, 2, \end{aligned} \tag{2}$$

$$\left.\begin{array}{l} y_{\bar{t}} = \dfrac{y - \check{y}}{\tau}, \quad y = y(x, t), \quad \check{y} = y(x, t - \tau) \\ y^0 = y(x, 0) = \varphi(x) \end{array}\right\} x \in \bar{\omega}.$$

Damit kann unter Verwendung des Operators $A$ und der rechten Seite $F$ aus [2] das System von Differenzengleichungen (2) als Operatorgleichung in der Form

$$y_{\bar{t}} + Ay = F, \qquad y^0 = \varphi \tag{3}$$

geschrieben werden. Die Operatorgleichung (3) nach der Gitterfunktion auf der oberen Zeitschicht umgeformt ergibt:

$$By = \check{y} + \tau F, \qquad B = I + \tau A, \tag{4}$$

wobei $I$ der identische Operator ist.

## 4. Stabilitätsuntersuchung mittels der Methode der monotonen Operatoren

Nach [2] ist $A$ ein stark monotoner Operator in dem Sinne, daß für alle $y, z \in L_2(\overline{\omega})$ gilt

$$\langle Ay - Az, y - z\rangle \geqq \langle A_0(y - z), y - z\rangle = \|y - z\|_{A_0}^2 \geqq \text{const}\, \|y - z\|^2.$$

Dabei bedeuten $\langle\cdot,\cdot\rangle$ bzw. $\|\cdot\|$ das Skalarprodukt bzw. die Norm in $L_2(\overline{\omega})$ gemäß [2] und $A_0$ den linearen Anteil des Operators $A$ aus der Gleichung (3) (der aus $A$ entsteht, wenn man $\chi_1$ und $\chi$ gleich Null setzt). Daraus folgt, daß auch der Operator $B$ aus Gleichung (4) stark monoton ist:

$$\langle By - Bz, y - z\rangle \geqq \|y - z\|^2 + \tau\, \|y - z\|_{A_0}^2 \equiv \|y - z\|_{B_0}^2,$$
$$y, z \in L_2(\overline{\omega}).$$

Es wurde $B_0 = I + \tau A_0$ gesetzt, und die Operatoren als Index an den Normen bedeuten, daß diese Normen durch entsprechende energetische Skalarprodukte erzeugt werden ($A_0$ und damit auch $B_0$ sind symmetrische, positiv definite Operatoren in $L_2(\overline{\omega})$). Zusammen mit der Stetigkeit der Funktionen $\chi_1$ und $\chi$ ergibt sich der folgende Satz:

Satz 1. *Das Differenzenschema* (4) *bzw.* (3) *besitzt eine eindeutige Lösung.*

Es sei nun neben (4) ein in der rechten Seite abgeändertes Differenzenschema gegeben ($F \to \overline{F} = F + \Phi$). Dieses besitze die Lösung $\overline{y}$:

$$B\overline{y} = \check{\overline{y}} + \tau(F + \Phi). \tag{4'}$$

Satz 2. *Das Differenzenschema* (3) *ist stabil bezüglich der Anfangsbedingung und bezüglich der rechten Seite. Es gilt die Abschätzung*

$$\|\overline{y}^n - y^n\|_{B_0} \leqq \|\overline{y}^0 - y^0\|_{B_0} + \tau \sum_{k=1}^{n} \|\Phi^k\|_{B_0^{-1}}. \tag{5}$$

Beweis. Der Vergleich von (4) und (4') ergibt

$$\langle B\overline{y}^n - By^n, \overline{y}^n - y^n\rangle = \langle \overline{y}^{n-1} - y^{n-1}, \overline{y}^n - y^n\rangle + \tau\langle\Phi^n, \overline{y}^n - y^n\rangle.$$

Damit erhält man die Abschätzung

$$\|\overline{y}^n - y^n\|_{B_0}^2 \leqq \|\overline{y}^{n-1} - y^{n-1}\|_{B_0^{-1}} \cdot \|\overline{y}^n - y^n\|_{B_0}$$
$$+ \tau\, \|\Phi^n\|_{B_0^{-1}} \cdot \|\overline{y}^n - y^n\|_{B_0}.$$

Wegen $B_0 > I$ gilt $B_0^{-1} < I < B_0$, und es ergibt sich über die Ungleichung

$$\|\overline{y}^n - y^n\|_{B_0} \leqq \|\overline{y}^{n-1} - y^{n-1}\|_{B_0} + \tau\, \|\Phi^n\|_{B_0^{-1}}$$

die Behauptung (5).

Bemerkung 2. Wegen $B_0 > \tau A_0$ gilt auch $B_0^{-1} < \tau^{-1} A_0^{-1}$ und somit

$$\|\Phi\|_{B_0^{-1}} = \langle B_0^{-1}\Phi, \Phi\rangle^{1/2} < \tau^{-1/2}\langle A_0^{-1}\Phi, \Phi\rangle^{1/2} = \tau^{-1/2}\, \|\Phi\|_{A_0^{-1}},$$

wobei $\|\cdot\|_{A_0^{-1}}$ bis auf einen von $h_j$ und $\tau$ unabhängigen Faktor durch die Norm $\|\cdot\|_*$ abgeschätzt werden kann [2]. Analog zu [2] ermittelt man im Fall der vorausgesetzten hinreichend glatten Lösung der Aufgabe (1) für den Approximationsfehler $\Psi$

$$\|\Psi\|_* = O(h + \tau), \qquad h = \max(h_1, h_2).$$

Mit Satz 2 und Bemerkung 2 ergibt sich die Konvergenzgeschwindigkeit

$$\|y - u\|_{B_0} = O(h + \tau^{1/2}).$$

Es wurde benutzt, daß die Einschränkung der exakten Lösung auf das Gitter $\overline{\omega}$ dem System von Differenzengleichungen

$$u_{\bar{t}} + Au = F + \Psi, \qquad u^0 = \varphi$$

genügt.

## Literatur

[1] САМАРСКИЙ, А. А., Теория разностных схем, Наука, Москва 1977.

[2] WEINELT, W., Differenzenverfahren für die stationäre Wärmeleitungsgleichung mit nichtlinearem Anteil vom Strahlungstyp — Methode der monotonen Operatoren, Beiträge zur Numerischen Mathematik 8 (1980), 167–175.

[3] WINDISCH, G., Zur numerischen Lösung eindimensionaler Wärmeleitprobleme mit nichtlinearen Randbedingungen durch Differenzenmethoden, Beiträge zur Numerischen Mathematik 7 (1979), 163–176.

Manuskripteingang: 31. 1. 1978

VERFASSER:

Doz. Dr. WILFRIED WEINELT, Dr. GÜNTHER WINDISCH, Sektion Mathematik der Technischen Hochschule Karl-Marx-Stadt

Beiträge zur Numerischen Mathematik
8 (1980), 181–199

# Die Auflösung beliebiger linearer algebraischer Gleichungssysteme durch Blockzerlegung

Gerhard Zielke

Bekanntlich können die Lösungen des linearen Gleichungssystems $Ax = b$ bzw. des Problems $\|Ax - b\|_2 = \text{Min}$ mit Hilfe von verschiedenen verallgemeinerten Inversen explizit angegeben werden. Die aufwendige Berechnung dieser verallgemeinerten Inversen ist jedoch gar nicht erforderlich, wenn geeignete Produktdarstellungen benutzt werden, ganz analog zum nichtsingulären Fall, wo zur Bestimmung der Lösung $x = A^{-1}b$ die Inverse $A^{-1}$ auch nicht explizit benötigt wird. In dieser Arbeit werden, ausgehend von 11 Serien von Produkt- bzw. Blockdarstellungen von verallgemeinerten Inversen, die durch verschiedene Transformationen der gegebenen Matrix auf gewisse Standardformen gewonnen wurden, zahlreiche Ausdrücke zur Auflösung linearer Gleichungssysteme angegeben. Es werden die allgemeinen Lösungen von homogenen und konsistenten inhomogenen Gleichungen, die Minimum-Norm-Lösung von konsistenten Gleichungen, die allgemeine Kleinste-Quadrate-Lösung und die bestapproximierende Lösung von inkonsistenten Gleichungen konstruiert. Je nachdem, welche Standardformen und Transformationsmatrizen (beliebige nichtsinguläre, unitäre oder Permutationsmatrizen) verwendet werden, ergeben sich ganz unterschiedliche Lösungsausdrücke, die die Grundlage von numerischen Verfahren bilden. Lösungsdarstellungen der hier angegebenen Art sind, von einigen wenigen Fällen abgesehen, dem Verfasser aus der Literatur bisher nicht bekannt geworden. Einer der Formelsätze, der auf der numerisch günstigen Transformation auf Hermitesche Normalform basiert, wurde an einem einfachen Zahlenbeispiel illustriert. Die Angabe von Algorithmen war nicht Ziel der Arbeit.

## 1. Einleitung

Folgende *Bezeichnungen* werden verwendet:

$C^n$ $n$-dimensionaler komplexer euklidischer Vektorraum

$C_r^{m \times n}$ Menge aller komplexen $(m \times n)$-Matrizen vom Rang $r$

$R(A)$ Spaltenraum von $A$

$A^*$ die zu $A$ transponierte konjugiert-komplexe Matrix

$I_n$ Einheitsmatrix der Ordnung $n$

$A^+$ Moore-Penrose-Inverse, d. h. eindeutige Lösung der vier Penrose-Gleichungen [4]

$$AXA = A, \tag{P 1}$$

$$XAX = X, \tag{P 2}$$

$$(AX)^* = AX, \tag{P 3}$$

$$(XA)^* = XA \tag{P 4}$$

$A^-$ allgemeine Lösung von (P 1), allgemeine (1)-Inverse
$A^{1,3}$ allgemeine Lösung von (P 1) und (P 3), allgemeine (1,3)-Inverse
$A^{1,4}$ allgemeine Lösung von (P 1) und (P 4), allgemeine (1,4)-Inverse
$A_1^-$, $A_1^{1,3}$, $A_1^{1,4}$ beliebige spezielle (1)-Inverse, (1,3)-Inverse bzw. (1,4)-Inverse

Bei der Auflösung eines linearen Gleichungssystems

$$Ax = b, \qquad A \in C_r^{m\times n}, \quad x \in C^n, \quad b \in C^m,$$

hat man zu unterscheiden, ob das System eine Lösung besitzt (verträglich, konsistent ist) oder nicht lösbar (nicht verträglich, inkonsistent) ist. Notwendig und hinreichend für die Lösbarkeit sind bekanntlich die folgenden drei äquivalenten

*Konsistenzbedingungen*

$$\text{Rang}\,(A) = \text{Rang}\,(A, b), \qquad b \in R(A),$$

$$AA_1^-b = b. \tag{1}$$

In den weiteren Ausführungen wird nur die Konsistenzbedingung (1) benutzt.

Das *homogene System*

$$Ax = 0 \tag{2}$$

ist nach (1) wegen $b = 0$ stets konsistent. Seine allgemeine Lösung lautet (vgl. z. B. [6], S. 24)

$$x = (I_n - A_1^-A)\,y, \qquad y \in C^n \text{ beliebig}. \tag{3}$$

Das *inhomogene konsistente System*

$$Ax = b, \qquad b \neq 0, \tag{4}$$

hat bekanntlich (vgl. z. B. [6], S. 24) die allgemeine Lösung

$$x = A_1^-b + (I_n - A_1^-A)\,y, \qquad y \in C^n \text{ beliebig}, \tag{5}$$

oder

$$x = A^-b. \tag{6}$$

Die eindeutige Lösung von (4) mit kleinster euklidischer Norm $\|x\|_2 = \underset{Ax=b}{\text{Min}}$, die sog. *Minimum-Norm-Lösung*, erhält man (vgl. z. B. [6], S. 44) durch

$$x = A_1^{1,4}b. \tag{7}$$

Wenn das System $Ax = b$ inkonsistent ist, existiert kein Vektor $x$, für den die Differenz $Ax - b = r(x)$ verschwindet. Man sucht dann eine Näherungslösung des Systems, die den Restvektor $r(x)$ in einer geeigneten Vektornorm zum Minimum macht. Verwendet man, wie meist üblich, die euklidische Norm, also

$$\|r(x)\|_2 = \|Ax - b\|_2 = \underset{x\in C^n}{\text{Min}},$$

so erhält man die *Kleinste-Quadrate-Lösung* in der allgemeinen Form (MEYER, PAINTER 1970 [3])

$$x = A_1^{1,3}b + (I_n - A_1^- A)\, y, \qquad y \in C^n \text{ beliebig}. \tag{8}$$

Eine andere, zu (8) äquivalente Darstellung ist

$$x = A^{1,3}b. \tag{9}$$

Wie aus (8) und (9) ersichtlich, ist die Kleinste-Quadrate-Lösung im allgemeinen nicht eindeutig bestimmt (nur im Fall Rang $(A) = n \leqq m$). Die eindeutige Kleinste-Quadrate-Lösung mit minimaler euklidischer Norm, also

$$\|x\|_2 = \underset{x \in K}{\mathrm{Min}} \quad \text{mit } K = \left\{x \mid \|Ax - b\|_2 = \underset{x \in C^n}{\mathrm{Min}}\right\},$$

die nach PENROSE 1956 [5] *bestapproximierende Lösung* genannt wird, läßt sich, wie in [5] bewiesen wurde, mit Hilfe der Moore-Penrose-Inversen $A^+$ in der Form

$$x = A^+b \tag{10}$$

schreiben.

In der Konsistenzbedingung (1) und in den Beziehungen (3), (5) bis (10) zur Auflösung des linearen Gleichungssystems $Ax = b$ werden die verallgemeinerten Inversen $A^-$, $A^{1,3}$, $A^{1,4}$ und $A^+$ benötigt, jedoch stets zur Multiplikation mit einem Vektor. Die explizite Berechnung der verallgemeinerten Inversen ist demnach nicht erforderlich, wenn für diese verallgemeinerten Inversen irgendwelche Produktdarstellungen benutzt werden. Dies ist der Fall, wenn die gegebene Matrix $A$ zunächst auf eine der in [8] angegebenen Standardformen transformiert wird. Für jede dieser Standardformen wird im folgenden ein vollständiger Satz aller bei der Auflösung linearer Gleichungssysteme benötigten Formeln angegeben. Es werden dabei die in [8] hergeleiteten Blockdarstellungen der verallgemeinerten Inversen benutzt. Es ist dabei gleichgültig, ob man bei inhomogenen konsistenten Systemen von (5) oder (6) bzw. bei inkonsistenten Systemen von (8) oder (9) ausgeht. Beweise werden nur für den folgenden Satz 1 angegeben. Die Beweise für die Sätze 2 bis 11 verlaufen analog.

Die Lösungsformeln werden, außer bei der homogenen Gleichung, stets in mehreren Darstellungen angegeben. So werden beim expliziten Auftreten von gewöhnlichen Inversen auch Ausdrücke angeführt, die die Inversion vermeiden und statt dessen die rechentechnisch einfacher zu ermittelnde Lösung eines stets eindeutig lösbaren linearen Gleichungssystems benutzen. Weitere Darstellungen sollen den Zusammenhang zwischen der Lösung des inhomogenen konsistenten Systems und der Minimum-Norm-Lösung bzw. zwischen der Kleinste-Quadrate-Lösung und der bestapproximierenden Lösung verdeutlichen.

## 2. Transformationen mit elementaren Matrizen

Satz 1. *Die Matrix* $A \in C_r^{m\times n}$ *sei durch nichtsinguläre Matrizen* (Produkte von elementaren Matrizen, vgl. (8])

$$P = \begin{pmatrix} P_1 \\ P_2 \end{pmatrix} \quad und \quad Q = (Q_1, Q_2),$$

*wo* $P_1$ *aus den ersten* $r$ *Zeilen von* $P$ *und* $Q_1$ *aus den ersten* $r$ *Spalten von* $Q$ *besteht, auf die Standardform*

$$PAQ = \begin{pmatrix} I_r & 0 \\ 0 & 0 \end{pmatrix}$$

*transformiert. Für die Auflösung linearer Gleichungssysteme* $Ax = b$ *gelten dann folgende Beziehungen.*

(1.1) *Konsistenzbedingung:*

$$P_2 b = 0,$$

(1.2) *Lösung der homogenen Gleichung:*

$$x = Q_2 y, \qquad y \in C^{n-r} \text{ beliebig},$$

(1.3) *Lösung der inhomogenen Gleichung:*

$$x = Q_1 P_1 b + Q_2 y = Q \begin{pmatrix} P_1 b \\ y \end{pmatrix}, \qquad y \in C^{n-r} \text{ beliebig},$$

(1.4) *Minimum-Norm-Lösung:*

$$x = (I_n - Q_2 Q_2^+)\, Q_1 P_1 b = Q \begin{pmatrix} P_1 b \\ y \end{pmatrix} \quad mit \quad y = -Q_2^+ Q_1 P_1 b,$$

(1.5) *Kleinste-Quadrate-Lösung:*

$$x = Q_1 P_1 (I_m - P_2^+ P_2)\, b + Q_2 y = Q \begin{pmatrix} P_1 (I_m - P_2^+ P_2)\, b \\ y \end{pmatrix}, \quad y \in C^{n-r} \text{ beliebig},$$

(1.6) *Bestapproximierende Lösung:*

$$x = (I_n - Q_2 Q_2^+)\, Q_1 P_1 (I_m - P_2^+ P_2)\, b = Q \begin{pmatrix} P_1 (I_m - P_2^+ P_2)\, b \\ y \end{pmatrix}$$

$$mit \quad y = -Q_2^+ Q_1 P_1 (I_m - P_2^+ P_2)\, b.$$

Beweis. Aus $PAQ = \begin{pmatrix} I_r & 0 \\ 0 & 0 \end{pmatrix}$ folgt mit $P^{-1} = (p_1, p_2)$ und $Q^{-1} = \begin{pmatrix} q_1 \\ q_2 \end{pmatrix}$

$$A = p_1 q_1.$$

Nach ROHDE 1964 [7] und nach [8], Satz 4.1 (1), ist

$$A^- = Q \begin{pmatrix} I_r & X \\ Y & Z \end{pmatrix} P.$$

Daraus ergibt sich für $X = Y = Z = 0$

$$A_1^- = Q \begin{pmatrix} I_r & 0 \\ 0 & 0 \end{pmatrix} P = Q_1 P_1 .$$

Weiter gilt

$$PP^{-1} = \begin{pmatrix} P_1 p_1 & P_1 p_2 \\ P_2 p_1 & P_2 p_2 \end{pmatrix} = \begin{pmatrix} I_r & 0 \\ 0 & I_{m-r} \end{pmatrix}, \quad P^{-1}P = p_1 P_1 + p_2 P_2 = I_m ,$$

$$Q^{-1}Q = \begin{pmatrix} q_1 Q_1 & q_1 Q_2 \\ q_2 Q_1 & q_2 Q_2 \end{pmatrix} = \begin{pmatrix} I_r & 0 \\ 0 & I_{n-r} \end{pmatrix}, \quad QQ^{-1} = Q_1 q_1 + Q_2 q_2 = I_n .$$

Damit schreibt sich die *Konsistenzbedingung* (1)

$$b = AA_1^- b = p_1 q_1 Q_1 P_1 b = p_1 P_1 b$$

oder

$$b = (I_m - p_2 P_2)\, b = b - p_2 P_2 b ,$$

also $p_2 P_2 b = 0$. Da $p_2^* p_2$ nichtsingulär ist, folgt $P_2 b = 0$, also (1.1).

Die Lösung der *homogenen Gleichung* lautet nach (3)

$$x = (I_n - A_1^- A)\, y = (I_n - Q_1 P_1 p_1 q_1)\, y = (I_n - Q_1 q_1)\, y = Q_2 q_2 y .$$

Da $q_2$ Maximalrang hat, kann $q_2 y = z$ gesetzt werden, denn jedes beliebige $z$ kann durch $q_2 y = z$ mit $y = q_2^* (q_2 q_2^*)^{-1} z$ ausgedrückt werden. Ersetzt man $z$ wieder durch $y$, folgt $x = Q_2 y$, also (1.2).

Aus der allgemeinen Lösung (5) der *inhomogenen Gleichung* folgt direkt

$$x = A_1^- b + (I_n - A_1^- A)\, y = Q_1 P_1 b + Q_2 y ,$$

also (1.3).

Für die *Minimum-Norm-Lösung* $x = A_1^{1,4} b$ ergibt sich aus

$$A^{1,4} = Q \begin{pmatrix} I_r & X \\ -Q_2^+ Q_1 & Z \end{pmatrix} P$$

(siehe [8], Satz 4.1 (4)) mit $X = Z = 0$, also

$$A_1^{1,4} = Q \begin{pmatrix} I_r & 0 \\ -Q_2^+ Q_1 & 0 \end{pmatrix} P = (Q_1, Q_2) \begin{pmatrix} P_1 \\ -Q_2^+ Q_1 P_1 \end{pmatrix},$$

$$x = Q_1 P_1 b - Q_2 Q_2^+ Q_1 P_1 b = (I_n - Q_2 Q_2^+)\, Q_1 P_1 b, \text{ also (1.4).}$$

Als *Kleinste-Quadrate-Lösung* erhält man nach (8) und

$$A^{1,3} = Q \begin{pmatrix} I_r & -P_1 P_2^+ \\ Y & Z \end{pmatrix} P$$

(siehe [8], Satz 4.1 (3)) mit $Y = Z = 0$, also

$$A_1^{1,3} = Q \begin{pmatrix} I_r & -P_1 P_2^+ \\ 0 & 0 \end{pmatrix} P = (Q_1, Q_2) \begin{pmatrix} P_1 - P_1 P_2^+ P_2 \\ 0 \end{pmatrix},$$

$$x = A_1^{1,3} b + (I_n - A_1^- A)\, y = Q_1 P_1 (I_m - P_2^+ P_2)\, b + Q_2 y ,$$

also (1.5).

Die *bestapproximierende Lösung* $x = A^+b$ kann mit

$$A^+ = Q\begin{pmatrix} I_r \\ -Q_2^+Q_1 \end{pmatrix}(I_r, -P_1P_2^+)\,P$$

(siehe [8], Satz 4.1 (8)) in der Form

$$\begin{aligned} x = A^+b &= (Q_1, Q_2)\begin{pmatrix} I_r \\ -Q_2^+Q_1 \end{pmatrix}(I_r, -P_1P_2^+)\begin{pmatrix} P_1 \\ P_2 \end{pmatrix} b \\ &= (Q_1 - Q_2Q_2^+Q_1)\,(P_1 - P_1P_2^+P_2)\,b \\ &= (I_n - Q_2Q_2^+)\,Q_1P_1(I_m - P_2^+P_2)\,b\,, \end{aligned}$$

also (1.6) geschrieben werden.

Bemerkung. Da $P_2$ und $Q_2$ Maximalrang haben, gilt

$$P_2^+ = P_2^*(P_2P_2^*)^{-1}, \qquad Q_2^+ = (Q_2^*Q_2)^{-1}\,Q_2^*.$$

Satz 2. *Die Matrix $A \in C_r^{m\times n}$ sei durch nichtsinguläre Matrizen $P$ und $Q$ mit den Zerlegungen wie in Satz 1 auf die Standardform*

$$PAQ = \begin{pmatrix} B & 0 \\ 0 & 0 \end{pmatrix}, \qquad B \in C_r^{r\times r},$$

*transformiert. Für $Ax = b$ gelten dann folgende Beziehungen.*

(2.1) *Konsistenzbedingung:*

$$P_2b = 0,$$

(2.2) *Lösung der homogenen Gleichung:*

$$x = Q_2y, \qquad y \in C^{n-r} \text{ beliebig},$$

(2.3) *Lösung der inhomogenen Gleichung:*

$$x = Q_1B^{-1}P_1b + Q_2y = Q\begin{pmatrix} B^{-1}P_1b \\ y \end{pmatrix} = Q_1z + Q_2y = Q\begin{pmatrix} z \\ y \end{pmatrix},$$

$y \in C^{n-r}$ *beliebig*, $z$ *aus* $Bz = P_1b$,

(2.4) *Minimum-Norm-Lösung:*

$$\begin{aligned} x &= (I_n - Q_2Q_2^+)\,Q_1B^{-1}P_1b = (I_n - Q_2Q_2^+)\,Q_1z = Q\begin{pmatrix} z \\ -Q_2^+Q_1z \end{pmatrix} \\ &= Q\begin{pmatrix} B^{-1}P_1b \\ y \end{pmatrix} \quad \text{mit} \quad z \text{ aus } Bz = P_1b, \quad y = -Q_2^+Q_1B^{-1}P_1b, \end{aligned}$$

(2.5) *Kleinste-Quadrate-Lösung:*

$$\begin{aligned} x &= Q_1B^{-1}P_1(I_m - P_2^+P_2)\,b + Q_2y = Q\begin{pmatrix} B^{-1}P_1(I_m - P_2^+P_2)\,b \\ y \end{pmatrix} \\ &= Q_1z + Q_2y = Q\begin{pmatrix} z \\ y \end{pmatrix}, \quad y \in C^{n-r} \text{ beliebig}, \; z \text{ aus } Bz = P_1(I_m - P_2^+P_2)\,b, \end{aligned}$$

(2.6) *Bestapproximierende Lösung:*

$$x = (I_n - Q_2Q_2^+)\,Q_1B^{-1}P_1(I_m - P_2^+P_2)\,b = (I_n - Q_2Q_2^+)\,Q_1z$$

$$= Q\begin{pmatrix} z \\ -Q_2^+Q_1z \end{pmatrix} = Q\begin{pmatrix} B^{-1}P_1(I_m - P_2^+P_2)\,b \\ y \end{pmatrix} \quad \textit{mit } z \textit{ aus}$$

$$Bz = P_1(I_m - P_2^+P_2)\,b, \quad y = -Q_2^+Q_1B^{-1}P_1(I_m - P_2^+P_2)\,b.$$

## 3. Gemischte Transformationen

Satz 3. *Die Matrix* $A \in C_r^{m\times n}$ *sei durch die nichtsinguläre Matrix* $P$ (wie in Satz 1) *und die Permutationsmatrix* $T = (T_1, T_2)$, *wo* $T_1$ *aus den ersten* $r$ *Spalten von* $T$ *besteht, auf die Standardform*

$$PAT = \begin{pmatrix} I_r & K \\ 0 & 0 \end{pmatrix}, \qquad K \in C^{r\times(n-r)},$$

*transformiert. Für* $Ax = b$ *gelten dann folgende Beziehungen.*

(3.1) *Konsistenzbedingung:*

$$P_2b = 0,$$

(3.2) *Lösung der homogenen Gleichung:*

$$x = (T_2 - T_1K)\,y = T\begin{pmatrix} -Ky \\ y \end{pmatrix}, \qquad y \in C^{n-r} \textit{ beliebig},$$

(3.3) *Lösung der inhomogenen Gleichung:*

$$x = T_1P_1b + (T_2 - T_1K)\,y = T\begin{pmatrix} P_1b - Ky \\ y \end{pmatrix}, \quad y \in C^{n-r} \textit{ beliebig},$$

(3.4) *Minimum-Norm-Lösung:*

$$x = (T_1 + T_2K^*)\,(I_r + KK^*)^{-1}\,P_1b = T\begin{pmatrix} I_r \\ K^* \end{pmatrix}(I_r + KK^*)^{-1}\,P_1b$$

$$= T(I_r, K)^+\,P_1b = (T_1 + T_2K^*)\,z = T\begin{pmatrix} I_r \\ K^* \end{pmatrix} z = T\begin{pmatrix} P_1b - Ky \\ y \end{pmatrix}$$

mit $z$ *aus* $(I_r + KK^*)\,z = P_1b, \quad y = K^*(I_r + KK^*)^{-1}\,P_1b,$

(3.5) *Kleinste-Quadrate-Lösung:*

$$x = T_1P_1(I_m - P_2^+P_2)\,b + (T_2 - T_1K)\,y = T\begin{pmatrix} P_1(I_m - P_2^+P_2)\,b - Ky \\ y \end{pmatrix},$$

$y \in C^{n-r}$ *beliebig*,

(3.6) *Bestapproximierende Lösung:*

$$x = (T_1 + T_2K^*)(I_r + KK^*)^{-1} P_1(I_m - P_2^+P_2)\, b = (T_1 + T_2K^*)\, z$$

$$= T\begin{pmatrix} I_r \\ K^* \end{pmatrix} z = T\begin{pmatrix} P_1(I_m - P_2^+P_2)\, b - Ky \\ y \end{pmatrix} = T(I_r, K)^+ P_1(I_m - P_2^+P_2)\, b$$

*mit* $z$ *aus* $(I_r + KK^*)\, z = P_1(I_m - P_2^+P_2)\, b$,

$$y = K^*(I_r + KK^*)^{-1} P_1(I_m - P_2^+P_2)\, b.$$

Satz 4. *Die Matrix* $A \in C_r^{m\times n}$ *sei durch die Permutationsmatrix* $S = \begin{pmatrix} S_1 \\ S_2 \end{pmatrix}$, *wo* $S_1$ *aus den ersten* $r$ *Zeilen von* $S$ *besteht, und die nichtsinguläre Matrix* $Q$ (wie in Satz 1) *auf die Standardform*

$$SAQ = \begin{pmatrix} I_r & 0 \\ K & 0 \end{pmatrix}, \qquad K \in C^{(m-r)\times r},$$

*transformiert. Für* $Ax = b$ *gelten dann folgende Beziehungen.*

(4.1) *Konsistenzbedingung:*

$$(S_2 - KS_1)\, b = (-K, I_{m-r})\, Sb = 0,$$

(4.2) *Lösung der homogenen Gleichung:*

$$x = Q_2 y, \qquad y \in C^{n-r} \text{ beliebig},$$

(4.3) *Lösung der inhomogenen Gleichung:*

$$x = Q_1S_1b + Q_2y = Q\begin{pmatrix} S_1b \\ y \end{pmatrix}, \qquad y \in C^{n-r} \text{ beliebig},$$

(4.4) *Minimum-Norm-Lösung:*

$$x = (I_n - Q_2Q_2^+)\, Q_1S_1b = Q\begin{pmatrix} S_1b \\ y \end{pmatrix} \quad \text{mit} \quad y = -Q_2^+Q_1S_1b,$$

(4.5) *Kleinste-Quadrate-Lösung:*

$$x = Q_1(I_r + K^*K)^{-1}(S_1 + K^*S_2)\, b + Q_2y$$

$$= Q\begin{pmatrix} (I_r + K^*K)^{-1}(S_1 + K^*S_2)\, b \\ y \end{pmatrix}$$

$$= Q_1z + Q_2y = Q\begin{pmatrix} z \\ y \end{pmatrix} = Q_1\begin{pmatrix} I_r \\ K \end{pmatrix}^+ Sb + Q_2y,$$

$y \in C^{n-r}$ *beliebig*, $z$ *aus* $(I_r + K^*K)\, z = (S_1 + K^*S_2)\, b$,

(4.6) *Bestapproximierende Lösung:*

$$x = (I_n - Q_2Q_2^+)\, Q_1(I_r + K^*K)^{-1}(S_1 + K^*S_2)\, b = (I_n - Q_2Q_2^+)\, Q_1z$$

$$= Q\begin{pmatrix} (I_r + K^*K)^{-1}(S_1 + K^*S_2)\, b \\ y \end{pmatrix} = (I_n - Q_2Q_2^+)\, Q_1\begin{pmatrix} I_r \\ K \end{pmatrix}^+ Sb,$$

$$z \text{ aus } (I_r + K^*K)\, z = (S_1 + K^*S_2)\, b\,,$$
$$y = -Q_2^+Q_1(I_r + K^*K)^{-1}\,(S_1 + K^*S_2)\, b.$$

Satz 5. *Die Matrix* $A \in C_r^{m\times n}$ *sei durch die unitäre Matrix* $U = \begin{pmatrix} U_1 \\ U_2 \end{pmatrix}$, *wo* $U_1$ *aus den ersten r Zeilen von U besteht, und die nichtsinguläre Matrix Q* (wie in Satz 1) *auf die Standardform*

$$UAQ = \begin{pmatrix} I_r & 0 \\ 0 & 0 \end{pmatrix}$$

*transformiert. Für* $Ax = b$ *gelten dann folgende Beziehungen.*

(5.1) *Konsistenzbedingung:*

$$U_2 b = 0\,,$$

(5.2) *Lösung der homogenen Gleichung:*

$$x = Q_2 y\,, \qquad y \in C^{n-r} \text{ beliebig}\,,$$

(5.3) *Lösung der inhomogenen Gleichung:*

$$x = Q_1U_1b + Q_2y = Q\begin{pmatrix} U_1b \\ y \end{pmatrix}, \qquad y \in C^{n-r} \text{ beliebig}\,,$$

(5.4) *Minimum-Norm-Lösung:*

$$x = (I_n - Q_2Q_2^+)\, Q_1U_1b = Q\begin{pmatrix} U_1b \\ y \end{pmatrix} \quad \text{mit} \quad y = -Q_2^+Q_1U_1b\,,$$

(5.5) *Kleinste-Quadrate-Lösung:*

$$x = Q_1U_1b + Q_2y = Q\begin{pmatrix} U_1b \\ y \end{pmatrix}, \qquad y \in C^{n-r} \text{ beliebig}\,,$$

(5.6) *Bestapproximierende Lösung:*

$$x = (I_n - Q_2Q_2^+)\, Q_1U_1b = Q\begin{pmatrix} U_1b \\ y \end{pmatrix} \quad \text{mit} \quad y = -Q_2^+Q_1U_1b.$$

Bemerkungen

1. Die Lösung der inhomogenen Gleichung (5.3) und die Kleinste-Quadrate-Lösung (5.5) stimmen überein, dementsprechend auch die Minimum-Norm-Lösung (5.4) und die bestapproximierende Lösung (5.6).

2. Die Beweise folgen leicht aus Satz 1, indem dort $P$ durch $U$ ersetzt und $P_1P_2^+ = 0$ (siehe [8], Lemma 4.2) beachtet wird.

Satz 6. *Die Matrix* $A \in C_r^{m\times n}$ *sei durch die nichtsinguläre Matrix P* (wie in Satz 1) *und die unitäre Matrix* $V = (V_1, V_2)$, *wo* $V_1$ *aus den ersten r Spalten von V besteht, auf die Standardform*

$$PAV = \begin{pmatrix} I_r & 0 \\ 0 & 0 \end{pmatrix}$$

*transformiert. Für* $Ax = b$ *gelten dann folgende Beziehungen.*

(6.1) *Konsistenzbedingung:*

$$P_2 b = 0,$$

(6.2) *Lösung der homogenen Gleichung:*

$$x = V_2 y, \qquad y \in C^{n-r} \text{ beliebig},$$

(6.3) *Lösung der inhomogenen Gleichung:*

$$x = V_1 P_1 b + V_2 y = V \begin{pmatrix} P_1 b \\ y \end{pmatrix}, \qquad y \in C^{n-r} \text{ beliebig},$$

(6.4) *Minimum-Norm-Lösung:*

$$x = V_1 P_1 b = V \begin{pmatrix} P_1 b \\ y \end{pmatrix} \quad \text{mit} \quad y = 0,$$

(6.5) *Kleinste-Quadrate-Lösung:*

$$x = V_1 P_1 (I_m - P_2^+ P_2)\, b + V_2 y = V \begin{pmatrix} P_1 (I_m - P_2^+ P_2)\, b \\ y \end{pmatrix},$$

$y \in C^{n-r}$ *beliebig*,

(6.6) *Bestapproximierende Lösung:*

$$x = V_1 P_1 (I_m - P_2^+ P_2)\, b = V \begin{pmatrix} P_1 (I_m - P_2^+ P_2)\, b \\ y \end{pmatrix} \quad \text{mit} \quad y = 0.$$

Bemerkung. Die Beweise folgen leicht aus Satz 1, indem dort $Q$ durch $V$ ersetzt und $Q_2^+ Q_1 = 0$ (siehe [8], Lemma 4.2) beachtet wird.

## 4. Transformationen mit unitären Matrizen

Satz 7. *Die Matrix* $A \in C_r^{m \times n}$ *sei durch die unitären Matrizen*

$$U = \begin{pmatrix} U_1 \\ U_2 \end{pmatrix} \quad \text{und} \quad V = (V_1, V_2)$$

(wie in Satz 5 bzw. 6) *auf die Standardform*

$$UAV = \begin{pmatrix} B & 0 \\ 0 & 0 \end{pmatrix}$$

*transformiert. Für* $Ax = b$ *gelten dann folgende Beziehungen.*

(7.1) *Konsistenzbedingung:*

$$U_2 b = 0,$$

(7.2) *Lösung der homogenen Gleichung:*

$$x = V_2 y, \qquad y \in C^{n-r} \text{ beliebig},$$

(7.3) *Lösung der inhomogenen Gleichung:*

$$x = V_1 B^{-1} U_1 b + V_2 y = V \begin{pmatrix} B^{-1} U_1 b \\ y \end{pmatrix} = V_1 z + V_2 y = V \begin{pmatrix} z \\ y \end{pmatrix},$$

$y \in C^{n-r}$ *beliebig*, $z$ *aus* $Bz = U_1 b$,

(7.4) *Minimum-Norm-Lösung:*

$$x = V_1 B^{-1} U_1 b$$

$$= V_1 z = V \begin{pmatrix} B^{-1} U_1 b \\ y \end{pmatrix} \quad \textit{mit} \quad z \textit{ aus } Bz = U_1 b, \quad y = 0,$$

(7.5) *Kleinste-Quadrate-Lösung:*

$$x = V_1 B^{-1} U_1 b + V_2 y = V \begin{pmatrix} B^{-1} U_1 b \\ y \end{pmatrix} = V_1 z + V_2 y = V \begin{pmatrix} z \\ y \end{pmatrix},$$

$y \in C^{n-r}$ *beliebig*, $z$ *aus* $Bz = U_1 b$,

Lawson, Hanson 1974 [2], S. 6,

(7.6) *Bestapproximierende Lösung:*

$$x = V_1 B^{-1} U_1 b = V_1 z = V \begin{pmatrix} B^{-1} U_1 b \\ y \end{pmatrix}$$

*mit* $z$ *aus* $Bz = U_1 b$, $y = 0$,

Lawson, Hanson 1974 [2], S. 6.

Bemerkungen

1. Die Lösungsformeln für die inhomogene Gleichung (7.3) und die Kleinste-Quadrate-Lösung (7.5) stimmen überein, dementsprechend auch die Ausdrücke für die Minimum-Norm-Lösung (7.4) und die bestapproximierende Lösung (7.6).

2. Die Beweise folgen leicht aus Satz 2, indem dort $P$ durch $U$ und $Q$ durch $V$ ersetzt sowie $P_1 P_2^+ = 0$ und $Q_2^+ Q_1 = 0$ beachtet wird.

Satz 8. *Die Matrix* $A \in C_r^{m \times n}$ *sei durch die unitäre Matrix* $U$ *und die Permutationsmatrix* $T$ (wie in Satz 5 bzw. 3) *auf die Standardform*

$$UAT = \begin{pmatrix} B & K \\ 0 & 0 \end{pmatrix}, \qquad B \in C_r^{r \times r}, \quad K \in C^{r \times (n-r)},$$

*transformiert. Für* $Ax = b$ *gelten dann folgende Beziehungen.*

(8.1) *Konsistenzbedingung:*

$$U_2 b = 0,$$

(8.2) *Lösung der homogenen Gleichung:*

$$x = (T_2 - T_1 B^{-1} K)\, y = T \begin{pmatrix} -B^{-1} K y \\ y \end{pmatrix} = T_1 z + T_2 y = T \begin{pmatrix} z \\ y \end{pmatrix},$$

$y \in C^{n-r}$ *beliebig*, $z$ *aus* $Bz = -Ky$,

(8.3) *Lösung der inhomogenen Gleichung:*

$$x = T_1 B^{-1} U_1 b + (T_2 - T_1 B^{-1} K)\, y = T \begin{pmatrix} B^{-1} U_1 b - B^{-1} K y \\ y \end{pmatrix}$$

$$= T_1(z_1 + z_2) + T_2 y = T \begin{pmatrix} z_1 + z_2 \\ y \end{pmatrix},$$

$y \in C^{n-r}$ *beliebig*, $z_1$ *aus* $B z_1 = U_1 b$, $z_2$ *aus* $B z_2 = -Ky$,

(8.4) *Minimum-Norm-Lösung:*

$$x = (T_1 B^* + T_2 K^*)\,(BB^* + KK^*)^{-1}\, U_1 b$$

$$= T(B, K)^*\,(BB^* + KK^*)^{-1}\, U_1 b = T(B, K)^+\, U_1 b$$

$$= T(B, K)^*\, z = T \begin{pmatrix} B^{-1} U_1 b - B^{-1} K y \\ y \end{pmatrix}$$

*mit* $z$ *aus* $(BB^* + KK^*)\, z = U_1 b$, $y = K^*(BB^* + KK^*)^{-1}\, U_1 b$,

(8.5) *Kleinste-Quadrate-Lösung:*

$$x = T_1 B^{-1} U_1 b + (T_2 - T_1 B^{-1} K)\, y = T \begin{pmatrix} B^{-1} U_1 b - B^{-1} K y \\ y \end{pmatrix}$$

$$= T_1(z_1 + z_2) + T_2 y = T \begin{pmatrix} z_1 + z_2 \\ y \end{pmatrix},$$

$y \in C^{n-r}$ *beliebig*, $z_1$ *aus* $B z_1 = U_1 b$, $z_2$ *aus* $B z_2 = -Ky$,

(8.6) *Bestapproximierende Lösung:*

$$x = T(B, K)^*\,(BB^* + KK^*)^{-1}\, U_1 b = T(B, K)^+\, U_1 b = T(B, K)^*\, z$$

$$= T \begin{pmatrix} B^{-1} U_1 b - B^{-1} K y \\ y \end{pmatrix}$$

*mit* $z$ *aus* $(BB^* + KK^*)\, z = U_1 b$, $y = K^*(BB^* + KK^*)^{-1}\, U_1 b$.

Bemerkung. Die Lösungsformeln für die inhomogene Gleichung (8.3) und die Kleinste-Quadrate-Lösung (8.5) stimmen überein, dementsprechend auch die Ausdrücke für die Minimum-Norm-Lösung (8.4) und die bestapproximierende Lösung (8.6).

Satz 9. *Die Matrix* $A \in C_r^{m \times n}$ *sei durch die Permutationsmatrix* $S$ *und die unitäre Matrix* $V$ (wie in Satz 4 bzw. 6) *auf die Standardform*

$$SAV = \begin{pmatrix} B & 0 \\ K & 0 \end{pmatrix}, \qquad B \in C_r^{r \times r}, \quad K \in C^{(m-r) \times r},$$

*transformiert. Für* $Ax = b$ *gelten dann folgende Beziehungen.*

(9.1) *Konsistenzbedingung:*

$$(S_2 - K B^{-1} S_1)\, b = (-K B^{-1}, I_{m-r})\, Sb = 0,$$

(9.2) *Lösung der homogenen Gleichung:*

$x = V_2 y$, $\quad y \in C^{n-r}$ *beliebig*,

(9.3) *Lösung der inhomogenen Gleichung:*

$$x = V_1 B^{-1} S_1 b + V_2 y = V \begin{pmatrix} B^{-1} S_1 b \\ y \end{pmatrix} = V_1 z + V_2 y = V \begin{pmatrix} z \\ y \end{pmatrix},$$

$y \in C^{n-r}$ *beliebig*, $z$ *aus* $Bz = S_1 b$,

(9.4) *Minimum-Norm-Lösung:*

$$x = V_1 B^{-1} S_1 b = V_1 z = V \begin{pmatrix} B^{-1} S_1 b \\ y \end{pmatrix}$$

*mit* $z$ *aus* $Bz = S_1 b$, $y = 0$,

(9.5) *Kleinste-Quadrate-Lösung:*

$$x = V_1 (B^* B + K^* K)^{-1} \begin{pmatrix} B \\ K \end{pmatrix}^* Sb + V_2 y = V \begin{pmatrix} (B^* B + K^* K)^{-1} \begin{pmatrix} B \\ K \end{pmatrix}^* Sb \\ y \end{pmatrix}$$

$$= V_1 z + V_2 y = V \begin{pmatrix} z \\ y \end{pmatrix} = V_1 \begin{pmatrix} B \\ K \end{pmatrix}^+ Sb + V_2 y$$

$y \in C^{n-r}$ *beliebig*, $z$ *aus* $(B^* B + K^* K)\, z = \begin{pmatrix} B \\ K \end{pmatrix}^* Sb$,

(9.6) *Bestapproximierende Lösung:*

$$x = V_1 (B^* B + K^* K)^{-1} \begin{pmatrix} B \\ K \end{pmatrix}^* Sb = V_1 z$$

$$= V \begin{pmatrix} (B^* B + K^* K)^{-1} \begin{pmatrix} B \\ K \end{pmatrix}^* Sb \\ y \end{pmatrix} = V_1 \begin{pmatrix} B \\ K \end{pmatrix}^+ Sb$$

mit $z$ *aus* $(B^* B + K^* K)\, z = \begin{pmatrix} B \\ K \end{pmatrix}^* Sb$, $y = 0$.

## 5. Transformation mit Permutationsmatrizen

Satz 10. *Die Matrix* $A \in C_r^{m \times n}$ *sei durch die Permutationsmatrizen*

$$S = \begin{pmatrix} S_1 \\ S_2 \end{pmatrix} \quad \textit{und} \quad T = (T_1, T_2)$$

(wie in Satz 4 bzw. 3) *auf die Standardform*

$$SAT = \begin{pmatrix} A_{11} & A_{12} \\ A_{21} & A_{22} \end{pmatrix}, \qquad A_{11} \in C_r^{r \times r},$$

*transformiert. Für* $Ax = b$ *gelten dann mit den Abkürzungen*

$$(A_{11}, A_{12}) = A_1, \qquad \begin{pmatrix} A_{11} \\ A_{21} \end{pmatrix} = A_2$$

*folgende Beziehungen.*

(10.1) *Konsistenzbedingung:*

$$(S_2 - A_{21}A_{11}^{-1}S_1)\,b = S_2b - A_{21}z = 0, \quad z \text{ aus } A_{11}z = S_1b,$$

(10.2) *Lösung der homogenen Gleichung:*

$$x = (T_2 - T_1A_{11}^{-1}A_{12})\,y = T\begin{pmatrix}-A_{11}^{-1}A_{12}y\\ y\end{pmatrix} = T\begin{pmatrix}z\\ y\end{pmatrix},$$

$$y \in C^{n-r} \text{ beliebig}, \quad z \text{ aus } A_{11}z = -A_{12}y,$$

(10.3) *Lösung der inhomogenen Gleichung:*

$$x = T_1A_{11}^{-1}S_1b + (T_2 - T_1A_{11}^{-1}A_{12})\,y = T\begin{pmatrix}A_{11}^{-1}S_1b - A_{11}^{-1}A_{12}y\\ y\end{pmatrix}$$

$$= T_1(z_1 + z_2) + T_2y = T\begin{pmatrix}z_1 + z_2\\ y\end{pmatrix}$$

$$y \in C^{n-r} \text{ beliebig}, \quad z_1 \text{ aus } A_{11}z_1 = S_1b, \quad z_2 \text{ aus } A_{11}z_2 = -A_{12}y,$$

(10.4) *Minimum-Norm-Lösung:*

$$x = TA_1{}^+S_1b = TA_1{}^*z = T\begin{pmatrix}A_{11}^{-1}S_1b - A_{11}^{-1}A_{12}y\\ y\end{pmatrix}$$

$$\text{mit } A_1{}^+ = A_1{}^*(A_1A_1{}^*)^{-1}, \quad z \text{ aus } A_1A_1{}^*z = S_1b, \quad y = A_{12}^*(A_1A_1{}^*)^{-1}\,S_1b,$$

(10.5) *Kleinste Quadrate-Lösung:*

$$x = T_1A_2{}^+Sb + (T_2 - T_1A_{11}^{-1}A_{12})\,y = T\begin{pmatrix}A_2{}^+Sb - A_{11}^{-1}A_{12}y\\ y\end{pmatrix}$$

$$= T_1(z_1 + z_2) + T_2y = T\begin{pmatrix}z_1 + z_2\\ y\end{pmatrix},$$

$$y \in C^{n-r} \text{ beliebig}, \quad A_2{}^+ = (A_2{}^*A_2)^{-1}\,A_2{}^*,$$

$$z_1 \text{ aus } A_2{}^*A_2z_1 = A_2{}^*Sb, \quad z_2 \text{ aus } A_{11}z_2 = -A_{12}y,$$

(10.6) *Bestapproximierende Lösung:*

$$x = TA_1{}^*(A_2{}^*SATA_1{}^*)^{-1}\,A_2{}^*Sb = TA_1{}^*z$$

$$= TA_1{}^+A_{11}A_2{}^+Sb = T\begin{pmatrix}A_2{}^+Sb - A_{11}^{-1}A_{12}y\\ y\end{pmatrix}$$

$$\text{mit } z \text{ aus } (A_2{}^*SATA_1{}^*)\,z = A_2{}^*Sb, \quad y = A_{12}^*(A_2{}^*SATA_1{}^*)^{-1}\,A_2{}^*Sb.$$

Satz 11. *Die Matrix $A \in C_r{}^{m\times n}$ habe die Form*

$$A = \begin{pmatrix}A_{11} & A_{12}\\ A_{21} & A_{22}\end{pmatrix}, \qquad A_{11} \in C_r^{r\times r}.$$

*Für $Ax = b = \begin{pmatrix}b_1\\ b_2\end{pmatrix}$ gelten dann mit den Abkürzungen*

$$(A_{11}, A_{12}) = A_1, \qquad \begin{pmatrix}A_{11}\\ A_{21}\end{pmatrix} = A_2$$

*folgende Beziehungen.*

(11.1) *Konsistenzbedingung:*

$$b_2 - A_{21}A_{11}^{-1}b_1 = b_2 - A_{21}z = 0, \quad z \text{ aus } A_{11}z = b_1, \quad \text{Brand 1962 [1]},$$

(11.2) *Lösung der homogenen Gleichung:*

$$x = \begin{pmatrix} -A_{11}^{-1}A_{12}y \\ y \end{pmatrix} = \begin{pmatrix} z \\ y \end{pmatrix}, \quad y \in C^{n-r} \text{ beliebig}, \quad \text{Brand 1962 [1]},$$

$$z \text{ aus } A_{11}z = -A_{12}y,$$

(11.3) *Lösung der inhomogenen Gleichung:*

$$x = \begin{pmatrix} A_{11}^{-1}b_1 - A_{11}^{-1}A_{12}y \\ y \end{pmatrix} = \begin{pmatrix} z_1 + z_2 \\ y \end{pmatrix}, \quad y \in C^{n-r} \text{ beliebig}, \quad \text{Brand 1962 [1]},$$

$$z_1 \text{ aus } A_{11}z_1 = b_1, \quad z_2 \text{ aus } A_{11}z_2 = -A_{12}y,$$

(11.4) *Minimum-Norm-Lösung:*

$$x = A_1{}^+b_1 = A_1{}^*(A_1A_1{}^*)^{-1}\, b_1 = A_1{}^*z = \begin{pmatrix} A_{11}^{-1}b_1 - A_{11}^{-1}A_{12}y \\ y \end{pmatrix}$$

$$\text{mit } z \text{ aus } A_1A_1{}^*z = b_1, \quad y = A_{12}^*(A_1A_1{}^*)^{-1}\, b_1,$$

(11.5) *Kleinste-Quadrate-Lösung:*

$$x = \begin{pmatrix} A_2{}^+b - A_{11}^{-1}A_{12}y \\ y \end{pmatrix} = \begin{pmatrix} z_1 + z_2 \\ y \end{pmatrix}, \quad \text{mit } A_2{}^+ = (A_2{}^*A_2)^{-1}\, A_2{}^*,$$

$$z_1 \text{ aus } A_2{}^*A_2z_1 = A_2{}^*b, \quad z_2 \text{ aus } A_{11}z_2 = -A_{12}y,$$

(11.6) *Bestapproximierende Lösung:*

$$x = A_1{}^*(A_2{}^*AA_1{}^*)^{-1}\, A_2{}^*b = A_1{}^*z = A_1{}^+A_{11}A_2{}^+b = \begin{pmatrix} A_2{}^+b - A_{11}^{-1}A_{12}y \\ y \end{pmatrix}$$

$$\text{mit } z \text{ aus } (A_2{}^*AA_1{}^*)\, z = A_2{}^*b, \quad y = A_{12}^*(A_2{}^*AA_1{}^*)^{-1}\, A_2{}^*b.$$

## 6. Matrizen mit Maximalrang

Wenn $A \in C^{m \times n}$ Maximalrang hat, reduziert sich die allgemeine Standardform

$$N = PAQ = \begin{pmatrix} P_1 \\ P_2 \end{pmatrix} A(Q_1, Q_2) = \begin{pmatrix} P_1AQ_1 & P_1AQ_2 \\ P_2AQ_1 & P_2AQ_2 \end{pmatrix} = \begin{pmatrix} N_{11} & N_{12} \\ N_{21} & N_{22} \end{pmatrix}$$

im Fall $r(A) = m$ ($A$ zeilenregulär) auf

$$N_z = (N_{11}, N_{12})$$

und im Fall $r(A) = n$ ($A$ spaltenregulär) auf

$$N_s = \begin{pmatrix} N_{11} \\ N_{21} \end{pmatrix}.$$

Für die Zerlegungen der Transformationsmatrizen $P$ und $Q$ sowie für die Untermatrizen $K$, $A_{12}$, $A_{21}$, $A_{22}$ einiger Standardformen bedeutet dies im Fall

$r(A) = m$: $P_1 = P$, d. h., $P_2$ tritt nicht auf, $K$ entfällt in den Sätzen 4 und 9, $A_{21}$ und $A_{22}$ treten nicht auf in den Sätzen 10 und 11, $b_1 = b$, d. h., $b_2$ entfällt in Satz 11.

$r(A) = n$: $Q_1 = Q$, d. h., $Q_2$ tritt nicht auf, $K$ entfällt in den Sätzen 3 und 8, $A_{12}$ und $A_{22}$ treten nicht auf in den Sätzen 10 und 11.

Danach ergeben sich in den Sätzen 1 bis 11 Vereinfachungen, und einige Aussagen reduzieren sich auf einfachere oder triviale Fälle.

**6.1.** *A zeilenregulär:* $r(A) = m$.

*Konsistenzbedingung:* stets erfüllt,
*Lösung der homogenen Gleichung:* bleibt,
*Lösung der inhomogenen Gleichung:* bleibt, $P_1 \Rightarrow P$, $S_1 \Rightarrow S$, $U_1 \Rightarrow U$,
*Minimum-Norm-Lösung:* bleibt, $P_1 \Rightarrow P$, $S_1 \Rightarrow S$, $U_1 \Rightarrow U$,
*Kleinste-Quadrate-Lösung:* reduziert sich auf die Lösung der inhomogenen Gleichung,
*Bestapproximierende Lösung:* reduziert sich auf die Minimum-Norm-Lösung.

**6.2.** *A spaltenregulär:* $r(A) = n$.

*Konsistenzbedingung:* bleibt,
*Lösung der homogenen Gleichung:* nur triviale Lösung $x = 0$,
*Lösung der inhomogenen Gleichung* (konsistent): stets eindeutig, der variable Term fällt weg, $Q_1 \Rightarrow Q$, $T_1 \Rightarrow T$, $V_1 \Rightarrow V$,
*Minimum-Norm-Lösung:* reduziert sich auf die (eindeutige) Lösung der inhomogenen Gleichung,
*Kleinste-Quadrate-Lösung:* stets eindeutig, der variable Term fällt weg, $Q_1 \Rightarrow Q$, $T_1 \Rightarrow T$, $V_1 \Rightarrow V$,
*Bestapproximierende Lösung:* reduziert sich auf die (eindeutige) Kleinste-Quadrate-Lösung.

## . Zahlenbeispiel

Zu lösen seien drei lineare Gleichungssysteme $Ax = b$ mit der $(5 \times 4)$-Matrix

$$A = \begin{pmatrix} 11 & 10 & 10 & 11 \\ 12 & 11 & 11 & 12 \\ 13 & 12 & 12 & 13 \\ 11 & 11 & 10 & 12 \\ 10 & 10 & 9 & 11 \end{pmatrix}$$

und den rechten Seiten

$$b^{(0)} = \begin{pmatrix} 0 \\ 0 \\ 0 \\ 0 \\ 0 \end{pmatrix}, \qquad b^{(1)} = \begin{pmatrix} 1 \\ 1 \\ 1 \\ 1 \\ 1 \end{pmatrix}, \qquad b^{(2)} = \begin{pmatrix} 1 \\ 0 \\ 1 \\ 1 \\ 1 \end{pmatrix}.$$

Es werden dazu die in Satz 3 angegebenen Ausdrücke benutzt.

$A$ wird zunächst durch elementare Zeilenoperationen, d. h. durch Linksmultiplikation mit einer noch zu ermittelnden nichtsingulären Matrix $P$, auf *Hermitesche Normalform* gebracht und anschließend durch Spaltenvertauschung, also durch Rechtsmultiplikation mit einer geeigneten Permutationsmatrix $T$, auf die Standardform

$$PAT = \begin{pmatrix} I_r & K \\ 0 & 0 \end{pmatrix}$$

transformiert. Dies geschieht nach dem Schema

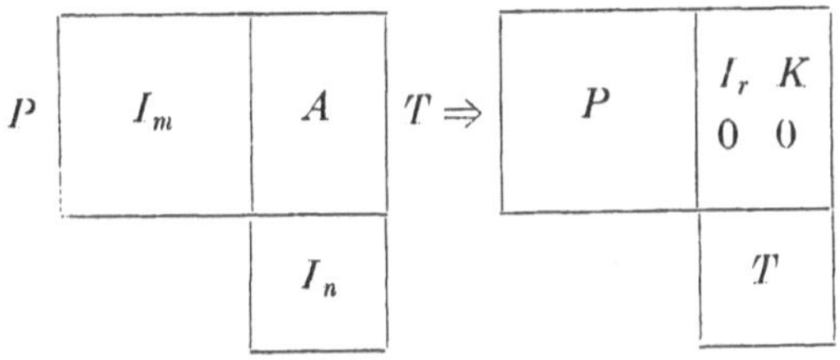


Nach einigen Schritten, die im einzelnen in [8] aufgeführt sind, erhält man

$$P = \begin{pmatrix} P_1 \\ P_2 \end{pmatrix} \qquad \begin{pmatrix} I_3 & K \\ 0 & 0 \end{pmatrix}$$

| | | | | | | | | |
|---|---|---|---|---|---|---|---|---|
| −11 | 11 | 0 | −1 | 0 | 1 | 0 | 0 | −1 |
| 11 | −10 | 0 | 0 | 0 | 0 | 1 | 0 | 1 |
| −1 | 0 | 0 | 1 | 0 | 0 | 0 | 1 | 1 |
| 1 | −2 | 1 | 0 | 0 | 0 | 0 | 0 | 0 |
| −1 | 1 | 0 | −1 | 1 | 0 | 0 | 0 | 0 |
| | | | | | 0 | 1 | 0 | 0 |
| | | | | | 0 | 0 | 1 | 0 |
| | | | | | 1 | 0 | 0 | 0 |
| | | | | | 0 | 0 | 0 | 1 |

$$T = (T_1, T_2).$$

Wie ersichtlich, ist $r(A) = 3$. Mit den aus dem Schema zu entnehmenden Matrizen $P_1, P_2, K, T_1, T_2$ bekommt man nach Satz 3 folgende Ergebnisse, in denen $y \in C^{n-r} = C^1$ eine beliebige komplexe Zahl ist.

Die *Konsistenzbedingung* $P_2 b = 0$ ist wegen

$$P_2 b^{(1)} = \begin{pmatrix} 0 \\ 0 \end{pmatrix}, \qquad P_2 b^{(2)} = \begin{pmatrix} 2 \\ -1 \end{pmatrix}$$

im Fall $b = b^{(1)}$ erfüllt, im Fall $b = b^{(2)}$ jedoch nicht.

*Lösung der homogenen Gleichung:*

$$x = (T_2 - T_1K)\,y = \begin{pmatrix} -1 \\ -1 \\ 1 \\ 1 \end{pmatrix} y.$$

*Lösung der inhomogenen Gleichung:*

$$x = T_1P_1b^{(1)} + (T_2 - T_1K)\,y = \begin{pmatrix} 1 \\ 0 \\ -1 \\ 0 \end{pmatrix} + \begin{pmatrix} -1 \\ -1 \\ 1 \\ 1 \end{pmatrix} y.$$

*Minimum-Norm-Lösung:* Mit

$$(I_3 + KK^*)^{-1} = \frac{1}{4}\begin{pmatrix} 3 & 1 & 1 \\ 1 & 3 & -1 \\ 1 & -1 & 3 \end{pmatrix}$$

ist

$$x = (T_1 + T_2K^*)\,(I_3 + KK^*)^{-1}\,P_1b^{(1)} = \frac{1}{2}\begin{pmatrix} 1 \\ -1 \\ -1 \\ 1 \end{pmatrix}.$$

Dieses Ergebnis entspricht der inhomogenen Gleichung für

$$y = K^*(I_3 + KK^*)^{-1}\,P_1b^{(1)} = \frac{1}{2}.$$

*Kleinste-Quadrate-Lösung:* Mit

$$P_2^+ = P_2^*(P_2P_2^*)^{-1} = \frac{1}{15}\begin{pmatrix} 1 & -3 \\ -5 & 0 \\ 4 & 3 \\ -3 & -6 \\ 3 & 6 \end{pmatrix}$$

ist

$$x = T_1P_1(I_5 - P_2^+P_2)\,b^{(2)} + (T_2 - T_1K)\,y = \frac{1}{3}\begin{pmatrix} 2 \\ 1 \\ -3 \\ 0 \end{pmatrix} + \begin{pmatrix} -1 \\ -1 \\ 1 \\ 1 \end{pmatrix} y.$$

*Bestapproximierende Lösung:*

$$x = (T_1 + T_2K^*)\,(I_3 + KK^*)^{-1}\,P_1(I_5 - P_2^+P_2)\,b^{(2)} = \frac{1}{6}\begin{pmatrix} 1 \\ -1 \\ -3 \\ 3 \end{pmatrix}.$$

Dieses Ergebnis entspricht der Kleinste-Quadrate-Lösung für

$$y = K^*(I_3 + KK^*)^{-1} P_1(I_5 - P_2^+P_2)\, b^{(2)} = \frac{1}{2}.$$

## Literatur

[1] BRAND, L., The solution of linear algebraic equations, Math. Gazette **46** (1962), 203—207.
[2] LAWSON, C. L., and R. J. HANSON, Solving least squares problems, Prentice-Hall, Englewood Cliffs (N. J.) 1974.
[3] MEYER, C. D., and R. J. PAINTER, Note on a least squares inverse for a matrix, J. Assoc. Comput. Mach. **17** (1970), 110—112.
[4] PENROSE, R., A generalized inverse for matrices, Proc. Cambridge Philos. Soc. **51** (1955), 406—413.
[5] PENROSE, R., On best approximate solutions of linear matrix equations, Proc. Cambridge Philos. Soc. **52** (1956), 17—19.
[6] RAO, C. R., and S. K. MITRA, Generalized inverse of matrices and its applications, Wiley & Sons, New York 1971.
[7] ROHDE, C. A., Contributions to the theory, computation and application of generalized inverses, Doctoral dissertation, Department of Statistics, North Carolina State University, Raleigh 1964.
[8] ZIELKE, G., Motivation und Darstellung von verallgemeinerten Matrixinversen, Beiträge Numer. Math. **7** (1979), 177—218.

Manuskripteingang: 14. 6. 1976

VERFASSER:
Doz. Dr. sc. nat. GERHARD ZIELKE, Sektion Mathematik der Martin-Luther-Universität Halle—Wittenberg

## Hinweise für Autoren

Zur Veröffentlichung vorgesehene Manuskripte (in deutscher, englischer, französischer und russischer Sprache) sind in einwandfrei leserlicher und druckfertiger Form (Schreibmaschinenoriginal mit einer Kopie, zweizeilig, Formeln gut leserlich) einzureichen an Prof. Dr. F. Kuhnert, Sektion Mathematik der Technischen Hochschule Karl-Marx-Stadt, DDR - 9023 Karl-Marx-Stadt, Reichenhainer Str. 41, oder Prof. Dr. J. W. Schmidt, Sektion Mathematik der Technischen Universität Dresden, DDR - 8027 Dresden, Zellescher Weg 12—14.

Herausgeber und Verlag bitten, unbedingt die folgenden Auszeichnungsregeln zu beachten: Kursive (schräge) Buchstaben (und nur diese!) sind blau zu unterstreichen, halbfett kursive zweimal blau; griechische Buchstaben rot; Fraktur grün; Schreibschrift gelb; Grotesk braun; kursiver Text blaue Wellenlinie; Sperrung gestrichelt; Kleindruck ist durch grünen Strich am linken Rand zu kennzeichnen.

Formelzähler sind an den rechten Rand zu stellen. Die Autoren werden gebeten, durch Benutzung geeigneter Abkürzungen komplizierte Formelausdrücke zu vermeiden. Abbildungen sind dem Manuskript gesondert beizufügen. Der Literaturnachweis ist in eckiger Klammer durchzunumerieren. Im Text ist auf die Literatur mit der Ziffer in eckiger Klammer zu verweisen. Je nachdem, ob Literaturhinweise aus Büchern, Zeitschriften oder Sammelwerken erfolgen, ist nach folgenden Mustern zu verfahren:

[1] Faddejew, D. K., und W. N. Faddejewa, Numerische Methoden der linearen Algebra, 4. Aufl., VEB Deutscher Verlag der Wissenschaften, Berlin 1976 (Übersetzung aus dem Russischen).
Faddejew, D. K., und W. N. Faddejewa, Numerische Methoden der linearen Algebra, 4. Aufl., R. Oldenbourg Verlag, München—Wien 1976 (Übersetzung aus dem Russischen).

[2] Schmidt, J. W., Defektabschätzungen bei Differenzenverfahren, ZAMM **46** (1966), 17—39.

[3] Temple, G., Linearization and delinearization. In: Proceedings of the International Congress of Mathematicians 1958, Cambridge 1960, p. 233—247.

[4] Ульм, С., Принцип мажорант и метод хорд, Изв. АН ЭстССР, Физ.-матем., **13** (1964), 217- 227.

Die Korrekturen sind spätestens 5 Tage nach Eingang an Prof. Dr. F. Kuhnert (Anschrift s. o.) zu senden. Durch nachträgliche Änderungen entstehende zusätzliche Korrekturkosten sind vom Autor zu tragen.

Die Verfasser erhalten von ihren Arbeiten 50 Sonderdrucke sowie ein Exemplar des gesamten Heftes unentgeltlich. Bei zwei und mehr Autoren einer Arbeit erhält jeder Autor ein Belegexemplar des Heftes; die 50 Sonderdrucke sind nach eigenem Ermessen unter die Autoren zu verteilen.

Kolibri 360 GmbH
Ferdinand-Jühlke-Straße 7
99095 Erfurt, Deutschland
produktsicherheit@kolibri360.de